新手学

Flash CC 动画制作（实例版）

王进修　主编

電子工業出版社
Publishing House of Electronics Industry
北京·BEIJING

内容简介

本书针对Flash CC的新特性，按照不同的应用专题，精心设计了多个能够体现Flash技术精华的经典实例，包括Flash CC基础实例、图形绘制实例、帧动画实例、形状与动作补间动画实例、遮罩与引导动画实例、文字动画实例、Action动画实例、鼠标特效动画实例、按钮与菜单动画实例、交互课件动画实例、网络广告动画实例、贺卡与游戏制作实例等，详细介绍了Flash CC在各个方面的使用技巧与操作方法。

本书附赠光盘内容为书中实例源文件及部分视频教学。

本书适合于初、中级读者学习使用，特别适合于已经掌握了Flash基础知识，想进一步提高创作水平的读者阅读，同时也是广大教师及动画爱好者的制作指导书。

图书在版编目（CIP）数据

新手学 Flash CC 动画制作：实例版 / 王进修主编. -- 北京：电子工业出版社，2015.1
（新手学设计）
ISBN 978-7-121-24450-6

Ⅰ. ①新… Ⅱ. ①王… Ⅲ. ①动画制作软件 Ⅳ. ① TP391.41

中国版本图书馆 CIP 数据核字 (2014) 第 228009 号

责任编辑：田 蕾
特约编辑：刘红涛
印　　刷：北京虎彩文化传播有限公司
装　　订：北京虎彩文化传播有限公司
出版发行：电子工业出版社
　　　　　北京市海淀区万寿路173信箱　　邮编：100036
开　　本：787×1092　1/16　印张：14.5　字数：371.2千字
版　　次：2015年1月第1版
印　　次：2019年8月第4次印刷
定　　价：69.80元（含光盘1张）

凡所购买电子工业出版社图书有缺损问题，请向购买书店调换。若书店售缺，请与本社发行部联系，联系及邮购电话：（010）88254888。

质量投诉请发邮件至zlts@phei.com.cn，盗版侵权举报请发邮件至dbqq@phei.com.cn。

服务热线：（010）88258888。

Flash CC是美国Adobe公司最新推出的矢量动画制作软件，是当今最为流行的网络多媒体制作工具之一。它在多媒体设计领域中具有不可替代的作用，在继承以前版本所有优点的基础上又增加了许多新的功能，使用更加便捷，被广泛应用于动画设计、多媒体设计、Web设计等领域。

本书编写者针对初、中级读者在学习过程中的要求及习惯，综合了具有丰富经验的设计师的设计经验，编写了这本书，希望能有助于读者快速了解动画制作的设计思路，熟练掌握各种工具及命令的功能与使用技巧，从而快速成为一名具有非凡创造力的动画设计人员。

本书精选了数十个具有代表性和说明性的精彩实例作品，将Flash的应用技巧与实际创意完美地结合在一起。这些实例堪称软件使用中的经典实例，所选实例把握了两个原则：具有很强的代表性；非常美观。包括Flash CC基础实例、图形绘制实例、帧动画实例、形与动作补间动画实例、遮罩与引导动画实例、文字动画实例、Action动画实例、鼠标特效动画实例、按钮与菜单动画实例、交互课件动画实例、网络广告动画实例、贺卡与游戏制作实例等，通过Step By Step的讲解方式，深刻细致地剖析了整个实例的制作过程。本书实例力求用最简单、最直接的方法达到最好的设计效果，并在带领读者熟练掌握软件操作的同时，掌握各种动画的制作方法和操作技巧。

本书特色：

1. “全新软件+实例导学”模式。本书采用的是新推出的Flash CC中文版，全书采用实例导学模式，让读者在模仿中学习，快速掌握软件的应用及设计实践，轻松驾驭软件，熟练地完成动画制作。

2. 突出重点及难点，提供相关的知识链接。在写作中穿插技巧提示，帮助读者及时解决学习中可能会碰到的问题。适当补充相关知识链接，让读者进一步拓展应用能力。

3. 实用性强，易于上手。本书的实例均来自一线实践需求，每一个实例都有不同的知识点和代表性，实例由简到繁，逐步深入，非常适合初学者入门学习并逐步提高。

4. 为便于读者学习，随书附赠本书后3章视频教程。

本书力求全面地将Flash CC所涉及的知识点深入浅出地进行透彻讲解，再由浅入深地引导，同时配以相应的图像，不仅使读者清晰、快捷地了解Flash动画的创作过程，而且对有关Flash动画制作的概念、技巧也一目了然。

本书由乐山师范学院王进修副教授主编，参与编写的人员还有李彪、邓建功、胥桂蓉、杨仁毅、尹新梅、唐蓉、黄刚、李勇、王政、朱世波、赵阳春、杨路平、何紧莲、邓春华。在此感谢所有创作人员对本书付出的艰辛。在创作的过程中，由于时间仓促，疏漏之处在所难免，希望广大读者批评指正。

编者

2014年8月

作者简介

王进修，男，乐山师范学院副教授。2001年毕业于四川美术学院，长期从事艺术设计的教学与研究，多年来，有多部作品发表于《美术大观》、《艺术探索》、《美术界》、《现代装饰》、《美术教育研究》等专业刊物，并有《设计时代商品美学功能分析》、《论符号学的“标出性”在广告设计中的作用》、《导视系统的形态设计》、《平面广告的视觉表现》等10多篇设计论文发表于各类刊物。

目录 CONTENTS

01章 Flash CC基础入门

02章 图形绘制实例

03章 帧动画实例

04章 形状与动作补间动画实例

05章 遮罩与引导动画实例

06章 文字动画实例

07章 Action动画实例

08章 鼠标特效动画实例

09章 按钮与菜单动画实例

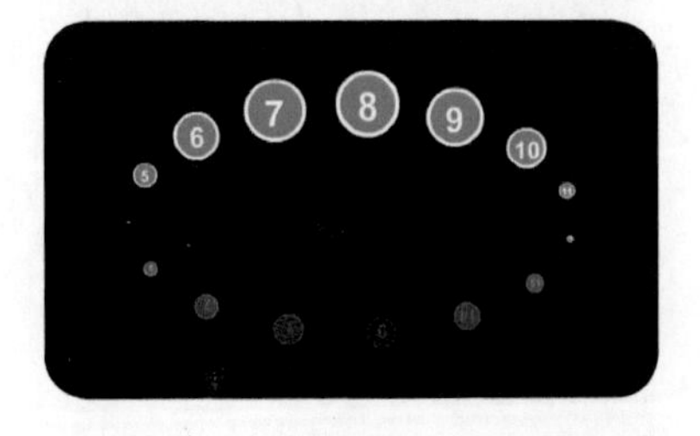

10章 交互动画实例

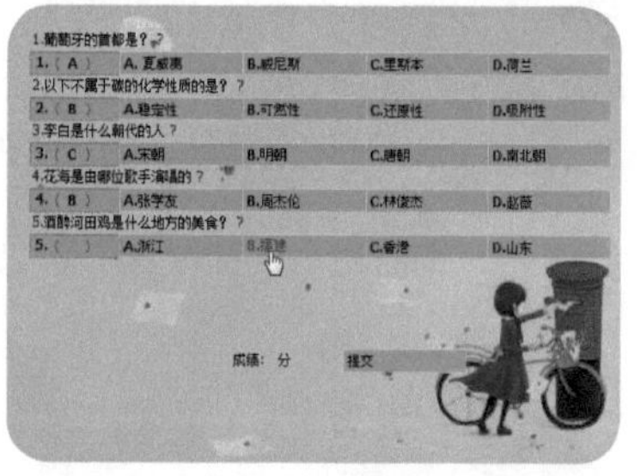

11章 网络广告动画实例

12章 贺卡与游戏制作实例

01章 Flash CC基础入门

- 设置个性化的工作空间
- 创建我的第一个Flash动画
- 设置舞台的显示比例
- 导入图片
- 转换位图为矢量图
- 发布动画
- 将动画发布为视频
- 将Flash文件创建为自带播放器的影片

实例01 设置个性化的工作空间

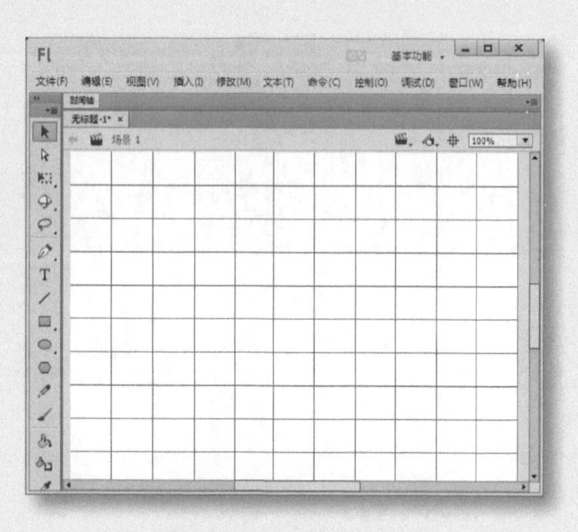

案例说明：本例使用标尺、辅助线与网格设置Flash CC的工作空间，可以使动画元素的移动更为精确与方便。标尺是Flash中的一种绘图参照工具，通过在舞台左侧和上方显示标尺，可以帮助用户在绘图或编辑影片的过程中，对图形对象进行定位。而辅助线则通常与标尺配合使用，通过舞台中的辅助线与标尺的对应，使用户更精确地对场景中的图形对象进行调整和定位。

光盘文件：源文件与素材\第1章\设置个性化的工作空间.fla

操作步骤

1 显示标尺。新建一个Flash文档，执行“视图→标尺”命令，或按下【Ctrl+Alt+Shift+R】组合键，即可在舞台左侧和上方显示标尺。

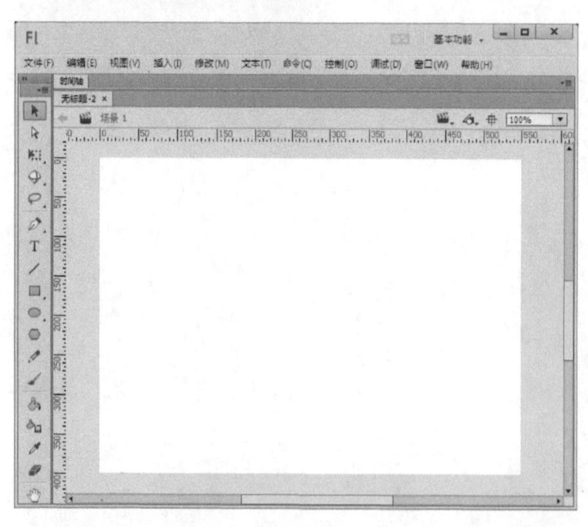

2 创建辅助线。执行“视图→辅助线→显示辅助线”命令，然后在舞台上方的标尺中向舞台中拖动鼠标，即可创建出舞台的辅助线。

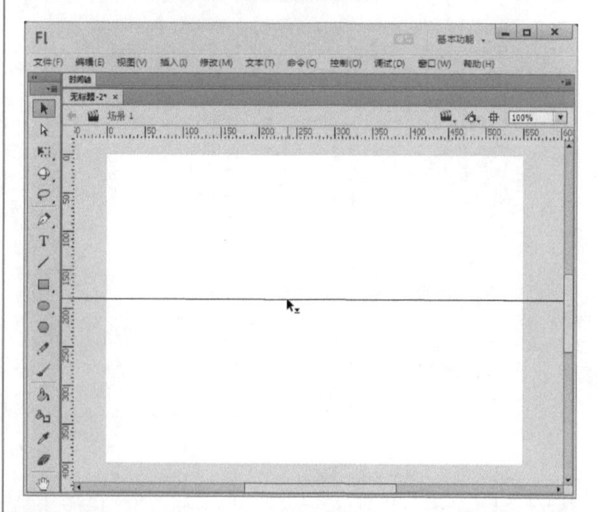

3 创建其他辅助线。利用同样的方法，拖动出其他水平和垂直辅助线，然后通过鼠标对辅助线的位置进行调整。

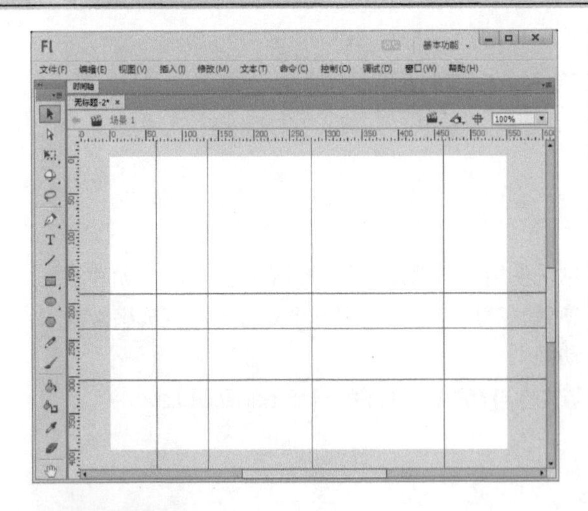

提示

如果不需要某条辅助线，用鼠标将其拖动到舞台外即可将其删除。用户还可通过执行“视图→辅助线→编辑辅助线”命令，或按下【Ctrl+Alt+Shift+G】组合键，在打开的“辅助线”对话框中设置辅助线的颜色，并可对辅助线进行锁定、对齐等操作。

4 显示网格。执行“视图→网格→显示网格”命令，或按下【Ctrl+’】组合键，即可在舞台中显示出网格。

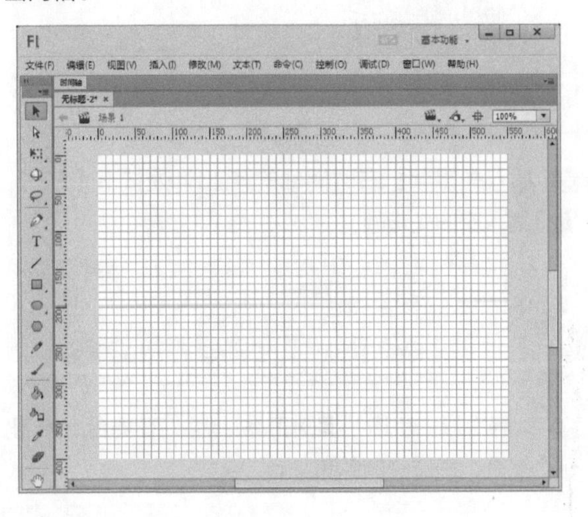

5 打开“网格”对话框。若需要对当前的网格状态进行更改，执行“视图→网格→编辑网格”命令，或按【Ctrl+Alt+G】组合键，弹出“网格”对话框。

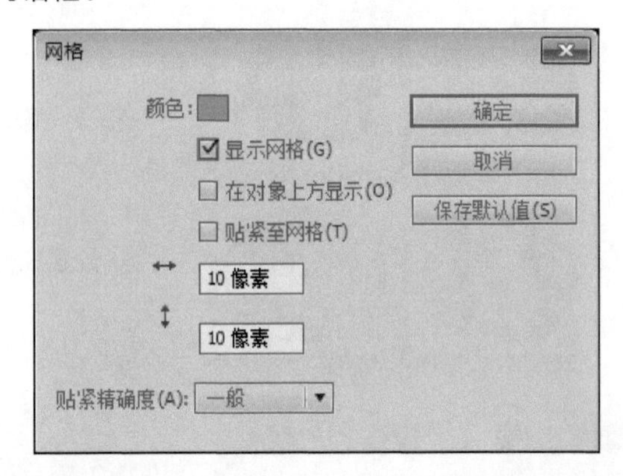

6 编辑网格。在“↔”和“↕”右侧的文本框中修改网格的水平间距和垂直间距，如将网格的颜色设置为红色，将网格的水平间距和垂直间距分别设置为“50像素”与“40像素”。

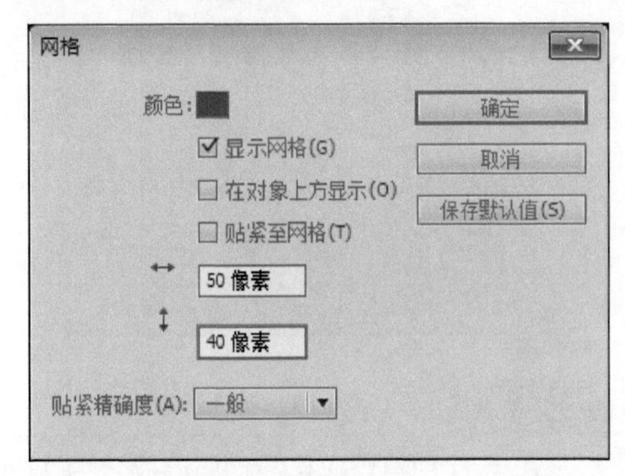

7 更改网格后的舞台。设置完成后单击 确定 按钮，将所做的更改应用到舞台。

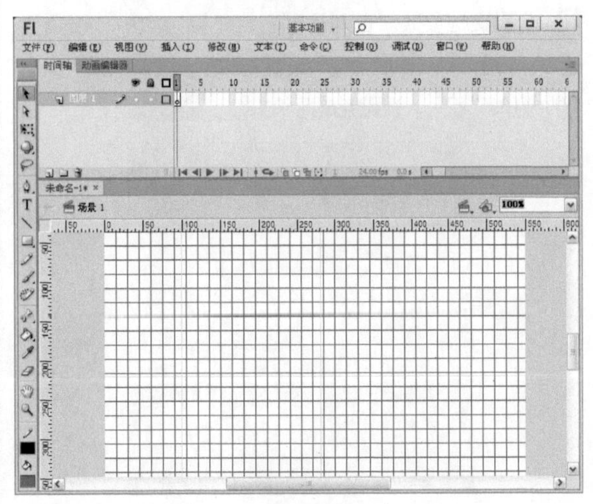

实例02 创建我的第一个Flash动画

案例说明：本例使用“文档设置”对话框设置Flash动画的参数，然后简单地创建一个矩形逐渐变成椭圆的动画。

光盘文件：源文件与素材\第1章\第一个Flash动画.fla

操作步骤

1 新建一个Flash文档，执行“修改→文档”命令，打开“文档设置”对话框。

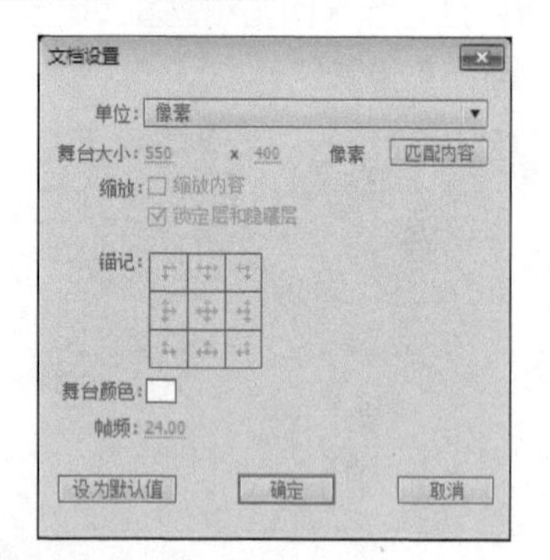

提示

按下【Ctrl+J】组合键能快速打开“文档设置”对话框。

2 设置文档参数。在对话框中将“舞台大小”设置为600×450，将“舞台颜色”设置为黄色，在“帧频”文本框中输入“12”。设置完成后单击 确定 按钮。

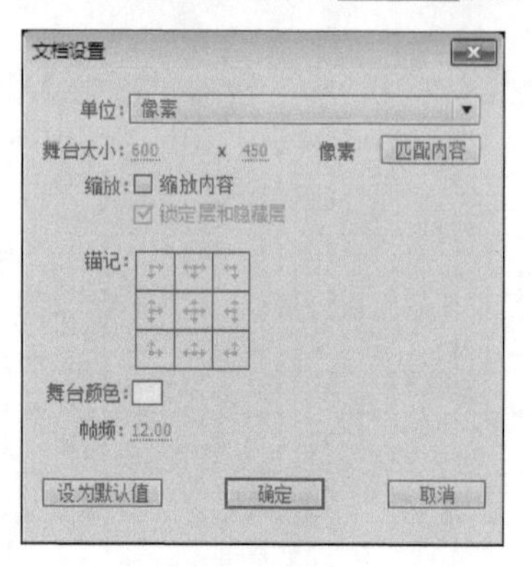

提示

帧频就是每秒钟播放的帧数，帧频越大，动画播放的速度就越快。

3 绘制椭圆。单击“矩形工具”，在舞台上绘制一个矩形，矩形的颜色随意。

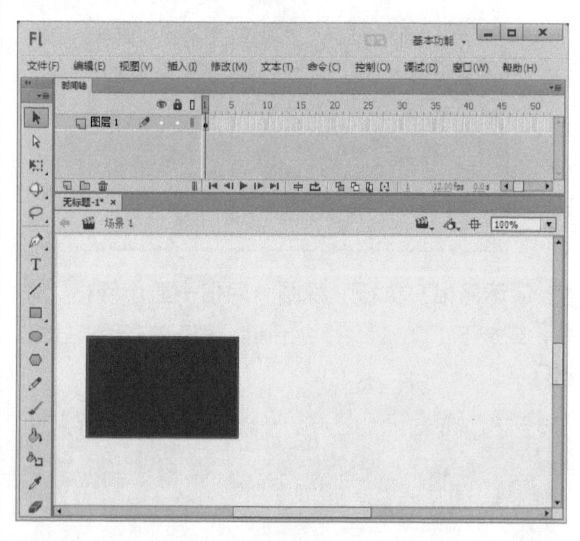

4 插入关键帧。在时间轴的第20帧处按下【F7】键，插入空白关键帧。

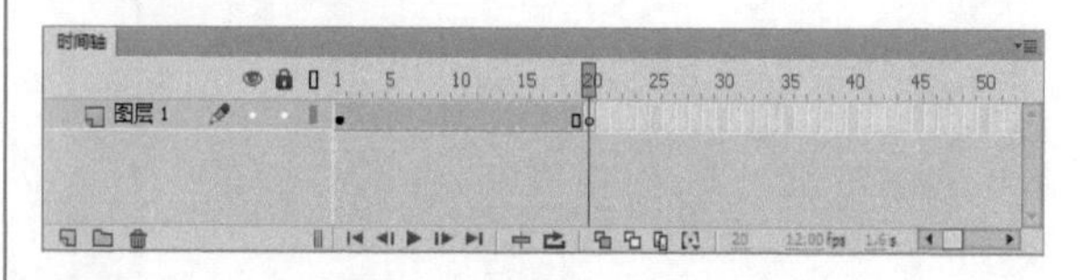

5 绘制矩形。单击“椭圆工具”，在舞台上绘制一个椭圆，椭圆的颜色随意。

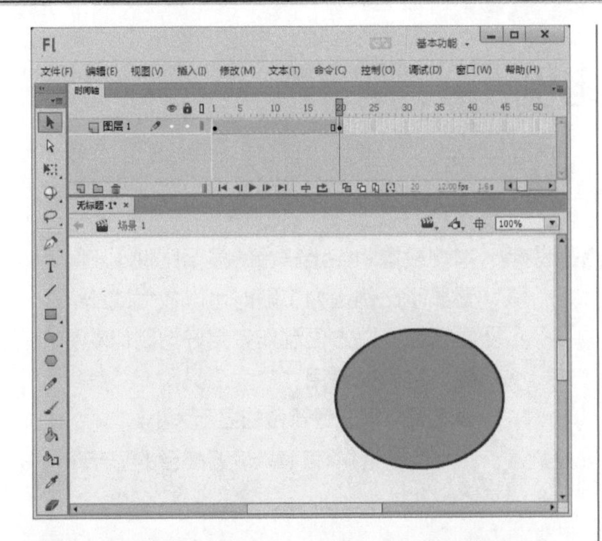

6 创建形状补间动画。在时间轴的第1帧单击鼠标右键，在弹出的快捷菜单中选择“创建补间形状”命令。

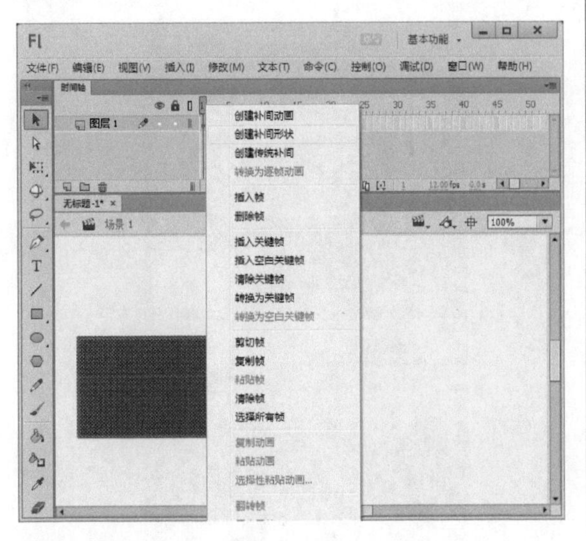

7 保存文件。执行“文件→保存”命令，打开“另存为”对话框，将“文件名”设置为“第一个Flash动画”。完成后单击 保存(S) 按钮。

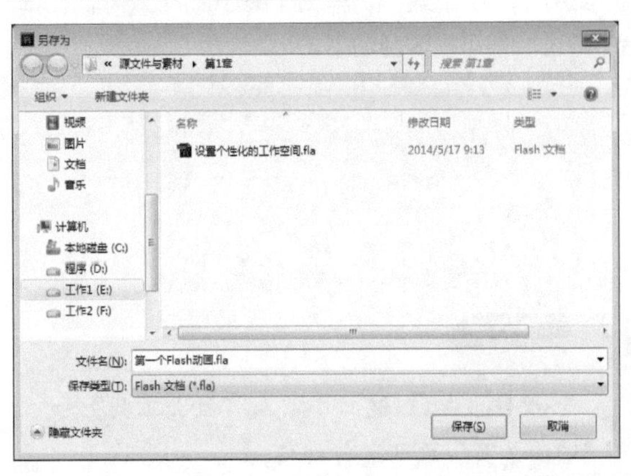

8 欣赏动画。按下【Ctrl+Enter】组合键，欣赏最终效果。

形状补间动画是指Flash中的矢量图形或线条之间互相转化而形成的动画。形状补间动画的对象只能是矢量图形或线条，不能是组或元件。通常用于表现图形之间的互相转化。

提示

在Flash CC中，不同的动画类型，在时间轴中的帧标识也不相同。

常见的各种帧标识如下：

- ：两个关键帧之间有黑色箭头且背景为浅蓝色，表示两个关键帧之间创建了动画补间。
- ：两个关键帧之间有虚线且背景为浅蓝色，表示两个关键帧之间创建动画补间失败。
- ：两个关键帧之间有黑色箭头且背景为浅绿色，表示两个关键帧之间创建的是形状补间动画。
- ：两个关键帧之间是虚线且其背景为浅绿色，表示两个关键帧之间创建形状补间失败。
- ：连续的黑色关键帧，表示这是逐帧动画。
- star：在关键帧上有一个红色小旗，表示在该帧上设置了帧标签。
- a：在关键帧上有一个“a”的符号，表示在该帧上输入了Action代码。

实例03 设置舞台的显示比例

案例说明：本例设置Flash舞台的显示比例，设置显示比例是为了随时可以放大或缩小舞台，以方便制作者更好地制作动画。也可以使用“放大工具”、“缩小工具”来设置舞台的显示大小。

光盘文件：源文件与素材\第1章\设置舞台的显示比例.fla

操作步骤

1 显示比例。单击Flash文档舞台右上方 100% 右侧的按钮，弹出舞台的显示比例下拉列表。

2 选择显示比例。在弹出的下拉列表中选择50%，舞台按比例缩小。

3 选择显示比例。在弹出的下拉列表中选择200%，舞台按比例放大。

4 使用“放大工具”。单击工具箱中的“缩放工具”，再单击“放大工具”，在舞台中单击，即可将舞台放大。

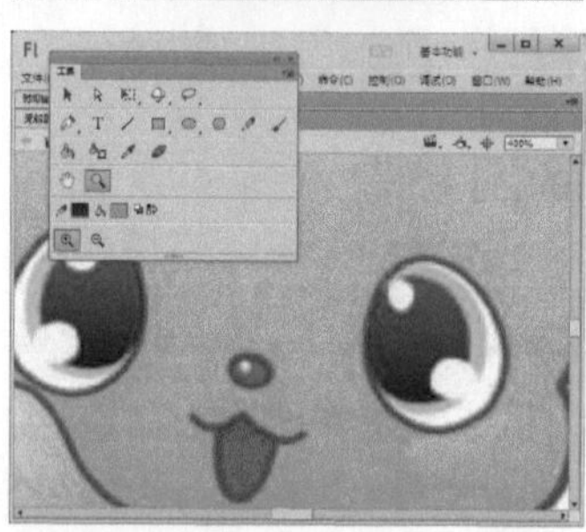

5 使用“缩小工具”。单击“缩小工具”，在舞台中单击，即可将舞台缩小。

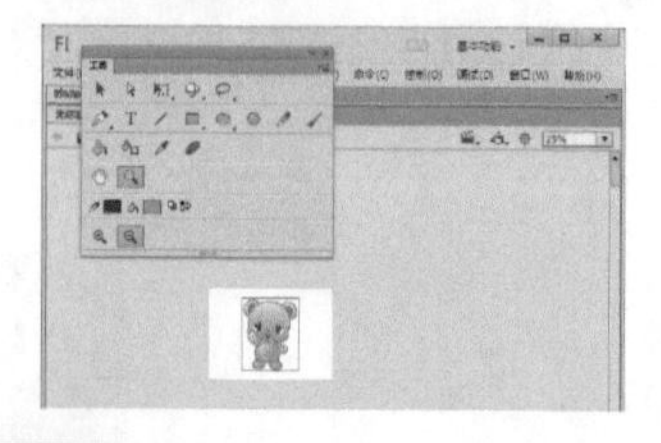

提示

按住【Alt】键，可以在“放大工具”和“缩小工具”之间进行切换。

实例04 导入图片

案例说明：Flash CC的导入图片功能不但极大地丰富了Flash影片的画面，同时也提高了制作效率。

光盘文件：源文件与素材\第1章\导入图片\导入图片.fla

操作步骤

1 执行“导入”命令。新建一个Flash文档，按下【Ctrl+R】组合键，或者执行“文件→导入→导入到舞台”命令。

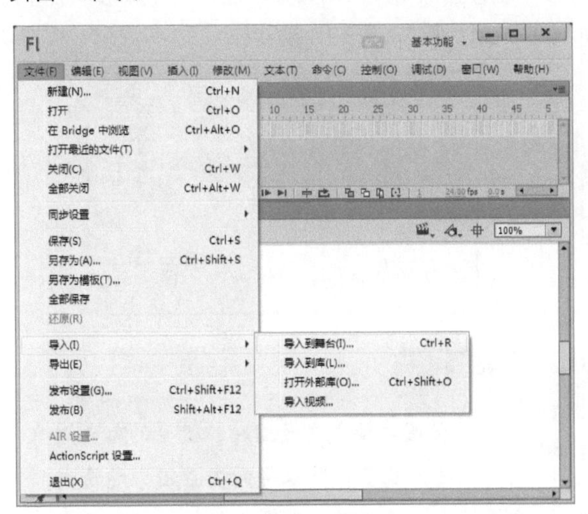

2 选择JPEG图像。在弹出的“导入”对话框中选择一幅图像，然后单击打开(O)按钮。

3 导入图像。经过上述操作即可将需要的图像导入到舞台中了。

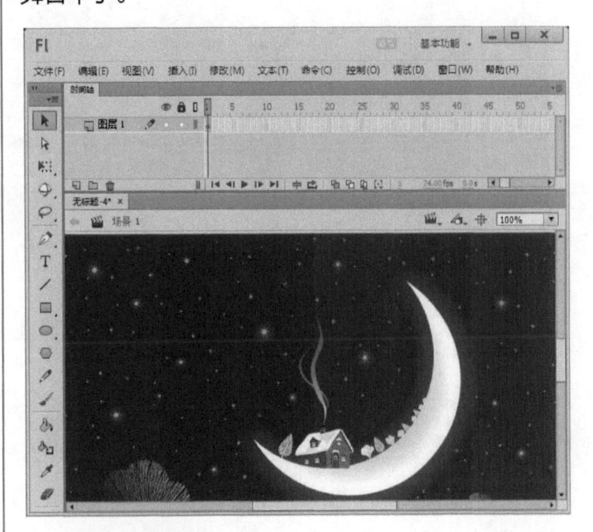

提示

在导入图像时，如果导入的是以数字序号结尾的图像序列中的一个图像，而且该序列中的其他图像都位于一个相同的文件夹中，则Flash会自动将其识别为图像序列，并弹出下图所示的对话框，提示用户是否导入序列中的其他图像。单击 是 按钮，则导入JPEG图像。

Adobe Flash Professional

此文件看起来是图像序列的组成部分。是否导入序列中的所有图像？

是 否 取消

转换位图为矢量图

案例说明：在Flash CC中，可以将位图转换为矢量图，便于对图像进行处理，满足动画制作的需求。

光盘文件：源文件与素材\第1章\转换位图为矢量图\转换位图为矢量图.fla

操作步骤

1 导入图像。新建一个Flash文档，执行“文件→导入→导入到舞台”命令，将一幅图像导入到舞台中。

2 执行菜单命令。选中导入的图像，执行“修改→位图→转换位图为矢量图”命令。

3 弹出“转换位图为矢量图”对话框，在“颜色阈值”文本框中输入色彩容差值，在“最小区域”文本框中设置色彩转换最小差别范围大小，在“角阈值”下拉列表中设置图像转换折角效果，在“曲线拟合”下拉列表中选择绘制的轮廓的平滑程度。

提示

将位图转换成矢量图时，设置的颜色阈值越高，转角越多，则取得的矢量图形越清晰，文件越大；设置的色彩阈值越低，折角越少，则转换后图形中的颜色方块越少，文件越小。

4 转换为矢量图。单击 确定 按钮，即可将位图转换为矢量图。

实例06 发布动画

案例说明：动画制作完成之后，即可发布动画。

光盘文件：无

操作步骤

1 执行菜单命令。在Flash CC中执行“文件→导出→导出影片”命令。

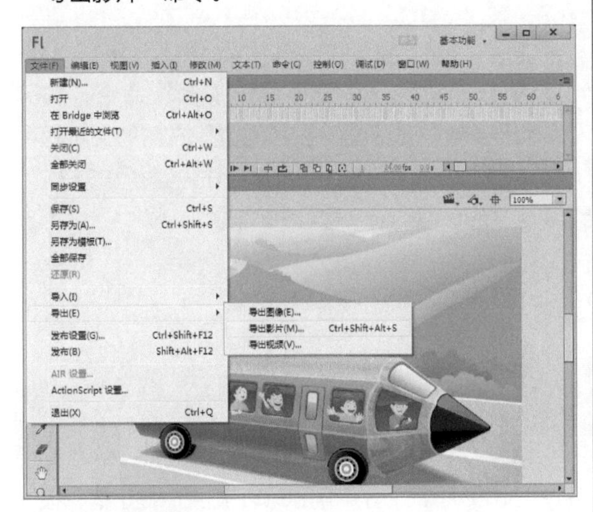

提示

按下【Ctrl+Alt+Shift+S】组合键能快速导出动画影片。

2 输入文件名。打开“导出影片”对话框，在对话框中的“文件名”文本框中输入文件名，并在“保存类型”下拉列表中选择文件的类型为“SWF影片（*.swf）”，然后单击保存(S)按钮，即可发布动画影片。

提示

“保存类型”下拉列表中的“SWF影片(*.swf)”类型的文件必须在安装了Flash播放器后才能播放。

3 经过上述操作后，发布动画后的效果如下图所示。

实例07 将动画发布为视频

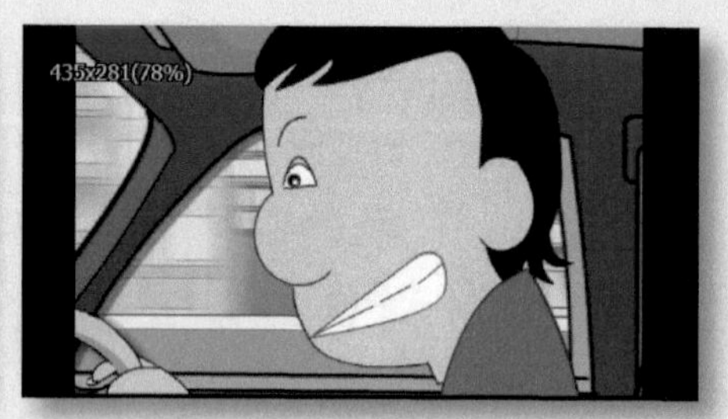

案例说明：本例是将动画影片发布为视频，Flash导出的SWF格式的动画影片不能直接在电视上播放，需要将其发布为视频文件。为了保证视频的效果，不要将导出的SWF格式的动画影片利用第三方软件转换为视频，而是在Flash CC中通过“发布设置”对话框直接进行发布。

光盘文件：源文件与素材\第1章\将动画发布为视频\将动画发布为视频.fla

操作步骤

1 打开源文件。运行Flash CC，打开随书光盘中的动画源文件。执行“修改→文档”命令，打开“文档属性”对话框，在对话框中将“帧频”设置为25，设置完成后单击 确定 按钮。

文档设置
单位：像素
舞台大小：554 x 359.15 像素 匹配内容
缩放：缩放内容
锁定层和隐藏层
锚记：
舞台颜色：
帧频：25.00
设为默认值 确定 取消

提示

本例是将一个动画影片发布为视频文件，以便在电视上进行播放。为了在电视上流畅地播放动画，在制作时要将动画设置成每秒播放25帧。

2 执行“文件→导出→导出视频”命令，打开“导出视频”对话框，在“浏览”右侧的文本框中输入视频保存的路径，完成后单击 导出(E) 按钮。

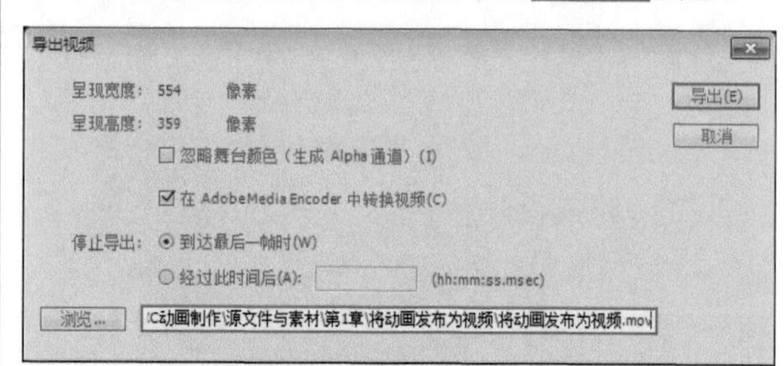

3 导出影片。弹出“导出SWF影片”提示框，根据动画的大小，导出的时间有所不同。

4 变换格式。导出完成以后，找到导出视频的文件夹，可以看到动画已经变成视频的格式了。

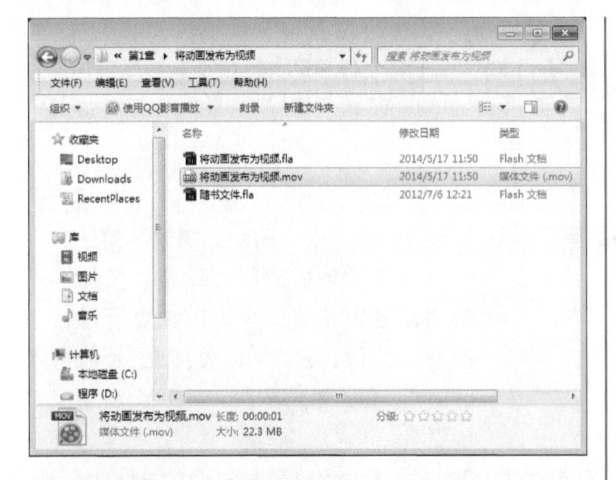

5 播放视频。使用视频播放软件打开导出的视频文件。

提示

如果导出的视频出现声音与画面不同步的情况，则执行“文件→发布设置”命令，打开“发布设置”对话框，单击“音频流：MP3，16Kbps，单声道”选项。

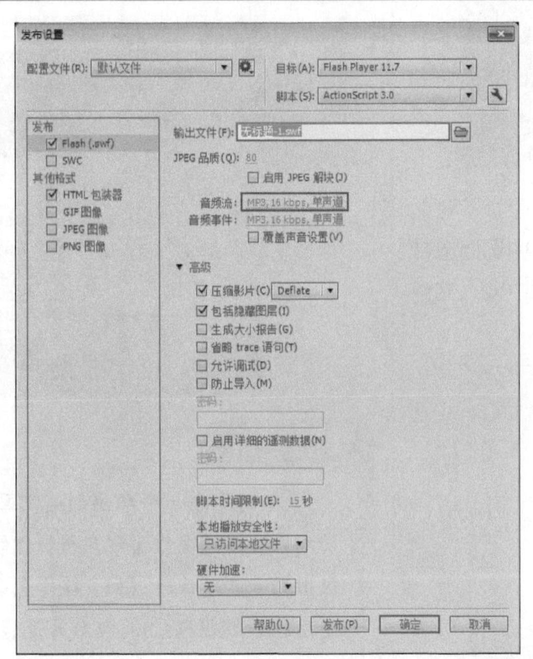

打开“声音设置”对话框，在“比特率”下拉列表中选择“48Kbps”选项，在“品质”下拉列表中选择“最佳”选项，完成后单击 确定 按钮即可。

声音设置
压缩(C): MP3
确定
取消
预处理: ☑ 将立体声转换为单声(O)
比特率(B): 48 kbps
品质(Q): 最佳

实例08 将Flash文件创建为自带播放器的影片

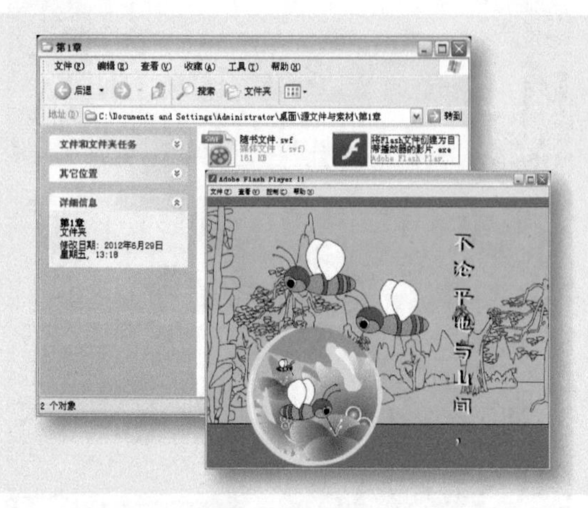

案例说明：如果要在没有安装Flash播放器的计算机上正常地播放影片动画，就需要将动画发布成一个可以独立运行的.exe文件，它之所以具有独立运行的功能，是因为捆绑了Flash Player播放程序。

光盘文件：源文件与素材\第1章\将Flash文件创建为自带播放器的影片\将Flash文件创建为自带播放器的影片.fla

操作步骤

1 执行菜单命令。打开随书光盘中需要创建自带播放器的SWF动画文件，执行“文件→创建播放器”命令。

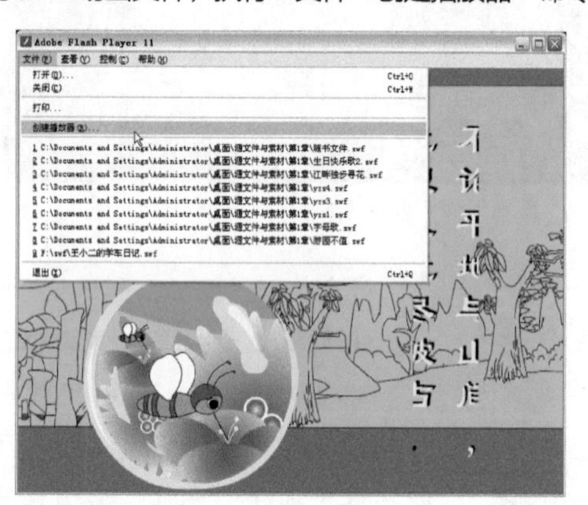

2 设置文件名称和保存路径。打开“另存为”对话框，在该对话框的“保存在”下拉列表框中选择自带播放器的保存路径，在“文件名”文本框中输入文件的名称，完成后单击保存(S)按钮。

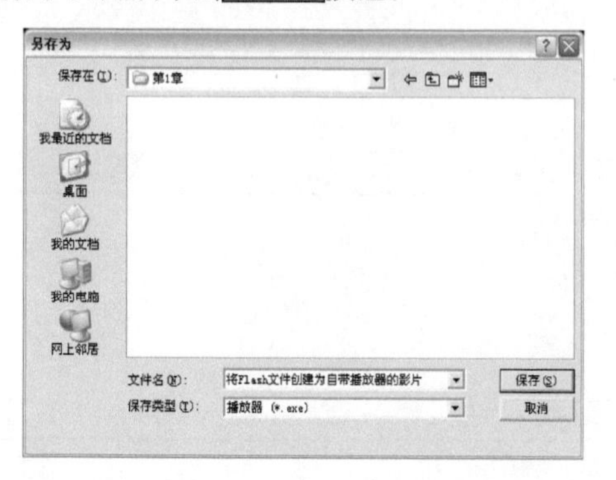

3 查看播放器程序。打开文件的保存目录，便可以看见由影片播放文件创建的播放器程序了，不管是否安装了Flash播放器，双击该文件即可打开动画。

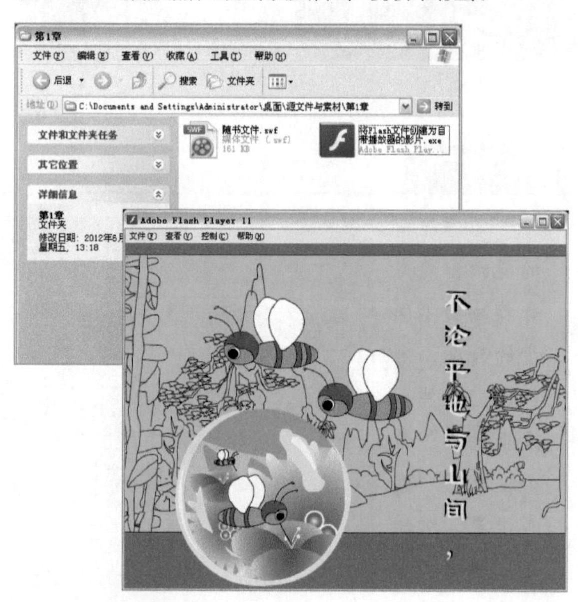

提示

本例是为一个动画创建动画播放器，创建动画播放器的操作通常在将制作的Flash影片动画应用到专案项目时（如多媒体光盘、教学课件）使用，以确保Flash动画影片能在没有安装Flash Player播放器的计算机上可以顺利播放。

02 章 图形绘制实例

- 使用铅笔工具与选择工具绘制可爱的小女孩
- 使用矩形工具与椭圆工具绘制卡通毛笔
- 使用选择工具、部分选取工具绘制咖啡杯
- 使用渐变色、高光和阴影绘制清晨的露珠
- 使用放射性渐变填充绘制光晕
- 使用线条工具与铅笔工具绘制窗帘

实例09 使用铅笔工具与选择工具绘制可爱的小女孩

案例说明：本实例综合运用Flash CC提供的选择工具、椭圆工具、矩形工具、橡皮擦工具及铅笔工具等，来绘制一个可爱的大眼睛卡通女孩。

光盘文件：源文件与素材\第2章\绘制可爱的小女孩\绘制可爱的小女孩.fla

操作步骤

1 设置文档。执行“修改→文档”命令，打开“文档设置”对话框，将“舞台大小”设置为600×400。设置完成后单击 确定 按钮。

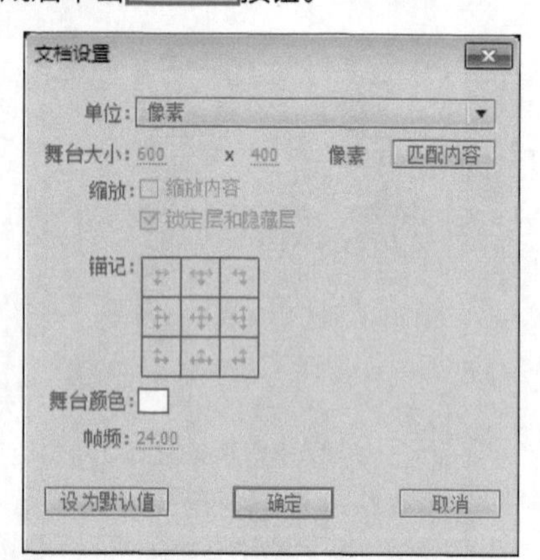

2 设置颜色。在工具箱中单击椭圆工具，执行“窗口→属性”命令，打开“属性”面板，在面板中将“笔触颜色”设置为“黑色”、“填充颜色”设置为“粉红色”（#FFDDDC）。

3 绘制椭圆。拖动鼠标在舞台上绘制一个椭圆。

4 绘制椭圆。在刚绘制的椭圆下方再绘制一个椭圆。

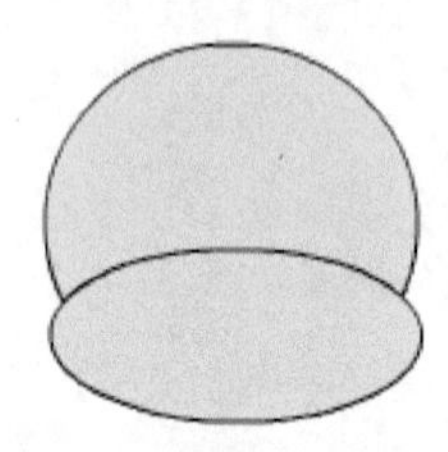

5 设置橡皮擦。在工具箱中单击橡皮擦工具，单击“橡皮擦模式”按钮，在弹出的下拉列表中选择“擦除线条”选项。

6 擦除线条。拖动鼠标擦除两个椭圆相交处的线条。

7 新建图层。单击“时间轴”面板上的“新建图层”按钮，新建“图层2”。

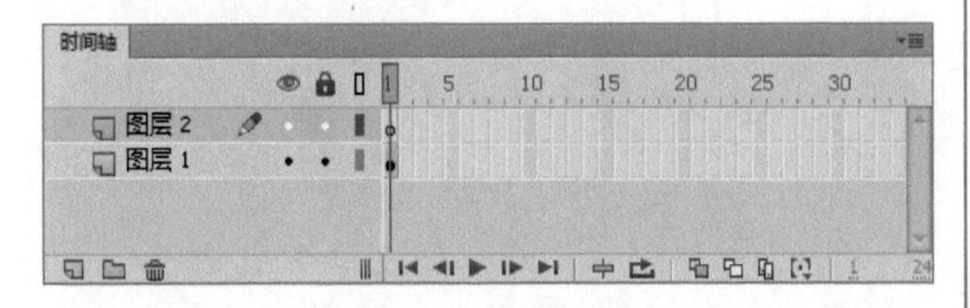

8 绘制椭圆。在工具箱中单击椭圆工具，在舞台中绘制一个无边框、填充颜色为白色的椭圆。

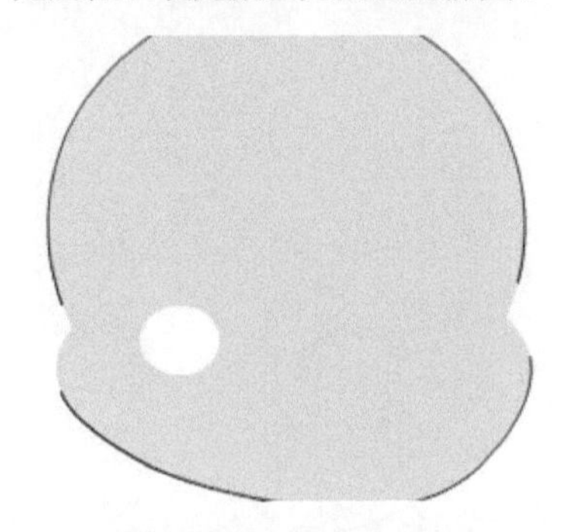

9 绘制椭圆。继续使用椭圆工具在白色的椭圆上绘制一个“笔触颜色”为“黑色”、“填充颜色”为“褐色”（#663333）的椭圆。

10 绘制形状。新建“图层3”，使用刷子工具在椭圆上绘制两个下图所示的白色的形状。

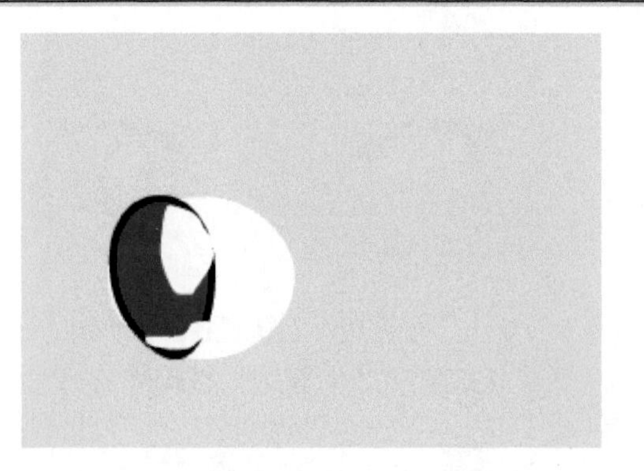

11 绘制形状。继续使用刷子工具在椭圆上绘制一个下图所示的黑色的形状。

12 绘制矩形。使用矩形工具在眼睛的上方与下方各绘制一个填充颜色为黑色的矩形。

13 调整矩形。在工具栏中单击选择工具，将两个矩形调整为下图所示的样式。

14 绘制眼睛。按照同样的方法，绘制出女孩的右眼。

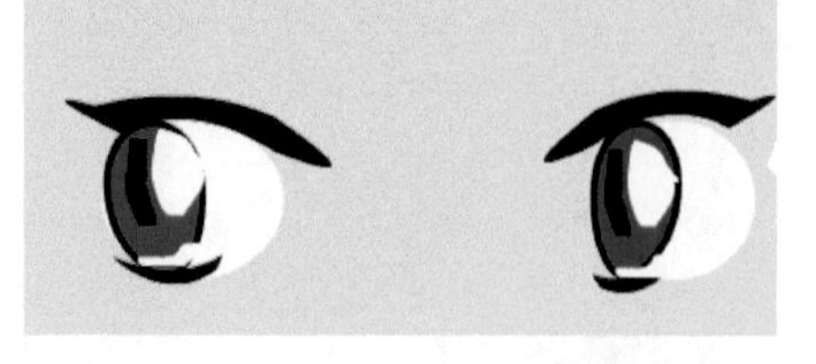

15 绘制矩形。使用矩形工具在左边眼睛的上方绘制一个“填充颜色”为“黑色”的矩形，作为女孩的眉毛。

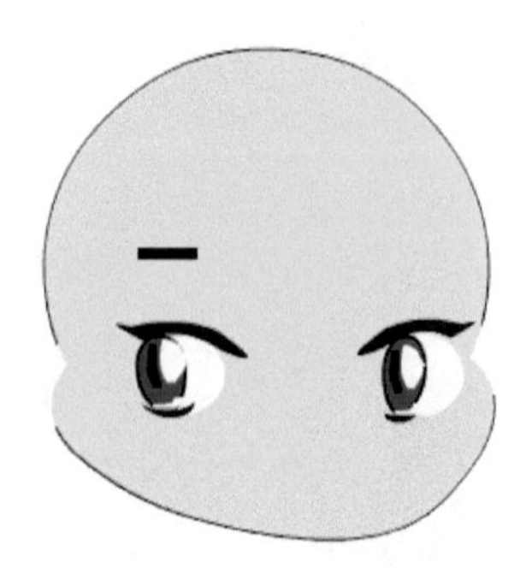

提示

卡通儿童的眉毛要离眼睛稍远一些，这样才显得可爱一些。

16 调整矩形。在工具栏中单击选择工具，将刚绘制的矩形调整为下图所示的眉毛样式。

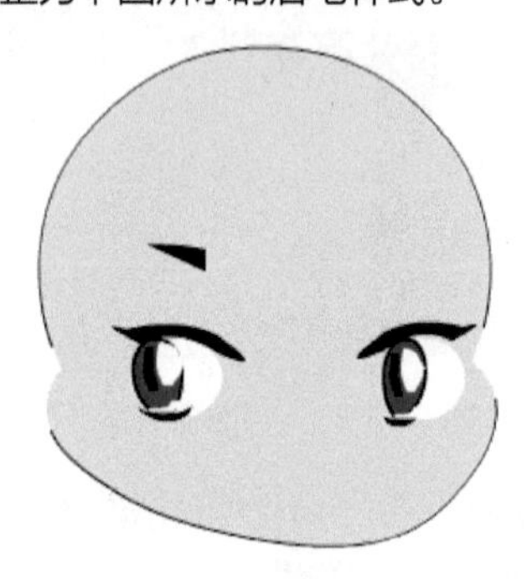

17 绘制眉毛。按照同样的方法，绘制出女孩右边眼睛上的眉毛。

提示

女孩右边的眉毛由于视效的关系，要绘制得窄一些。

18 绘制鼻子。在工具箱中单击铅笔工具，在眼睛的下方绘制一条黑色的弧线作为女孩的鼻子。

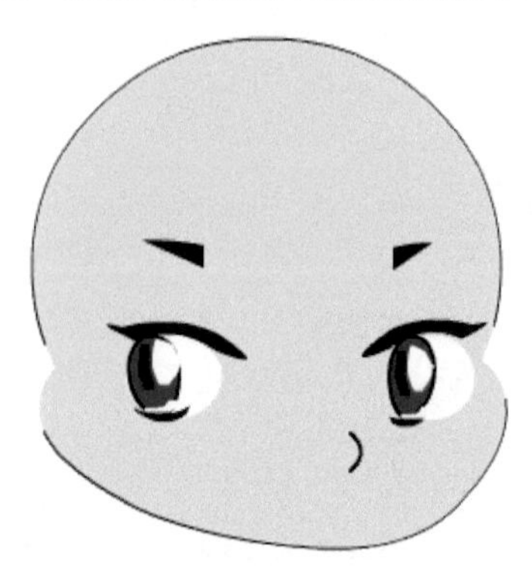

19 绘制嘴巴。继续使用铅笔工具在鼻子的下方绘制嘴巴的形状。

20 设置填充颜色。在工具箱中单击颜料桶工具，将“填充颜色”设置为“红色”，单击“空隙大小”按钮，在弹出的下拉列表中选择“封闭小空隙”选项。

提示

单击“空隙大小”按钮，弹出的下拉列表中有4个选项，含义如下：

- 不封闭空隙。颜料桶只对完全封闭的区域填充，有任何细小空隙的区域，填充都不起作用。
- 封闭小空隙。颜料桶可以填充完全封闭的区域，也可对有细小空隙的区域填充，但是若空隙太大填充仍然无效。
- 封闭中等空隙。颜料桶可以填充完全封闭的区域、有细小空隙的区域，对有中等大小的空隙区域也可以填充，但有大空隙区域则填充无效。
- 封闭大空隙。颜料桶可以填充完全封闭的区域、有细小空隙的区域、中等大小的空隙区域，也可以对大空隙填充，不过空隙的尺寸过大，颜料桶也是无能为力的。

21 填充颜色。使用颜料桶工具在绘制的嘴巴形状上单击进行填充。

22 绘制椭圆。在工具箱中单击椭圆工具，在脸部的左侧绘制一个边框颜色为“黑色”、填充颜色为“粉红色”（#FFDDDC）的椭圆。

23 选择“擦除线条”选项。在工具箱中单击橡皮擦工具，单击“橡皮擦模式”按钮，在弹出的下拉列表中选择“擦除线条”选项。

24 擦除线条。拖动鼠标擦除耳朵与脸部交叉部分的线条。

25 绘制弧线。在工具箱中单击铅笔工具，在耳朵中绘制两条黑色的弧线。

26 绘制耳朵。按照同样的方法，绘制出女孩的右耳。

提示

女孩的右耳由于视效的关系，要绘制得小一些。

27 绘制椭圆。新建“图层4”，使用椭圆工具绘制一个边框颜色为黑色、无填充颜色的椭圆。

28 绘制线条。在工具箱中单击铅笔工具，绘制下图所示的线条。

29 填充颜色。使用颜料桶工具为绘制的头发形状填充黑色。

30 拖动图层。在“时间轴”面板上选择“图层4”，按下鼠标左键不放将其拖动到“图层2”下方，释放鼠标，这样小女孩的耳朵就不会被头发挡住了。

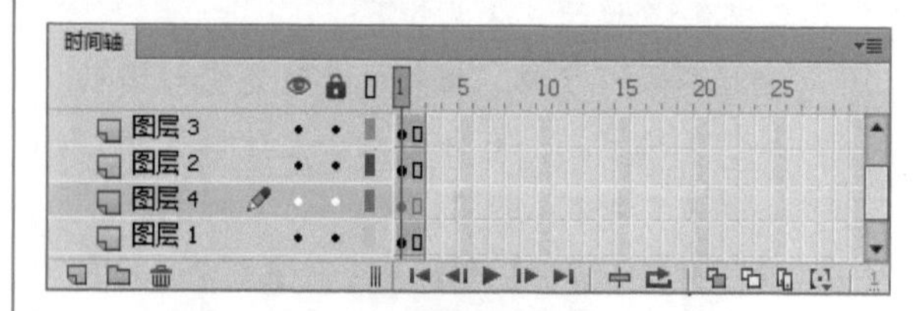

31 绘制形状。新建“图层5”，在工具箱中单击铅笔工具，绘制下图所示的形状。

32 添加线条。继续使用铅笔工具在绘制的形状中添加下图所示的线条。

33 填充颜色。使用颜料桶工具将绘制的蝴蝶结形状填充为粉红色（#FF9999）。

34 绘制椭圆。使用椭圆工具绘制一个无边框颜色、填充颜色为黄色的椭圆。

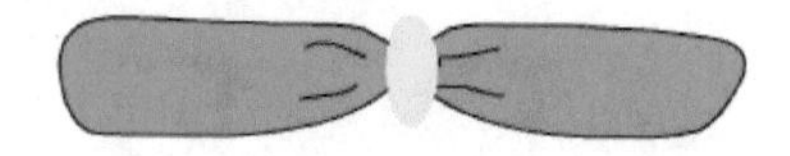

35 移动蝴蝶结。单击选择工具，选择绘制的蝴蝶结，按下鼠标左键不放，将其移动到小女孩的头发

上，然后释放鼠标即可。

36 绘制椭圆。新建“图层6”，使用椭圆工具绘制一个无边框颜色、填充颜色为粉红色（#FFCCCC）的椭圆。

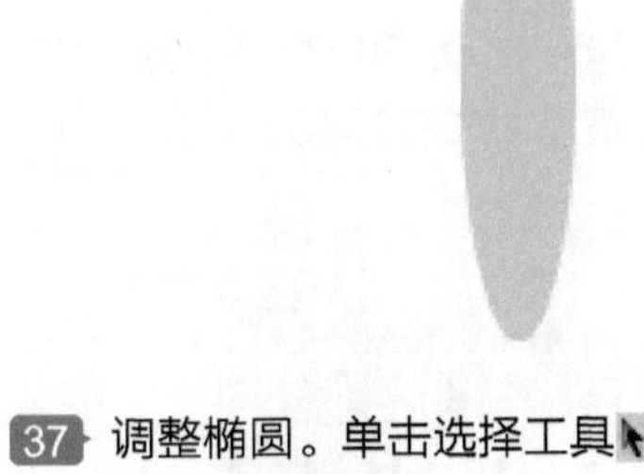

37 调整椭圆。单击选择工具，将绘制的椭圆调整为下图所示的形状。

38 移动形状。将调整后的椭圆形状移动到小女孩的左脸上。

39 移动形状。新建“图层7”，执行“文件→导入→导入到舞台”命令，导入一幅图像到舞台中。

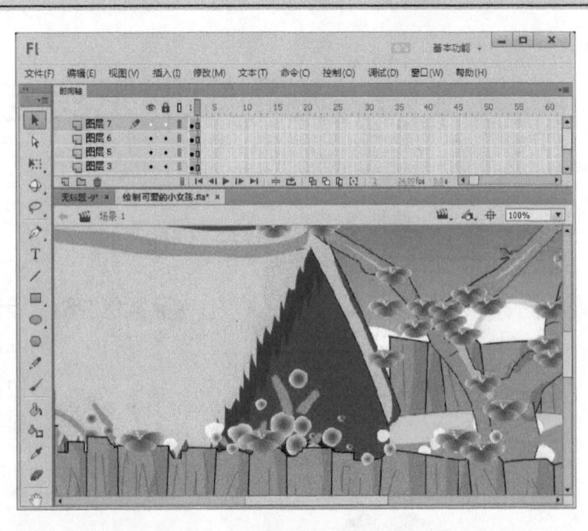

40 拖动图层。将“图层7”拖动到“图层1”的下方。

41 欣赏效果。执行“文件→保存”命令，打开“另存为”对话框，将“文件名”设置为“绘制可爱的小女孩”，完成后单击 保存(S) 按钮。然后按下【Ctrl+Enter】组合键，导出动画并欣赏最终效果。

实例10 使用矩形工具与椭圆工具绘制卡通毛笔

案例说明：绘制毛笔时可以先绘制笔杆，然后绘制笔头。本例的毛笔可以握在一位可爱的小女孩手中，可以通过导入位图来实现。要使动画元素更加丰富，可以将绘制矢量图与导入位图相结合来制作。

光盘文件：源文件与素材\第2章\绘制卡通毛笔\绘制卡通毛笔.fla

操作步骤

1 新建文档。新建一个Flash文档，执行“修改→文档”命令，打开“文档设置”对话框，在对话框中将“舞台大小”设置为500×400。设置完成后单击 确定 按钮。

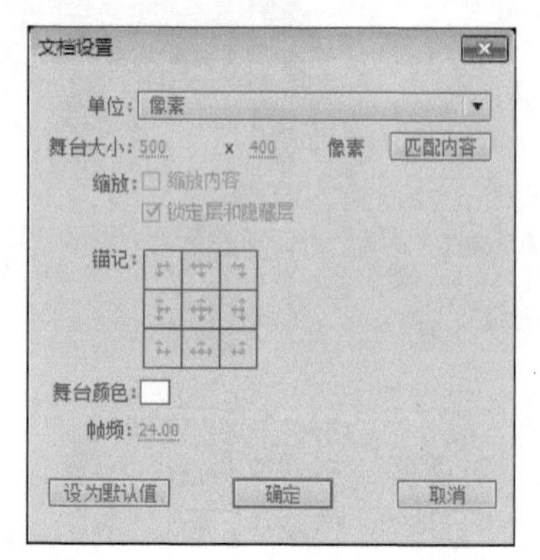

2 选择笔触颜色。选择工具箱中的矩形工具，单击工具箱中“颜色”栏中的按钮，在弹出的“颜色”面板中选择矩形边框的笔触颜色，这里选择黑色。

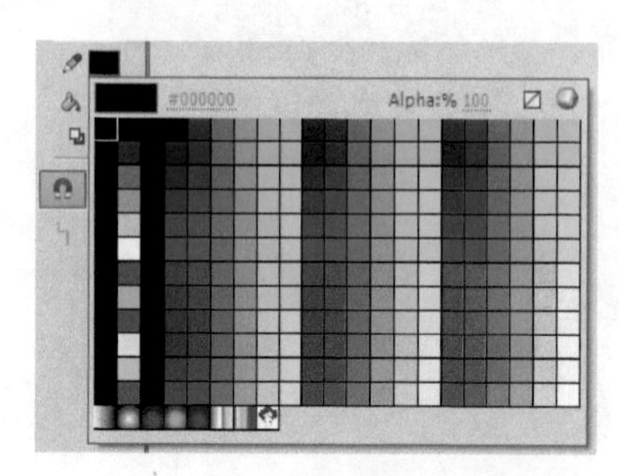

3 选择填充颜色。单击工具箱中“颜色”栏中的按钮，在弹出的“颜色”面板中选择矩形边框的填充颜色，这里选择土黄色（#CC9900）。

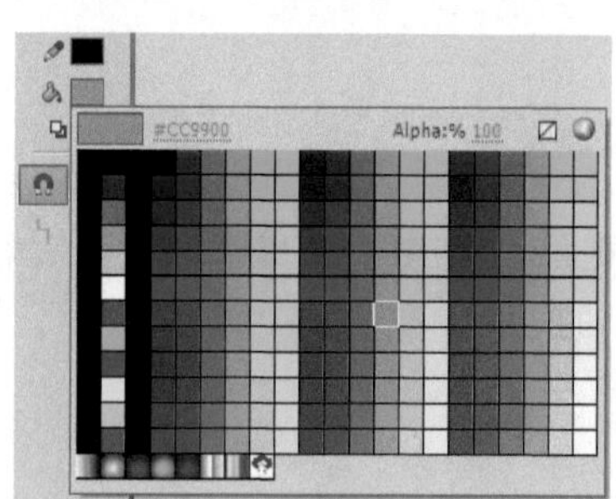

4 绘制矩形。将鼠标移至舞台中，当其变为“＋”形状时，按住鼠标左键进行拖动，即可绘制出下图所示的矩形。

5 绘制椭圆。单击工具箱中的按钮，在舞台上绘制一个边框颜色与填充颜色都为黑色的椭圆。

6 调整椭圆。单击工具箱中的选择工具，拖动椭圆

的边框，将椭圆调整为一个毛笔笔尖的形状。

7 组合图形。使用选择工具选中绘制的毛笔，按下【Ctrl+G】组合键将其组合。

8 导入图像。执行“文件→导入→导入到舞台”命令，将一幅图像导入到舞台中。

9 选择右键菜单命令。选中导入的图像，单击鼠标右键，在弹出的快捷菜单中选择“排列→下移一层”命令。

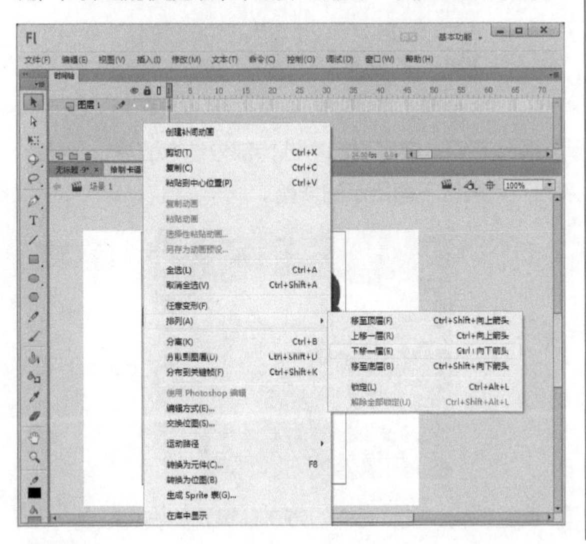

提示

执行“下移一层”命令是为了使毛笔显示在图片之上。

10 绘制椭圆。单击工具箱中的按钮，在小女孩的脚下绘制一个无边框颜色、填充颜色为浅灰色（#999999）的椭圆，并将椭圆组合，作为小女孩的影子。

11 保存动画。执行“文件→保存”命令，打开“另存为”对话框，在“保存在”下拉列表框中选择动画的保存位置，在“文件名”文本框中输入动画的名称。完成后单击 保存(S) 按钮。

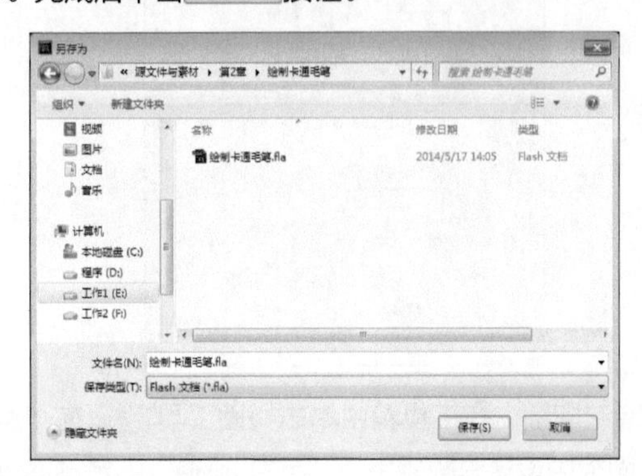

12 欣赏最终效果。按下【Ctrl+Enter】组合键，欣赏本例完成的效果。

实例11 使用选择工具、部分选取工具绘制咖啡杯

案例说明：在Flash CC中绘图的时候，大多都是利用线条工具╱或者是铅笔工具✎先勾勒出要绘制图形的外部轮廓。在用线条工具绘制轮廓的时候，就需要用到部分选取工具来对线条的曲度进行一些编辑和调整的，这样绘制出来的线条才会更简洁、更流畅。

光盘文件：源文件与素材\第2章\绘制咖啡杯\绘制咖啡杯.fla

操作步骤

1 设置文档。新建一个Flash文档，执行“修改→文档”命令，打开“文档设置”对话框，在对话框中将“舞台大小”设置为400×420，将“舞台颜色”设置为橙黄色（#FF6600）。设置完成后单击 确定 按钮。

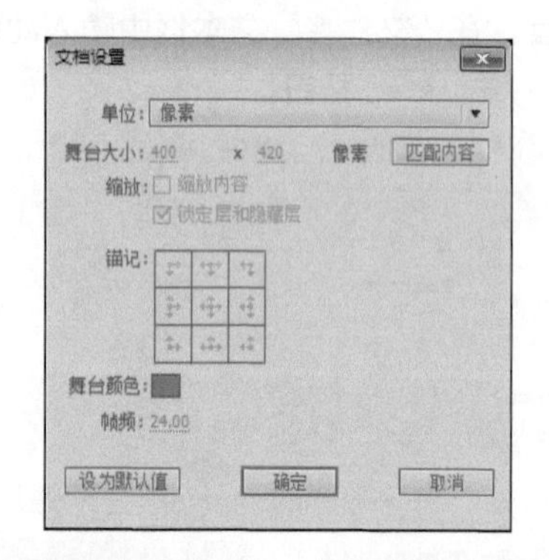

2 绘制椭圆。在工具箱中单击椭圆工具◯，在“属性”面板中设置笔触颜色为“#999999”、笔触高度为“1”、填充颜色为白色，在舞台中绘制一个椭圆。

3 缩放椭圆。单击选择工具↖，选中所绘制的椭圆，依次执行“编辑→复制”命令、“编辑→粘贴到当前位置”命令，将椭圆复制一个并粘贴到原位置，再执行“修改→变形→缩放和旋转”命令，在弹出的对话框中将“缩放”值设为96%。完成后单击 确定 按钮。

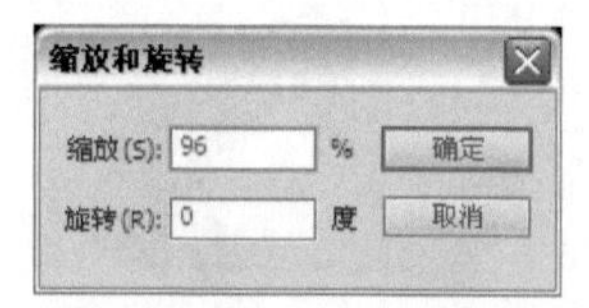

4 调整线条。在工具箱中选择线条工具╱，在椭圆的下方绘制一条直线，再使用选择工具↖调整线条。

5 调整节点。在工具箱中选择部分选取工具↖，对线条的节点进行下图所示的调整。

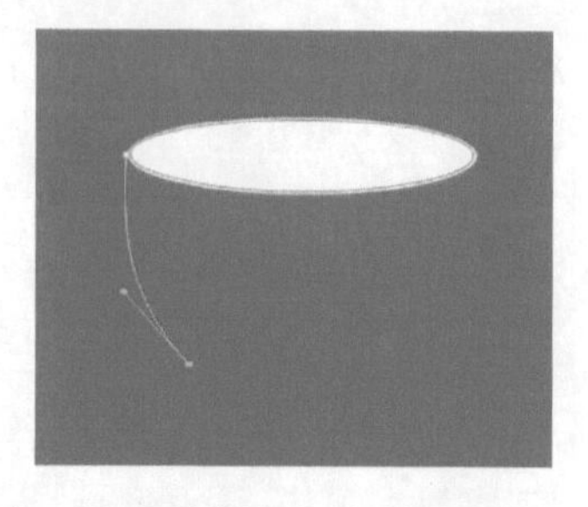

6 调整节点。按照同样的方法在椭圆的右边绘制一条

弧线，然后通过部分选取工具对其进行节点调整。

7 填充颜色。在工具箱中选择线条工具，绘制杯子底部的线条，并使用部分选取工具，对其节点进行调整，然后使用工具箱中的颜料桶工具将其填充为白色。

8 绘制把柄并填充颜色。选择线条工具，绘制杯子的把柄，使用部分选取工具进行调整，并填充为白色。

9 绘制椭圆。使用椭圆工具绘制两个同心的白色椭圆。

10 绘制小勺。按照同样的方法使用椭圆工具、线条工具和部分选取工具绘制一个白色的小勺。

11 组合图形。使用选择工具选中绘制的所有图形，按下【Ctrl+G】组合键将其组合。

12 导入图像。执行“文件→导入→导入到舞台”命令，将一幅图像导入到舞台中。选中导入的图像，单击鼠标右键，在弹出的快捷菜单中选择“排列→下移一层”命令，使咖啡杯显示出来。

13 欣赏最终效果。执行“文件→保存”命令，打开“另存为”对话框，在“保存在”下拉列表框中选择动画的保存位置，在“文件名”文本框中输入动画的名称，完成后单击保存(S)按钮。最后按下【Ctrl+Enter】组合键，欣赏本例完成的效果。

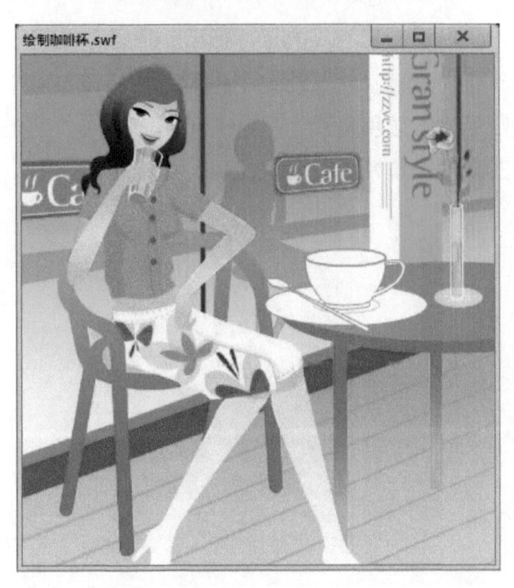

实例12 使用渐变色、高光和阴影绘制清晨的露珠

案例说明：本例使用透明渐变填充制作清晨的露珠效果。透明渐变填充通常用于露珠效果的静态图片中，通过对渐变色彩和透明色彩的运用，模拟制作出露珠的效果。整个露珠的效果包括3个部分：渐变色、高光和阴影。当然，露珠的逼真程度取决于在制作过程中对露珠透明度和渐变效果的把握。

光盘文件：源文件与素材\第2章\绘制清晨的露珠\绘制清晨的露珠.fla

操作步骤

1 绘制矩形。新建一个Flash空白文档，在工具箱中单击矩形工具，在舞台上绘制一个宽和高分别为550像素、400像素的无边框，颜色随意的矩形，并遮盖住舞台。

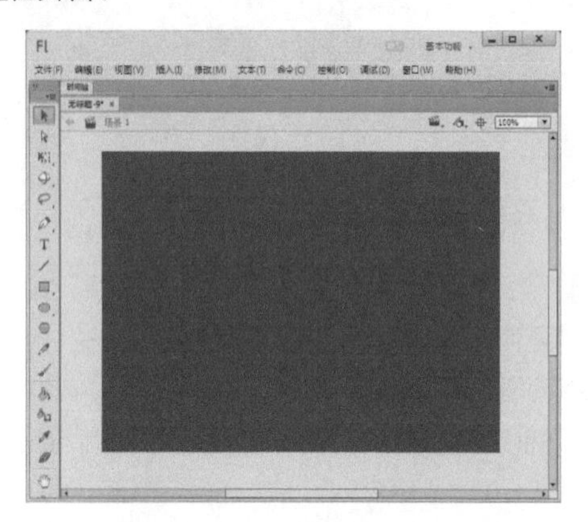

2 设置填充颜色。执行“窗口→颜色”命令，打开“颜色”面板。将“类型”设置为“径向渐变”，把左端色标的颜色设置为蓝色（#0000FF），把右端色标的颜色设置为黑色。

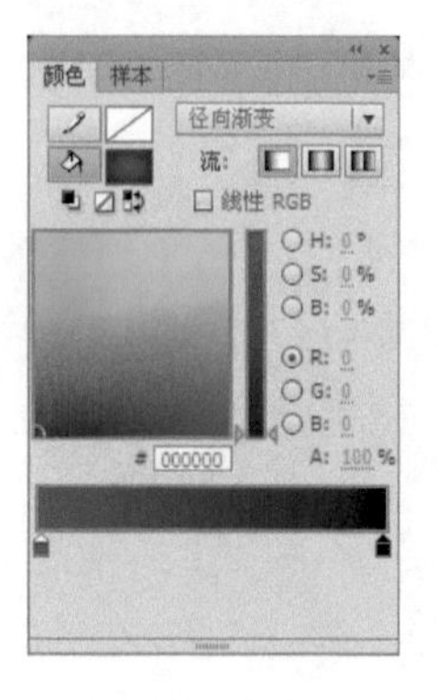

3 填充矩形。单击工具箱中的颜料桶工具，填充矩形。

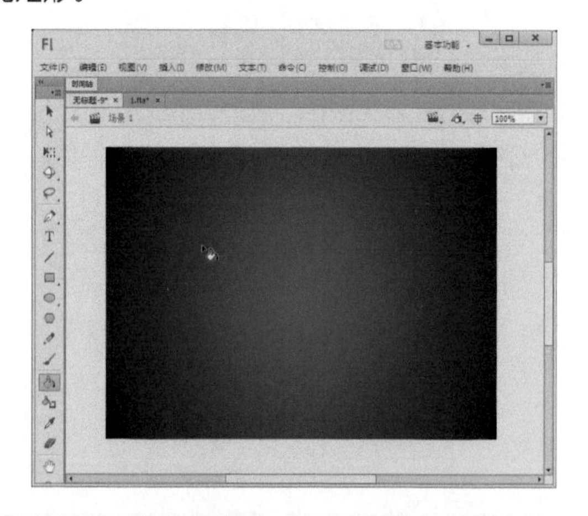

4 调整矩形的填充位置。在工具箱中选择渐变变形工具，调整矩形的填充位置。

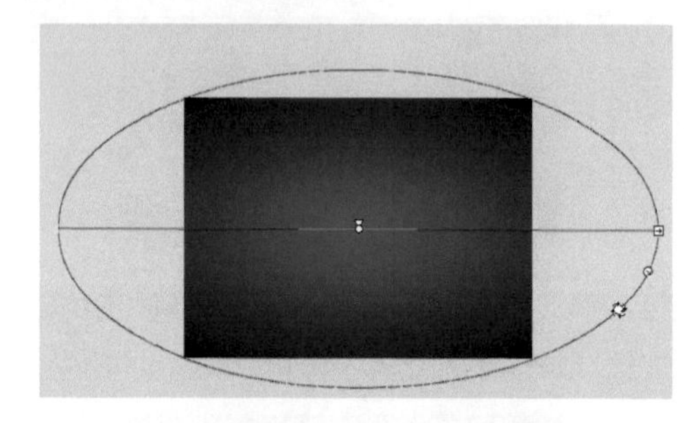

5 设置铅笔工具。在“时间轴”面板中单击“新建图层”按钮，新建“图层2”。在工具箱中选择铅笔工具，在“属性”面板中设置笔触颜色为绿色（#66CC00）、笔触高度为“3.5”。

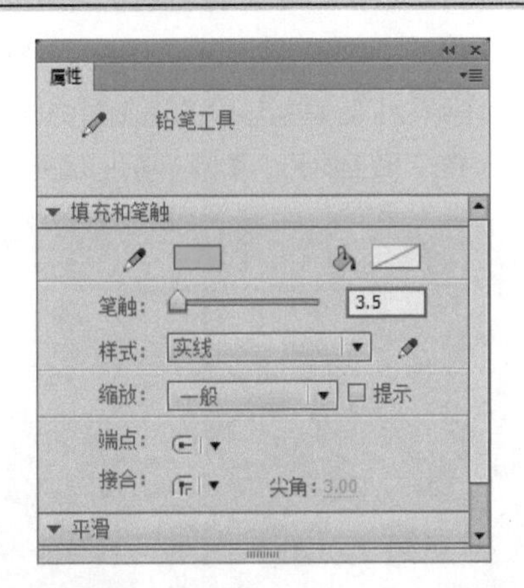

6 设置铅笔样式。单击“样式”下拉列表框右侧的“编辑笔触样式”按钮，在弹出的“笔触样式”对话框中进行设置。完成后单击“确定”按钮。

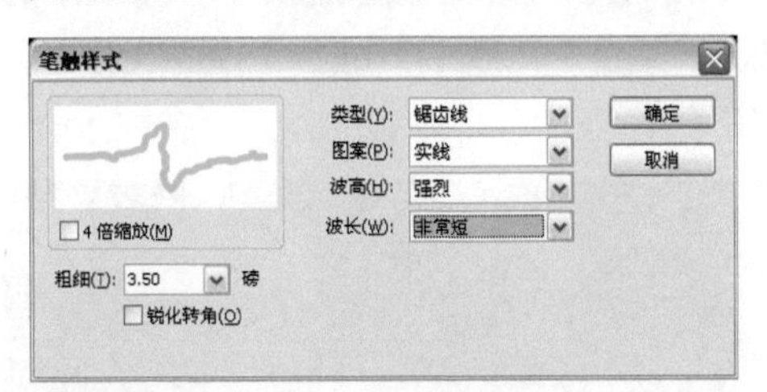

7 绘制轮廓。使用铅笔工具在舞台上绘制叶子的外围轮廓和经脉轮廓。

8 设置填充颜色。打开“颜色”面板，设置填充样式为“径向渐变”，填充颜色为由绿色（#00FF00）到白色（#FFFFFF）。

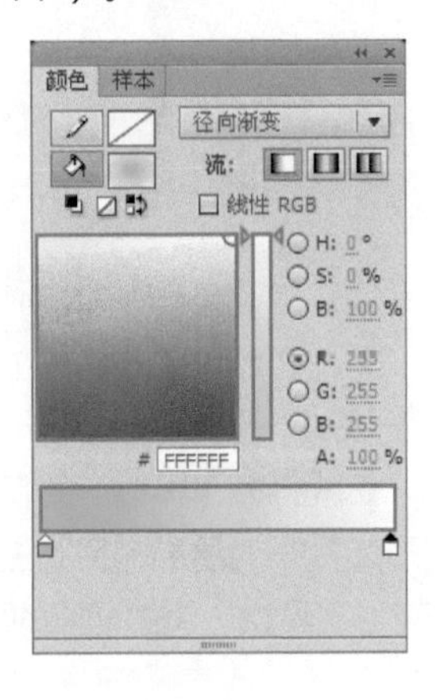

9 填充树叶。选择颜料桶工具，填充树叶，并选择渐变变形工具对填充位置进行调整。

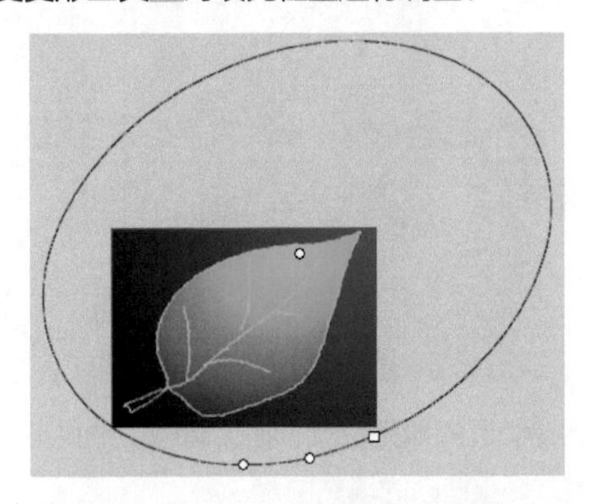

10 设置填充颜色。在“时间轴”面板中单击“新建图层”按钮，新建“图层3”。打开“颜色”面板，设置填充样式为“径向渐变”，填充颜色依次为“#FFFFFF”、“#FFFFFF”、“#A4A5FF”、“#FFFFFF”，Alpha值依次为“50%”、“22%”、“60%”、“100%”。

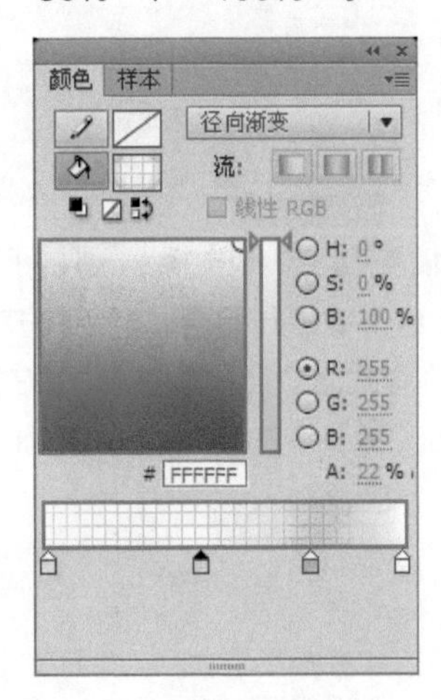

11 绘制椭圆。在工具箱中选择椭圆工具，在“属性”面板中设置笔触颜色为“无”。然后在舞台上绘制一个椭圆。

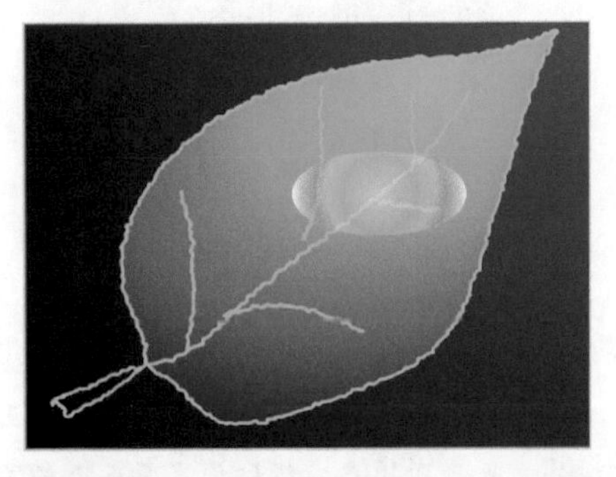

12 旋转椭圆。在工具箱中选择任意变形工具，将绘制的椭圆向左旋转。

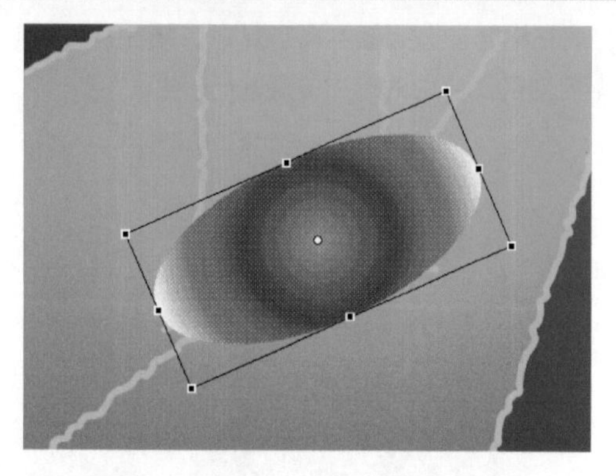

13 调整椭圆的填充位置。在工具箱中选择渐变变形工具，调整椭圆的填充位置。

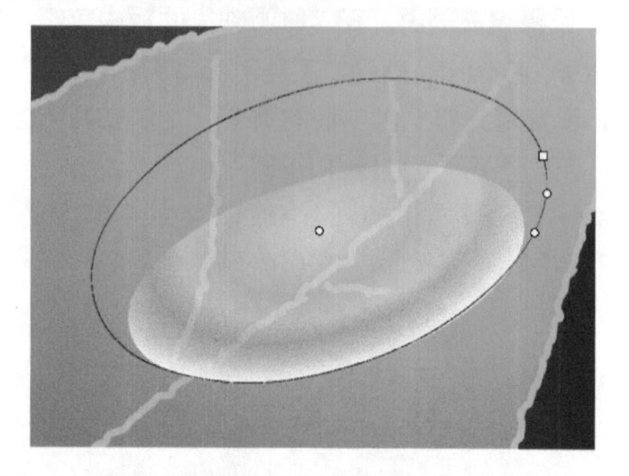

14 设置填充颜色。选择绘制的椭圆，按下【Ctrl+G】组合键进行组合，然后打开“颜色”面板，设置填充样式为“径向渐变”，填充颜色为白色（Alpha值为80%）到白色（Alpha值为0）。

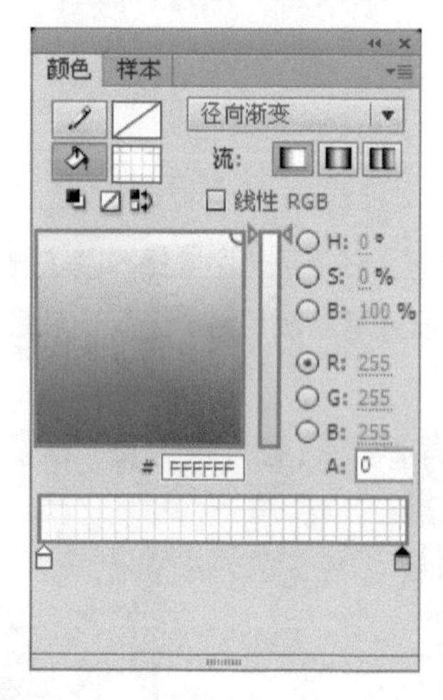

提示

在制作露珠高光时需要在“颜色”面板中运用放射渐变填充，然后设置填充色的不透明度，由白色产生高光效果。

15 绘制椭圆。选择椭圆工具，绘制一个椭圆，然后使用任意变形工具对绘制的椭圆进行旋转变形，最后选择渐变变形工具，调整椭圆的填充位置。

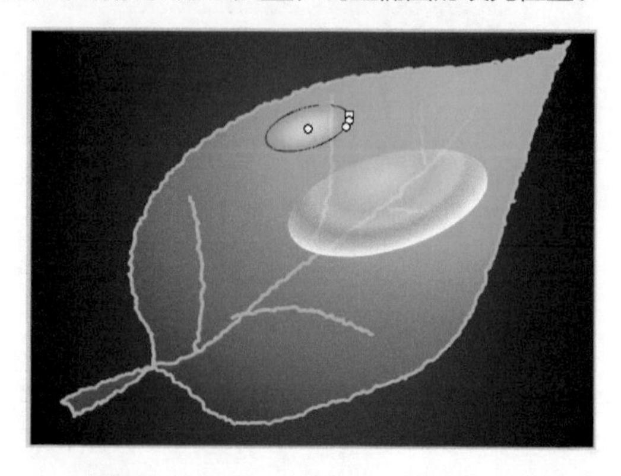

16 组合椭圆。选择绘制的椭圆，按下【Ctrl+G】组合键进行组合，并将其移动到大的椭圆上作为露珠的高光部分。

17 设置填充颜色。打开“颜色”面板，设置填充样式为“径向渐变”，填充颜色为黑色（Alpha值为80%）到黑色（Alpha值为20%）。

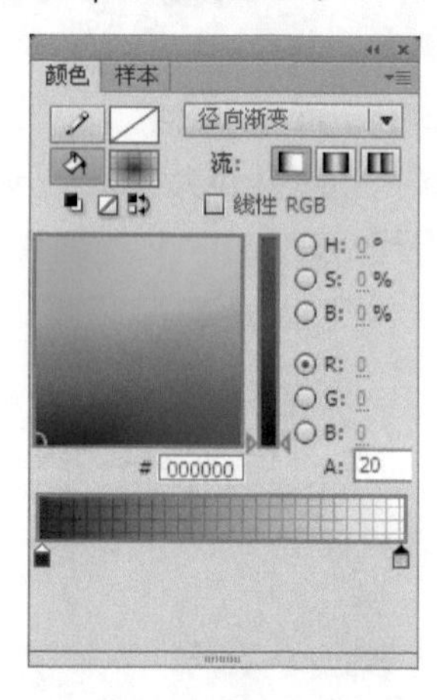

18 绘制椭圆。选择椭圆工具，绘制一个椭圆，然后使用任意变形工具对绘制的椭圆进行旋转变形，最后选择渐变变形工具，调整椭圆的填充位置。

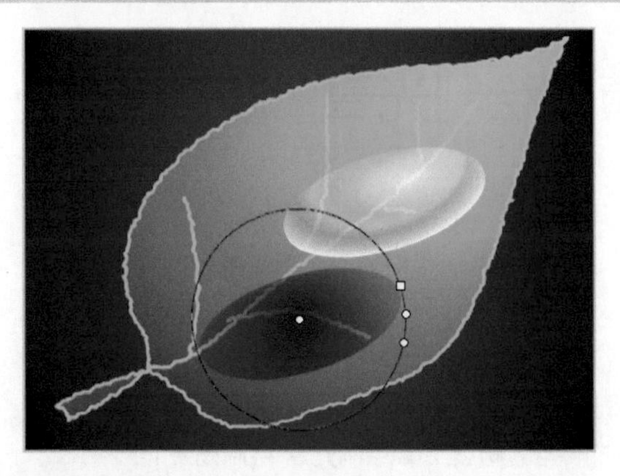

19 组合椭圆。选择绘制的椭圆，按下【Ctrl+G】组合键进行组合，然后将其移动到大椭圆处作为露珠的阴影部分。

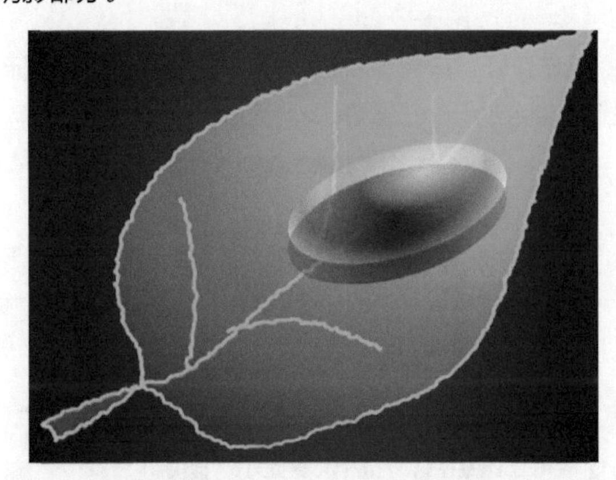

20 执行右键菜单命令。选择绘制的椭圆，单击鼠标右键，在弹出的快捷菜单中选择“排列→移至底层”命令。

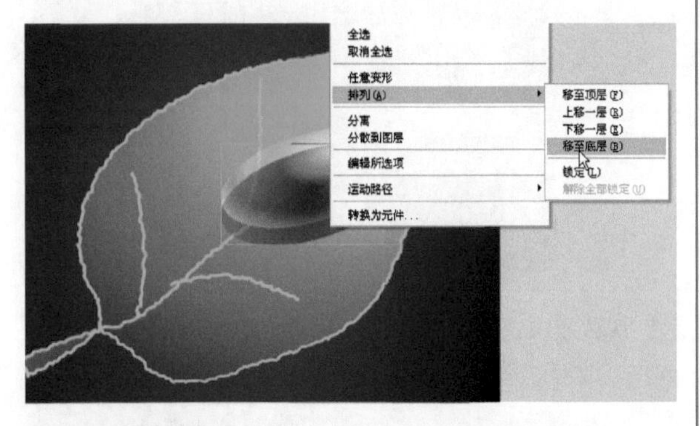

提示

执行“排列→移至底层”命令，是将作为露珠阴影部分的椭圆移动到露珠的下方，而不遮挡住露珠。

21 预览动画。执行“文件→保存”命令，保存文件，然后按下【Ctrl+Enter】组合键测试影片即可。

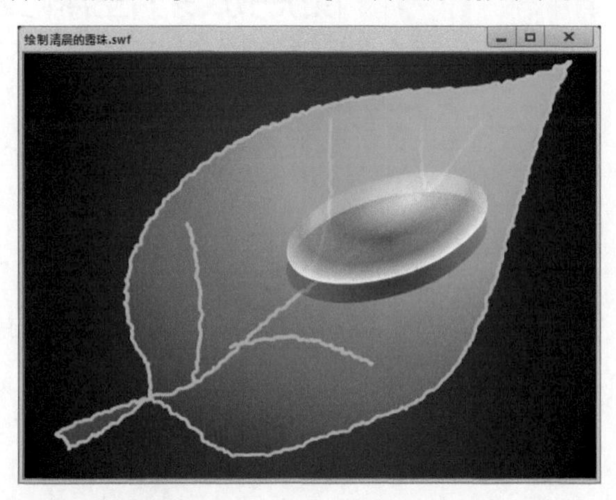

提示

本例主要使用渐变变形工具来完成制作。渐变变形工具主要用于对填充颜色进行各种方式的变形处理，如选择过渡色、旋转颜色和拉伸颜色等。通过使用渐变变形工具，用户可以将选择对象的填充颜色处理为需要的各种色彩。在影片制作中经常要用到颜色的填充和调整，因此，熟练使用该工具也是掌握Flash动画制作的关键之一。

使用渐变变形工具进行填充后，在填充图形上会出现3个圆形、1个方形的控制点，拖动这些控制点填充色会发生变化。

- “调整渐变圆的中心”：用鼠标拖曳位于图形中心位置的圆形控制点，可以移动填充中心的位置。
- “调整渐变圆的长宽比”：用鼠标拖曳位于圆周上的方形控制点，可以调整渐变圆的长宽比。
- “调整渐变圆的大小”：用鼠标拖曳位于圆周上的渐变圆大小控制点，可以调整渐变圆的大小。
- “调整渐变圆的方向”：用鼠标拖曳位于圆周上的渐变圆方向控制点，可以调整渐变圆的倾斜方向。

实例13 使用放射性渐变填充绘制光晕

案例说明：放射状渐变是从图形的中心向外进行色彩变化的渐变模式，通常用于制作光线的发散效果，它也是动画制作中最常用的色彩编辑方式。本例就介绍使用放射性渐变填充绘制光晕的方法。

光盘文件：源文件与素材\第2章\绘制光晕\绘制光晕.fla

操作步骤

1 设置文档。新建一个Flash文档，执行“修改→文档”命令，打开“文档设置”对话框，在对话框中将“舞台大小”设置为600×400，将“舞台颜色”设置为黑色。设置完成后单击 确定 按钮。然后执行“文件→导入→导入到舞台”命令，将一幅图像导入到舞台中。

2 设置颜色。新建“图层2”，隐藏“图层1”，单击工具箱中的椭圆工具，在“颜色”面板中设置填充样式为“径向渐变”，添加4个色标，将填充颜色全部设置为“#FFFFFF”，将各色标的不透明度依次设置为“100%”、“10%”、“33%”、“0%”。

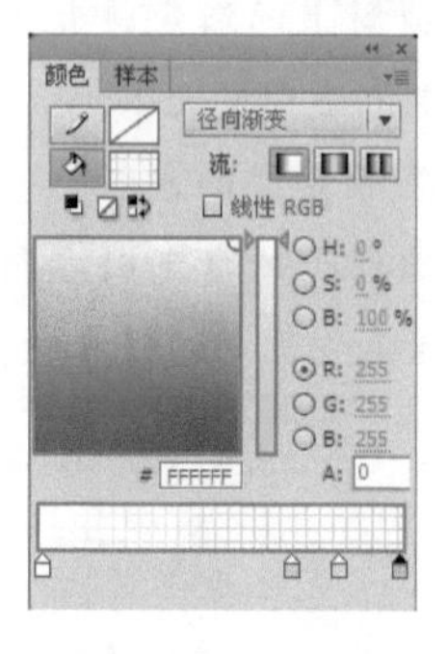

3 绘制正圆。按住【Shift】键，在舞台中按下鼠标左键拖动绘制一个正圆形。

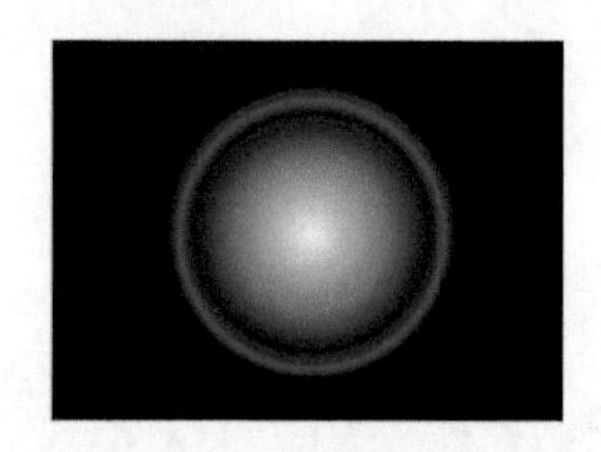

4 组合正圆。选中所绘制的圆，执行“修改→组合”命令，将正圆组合，然后恢复显示“图层1”。

5 欣赏效果。执行“文件→保存”命令，保存文件，然后按下【Ctrl+Enter】组合键测试影片即可。

实例14 使用线条工具与钢笔工具绘制窗帘

案例说明：通过线性渐变颜色的调整可以制作出许多特殊的图像效果，由于线性渐变使不同颜色之间有一种柔和的过渡，使得其广泛应用于图形颜色的填充中。本例首先使用线条工具与钢笔工具绘制窗帘，然后填充线性渐变。

光盘文件：源文件与素材\第2章\绘制窗帘\绘制窗帘.fla

操作步骤

1 设置文档。新建一个Flash文档，执行“修改→文档”命令，打开“文档设置”对话框，在对话框中将“舞台大小”设置为600×450。设置完成后单击 确定 按钮。

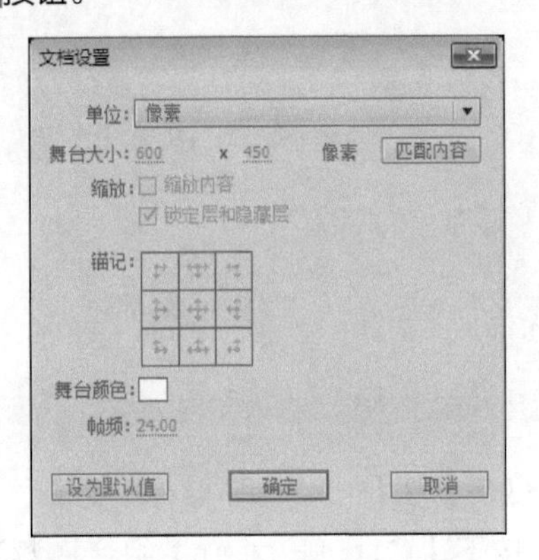

2 绘制轮廓。在工具箱中选择线条工具，在舞台上勾勒出窗户的轮廓。

3 填充颜色。在工具箱中单击颜料桶工具，将颜色填充为“#993300”，将中间线条的笔触颜色调整为“#CC6600”，将笔触宽度设置为“5”，将最里面的线条宽度设置为“4.5”，填充颜色。

4 绘制窗帘的轮廓。新建“图层2”，在“图层2”中使用钢笔工具绘制窗帘的轮廓。

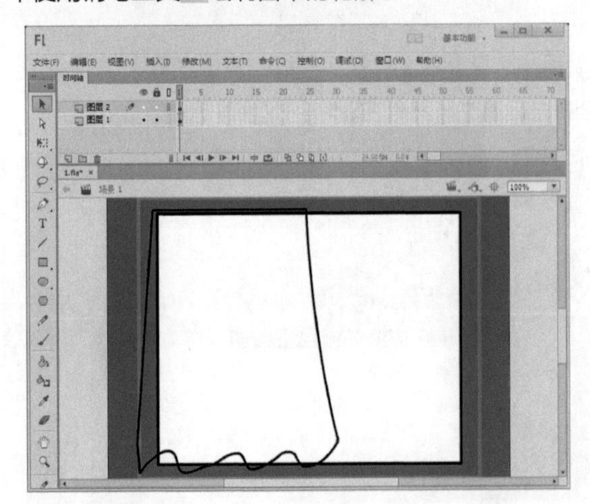

5 复制图形。选中所绘制的窗帘轮廓，依次按下【Ctrl+C】和【Ctrl+V】组合键，复制粘贴一个窗帘轮廓，对复制的窗帘轮廓进行调整变形，并调整其位置。

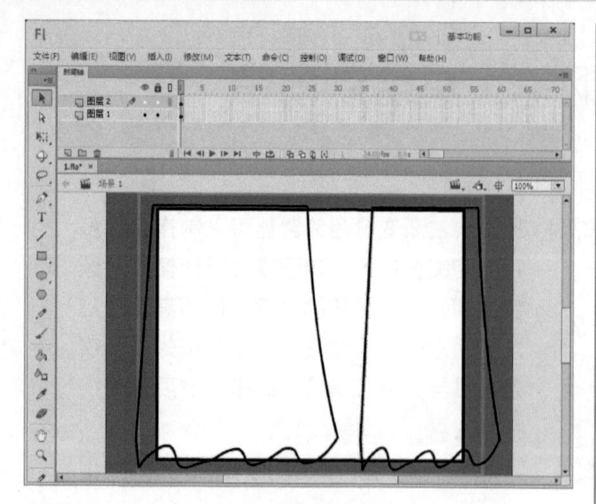

6 设置颜色。执行“窗口→颜色”命令，打开“颜色”面板，将填充类型设置为“线性渐变”，添加6个色标，将填充颜色全部设置为“#B0F9B7”，将各色标的不透明度依次设置为“60%”、“89%”、“50%”、“85%”、“45%”、“83%”。

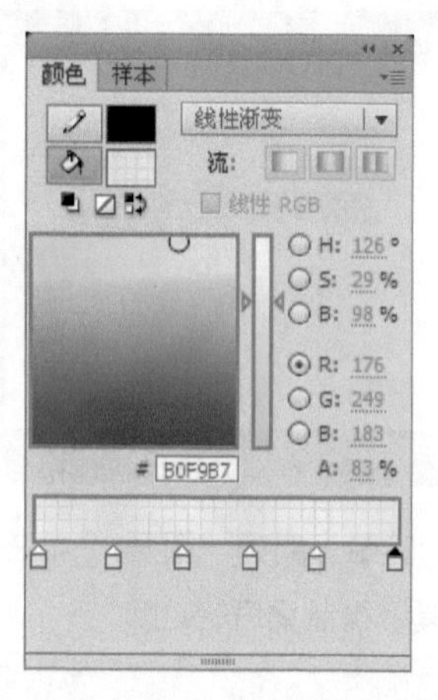

7 填充颜色。在工具箱中选择颜料桶工具，对窗帘轮廓进行填充，然后将窗帘的轮廓线删除。

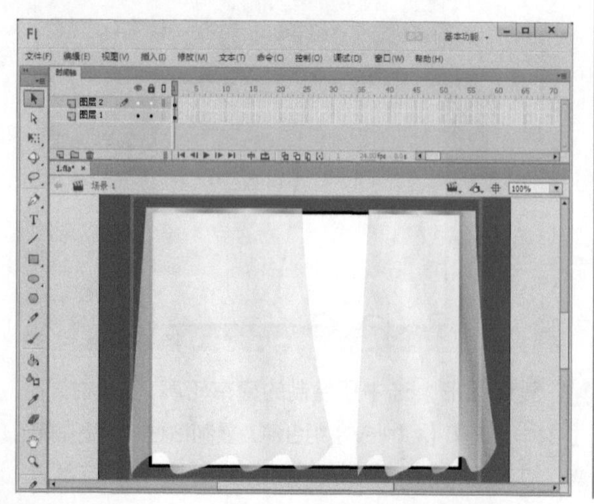

8 导入图像。新建“图层3”，执行“文件→导入→导入到舞台”命令，将一幅图像导入到舞台中。

9 拖动图层。将“图层3”拖动到“图层1”的下方。

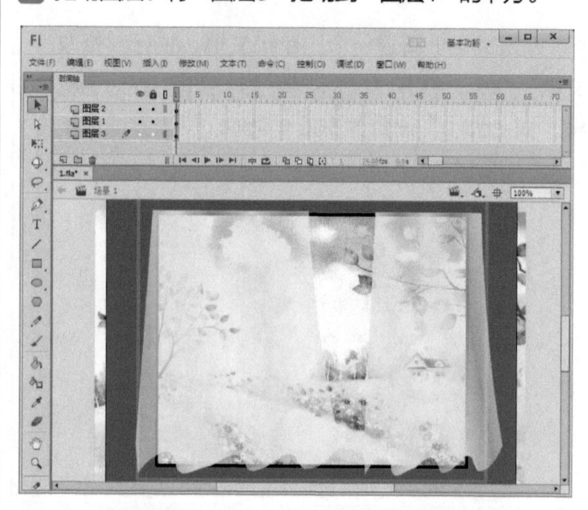

10 欣赏效果。执行“文件→保存”命令，保存文件，然后按下【Ctrl+Enter】组合键测试影片即可。

03 章 帧动画实例

- 小马散步
- 功夫女孩
- 调皮的小男孩
- 森林运动会
- 风起云涌
- 璀璨星空
- 驴子甩尾巴

实例15 小马散步

案例说明：在动画的制作过程中，常常需要制作一些人物或动物的行为动作动画，本例就使用帧动画来制作小马散步的效果。

光盘文件：源文件与素材\第3章\小马散步\小马散步.fla

操作步骤

1 设置文档。执行“修改→文档”命令，打开“文档设置”对话框，将“舞台大小”设置为650×600。设置完成后单击 确定 按钮。

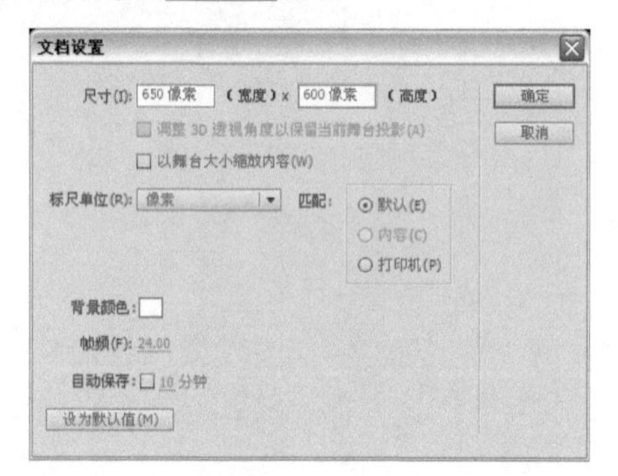

2 导入图像。执行“文件→导入→导入到库”命令，将7幅图像导入到“库”面板中。

3 插入关键帧。分别选中时间轴上的第2帧～第7帧，按下【F6】键，插入关键帧。

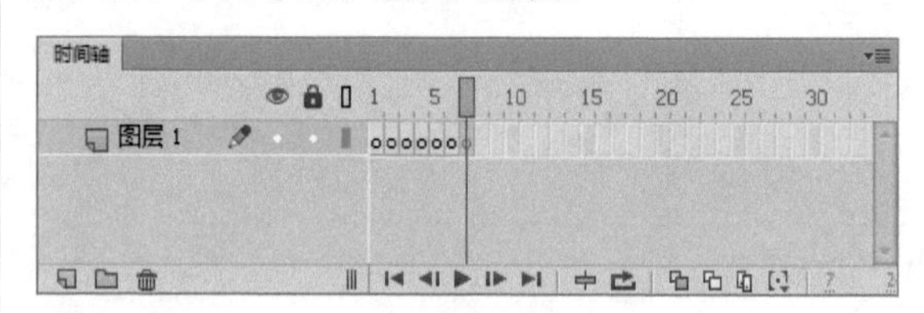

4 拖入图像。选中“时间轴”面板上的第1帧，从“库”面板里把一幅图像拖入到工作区中。

5 拖入图像。选中“时间轴”面板上的第2帧，从“库”面板里把一幅图像拖入到工作区中。

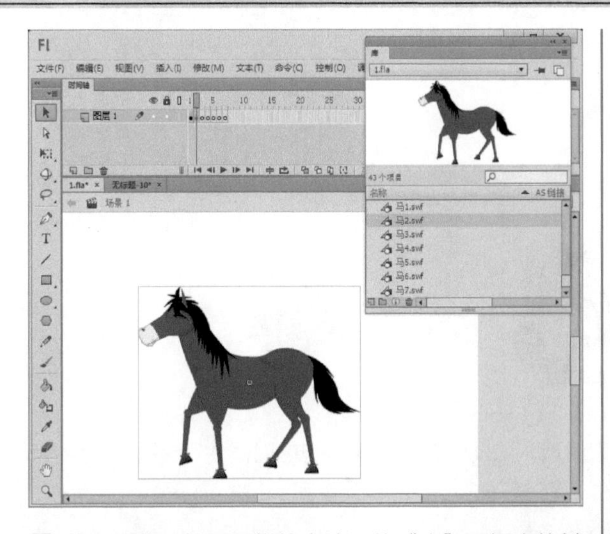

6 拖入图像。按照同样的方法，从“库”面板中将其余的图片拖入到对应的帧所在的舞台上。

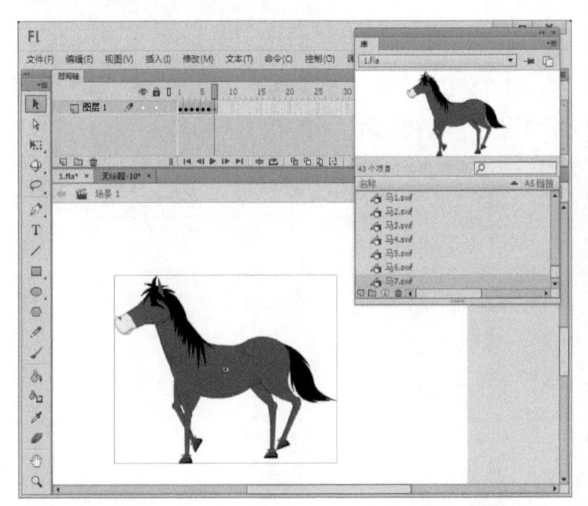

7 导入图像。新建“图层2”，执行“文件→导入→导入到舞台”命令，将一幅图像导入到舞台中。

8 拖动图层。将“图层2”拖动到“图层1”的下方。

9 欣赏效果。保存文件，然后按下【Ctrl+Enter】组合键，导出动画并欣赏最终效果。

实例16 功夫女孩

案例说明：本例使用逐帧动画制作一位小女孩表演武术的动画效果。在制作的时候使用椭圆工具绘制小女孩脚下的影子，并且随着动作不同进行调整。

光盘文件：源文件与素材\第3章\功夫女孩\功夫女孩.fla

操作步骤

1 新建文档。新建一个Flash文档，执行“修改→文档”命令，打开“文档设置”对话框，在对话框中将“舞台大小”设置为400×300，将“帧频”设置为“12”，设置完成后单击 确定 按钮。

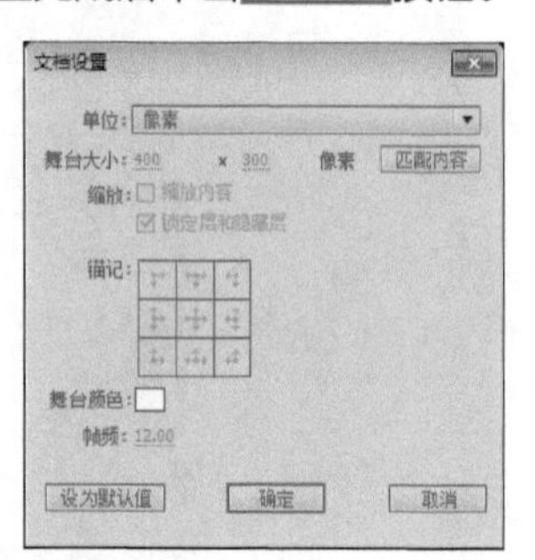

2 导入图像。执行“文件→导入→导入到舞台”命令，将一幅图像导入到舞台中，然后按下【Ctrl+K】组合键打开“对齐”面板，单击“水平中齐”按钮 与“垂直居中分布”按钮 。

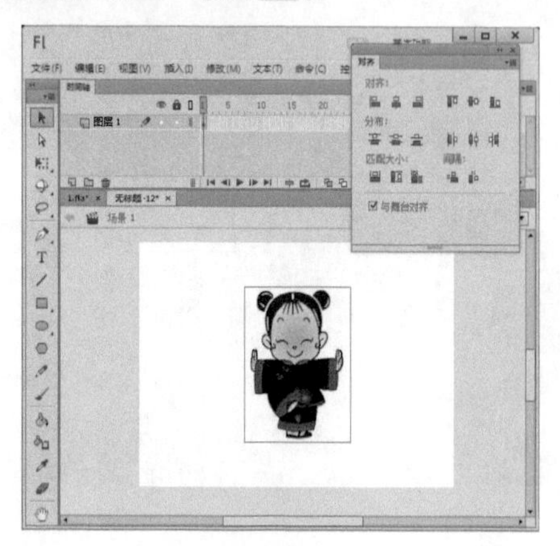

3 输入文字。选择文本工具T，输入文字“嗬！”将字体设为“微软雅黑”、28磅、黑色。

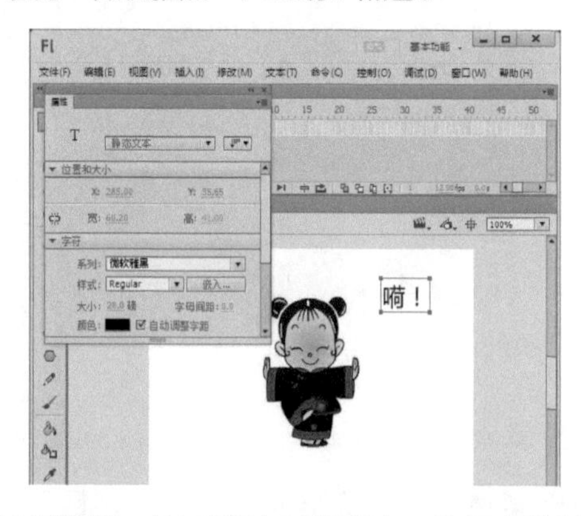

4 绘制椭圆。使用椭圆工具 在工作区中绘制一个边框为灰色（#666666）、填充为无的椭圆。并分别用选择工具 选中椭圆的上下边框，按住鼠标左键不放稍稍向上与向下拉一下，调整椭圆的形状。完成后将椭圆边框拖放到下图所示的位置。

5 绘制椭圆。使用椭圆工具在工作区中绘制3个边框为灰色（#666666）、填充为无的椭圆。再按照同样的方法选取选择工具，调整椭圆的形状。最后将这3个椭圆拖放到下图所示的位置。

6 导入图像。在“时间轴”面板的第6帧按下【F7】键，插入空白关键帧，执行“文件→导入→导入到舞台”命令，将一幅图像导入到舞台中，然后按下【Ctrl+K】组合键打开“对齐”面板，单击“水平中齐”按钮与“垂直居中分布”按钮。

7 输入文字。选择文本工具T，输入文字“哈！”设置字体为“微软雅黑”、28磅、黑色。

8 绘制椭圆。使用椭圆工具在工作区中绘制一个边框为灰色（#666666）、填充为无的椭圆。并分别用选择工具选中椭圆的上下边框，按住鼠标左键不放稍稍向上与向下拉一下，调整椭圆的形状。完成后将椭圆边框拖放到下图所示的位置。

9 绘制椭圆。使用椭圆工具在工作区中绘制3个边框为灰色（#666666）、填充为无的椭圆。再按照同样的方法选取选择工具，调整椭圆的形状。最后将这3个椭圆拖放到下图所示的位置。

10 导入图像。在“时间轴”面板的第11帧按下【F7】键，插入空白关键帧，执行“文件→导入→导入到舞台”命令，将一幅图像导入到舞台中，然后按下【Ctrl+K】组合键打开“对齐”面板，单击“水平中齐”按钮与“垂直居中分布”按钮。

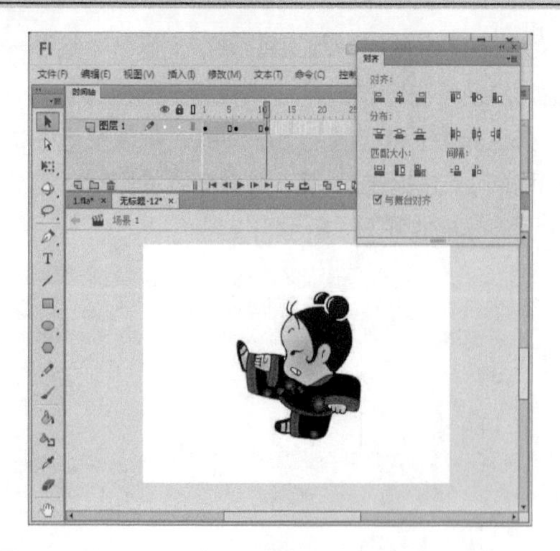

11 输入文字。选择文本工具T，输入文字“嗬！”设置字体为“微软雅黑”、28磅、黑色。

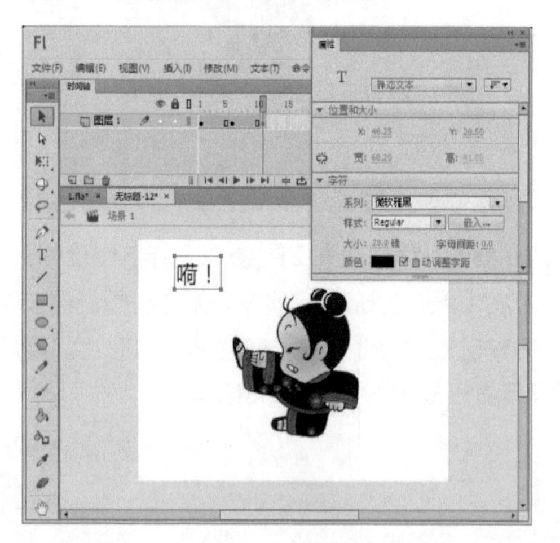

12 绘制椭圆。使用椭圆工具在工作区中绘制一个边框为灰色（#666666）、填充为无的椭圆。并分别用选择工具选中椭圆的上下边框，按住鼠标左键不放稍稍向上与向下拉一下，调整椭圆的形状。完成后将椭圆边框拖放到下图所示的位置。

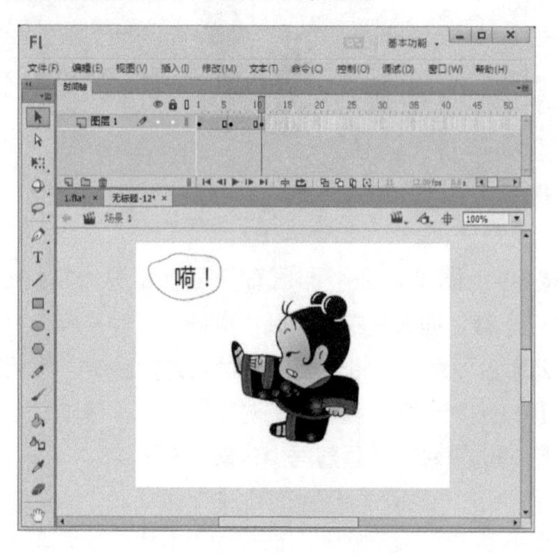

13 绘制椭圆。使用椭圆工具在工作区中绘制3个边框为灰色（#666666）、填充为无的椭圆。再按照同样的方法选取选择工具调整椭圆的形状。最后将这3个椭圆拖放到下图所示的位置。

14 插入帧。在“时间轴”面板的第16帧按下【F5】键，插入帧。

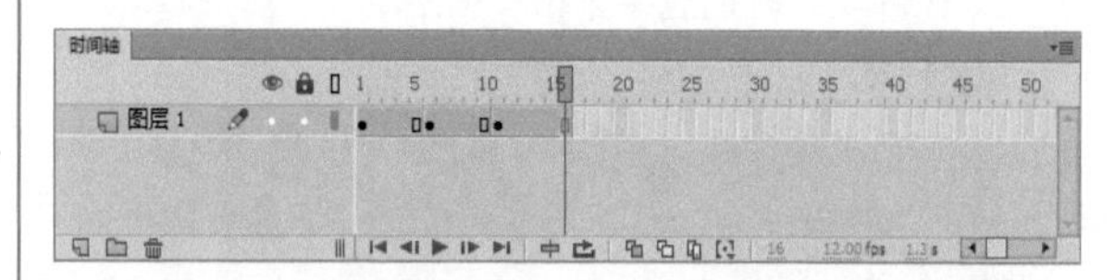

15 绘制椭圆。新建“图层2”，使用椭圆工具在工作区中绘制一个无边框、填充为灰色的椭圆。

16 调整椭圆。在“图层2”的第6帧按下【F6】键，插入关键帧，使用选择工具调整一下椭圆。

17 调整椭圆。在“图层2”的第11帧按下【F6】键，插入关键帧，使用选择工具调整一下椭圆。

18 欣赏最终效果。保存文件，按下【Ctrl+Enter】组合键，欣赏本例的完成效果。

提示

按钮元件时间轴上各帧的含义如下：

- 弹起：按钮在通常情况下呈现的状态，即鼠标没有在此按钮上或者未单击此按钮时的状态。
- 指针经过：鼠标指向状态，即当将鼠标移动至该按钮上但没有按下此按钮时所处的状态。
- 按下：鼠标按下该按钮时，按钮所处的状态。
- 点击：这种状态下可以定义响应按钮事件的区域范围，只有当鼠标进入到这一区域时，按钮才开始响应鼠标的动作。另外，这一帧仅仅代表一个区域，并不会在动画选择时显示出来。通常，该范围不用特别设定，Flash会自动依照按钮的“弹起”或“指针经过”状态时的面积作为鼠标的反应范围。

实例17 调皮的小男孩

案例说明：在动画的制作过程中，常常需要制作一些脸部表情动作，如眨眼、说话等。本例就使用帧动画来制作一个可爱的小孩眨眼睛的效果。

光盘文件：源文件与素材\第3章\调皮的小男孩\调皮的小男孩.fla

操作步骤

1 设置文档。新建一个Flash文档，执行“修改→文档”命令，打开“文档设置”对话框，在对话框中将“舞台大小”设置为500×400，将“帧频”设置为“12”，设置完成后单击 确定 按钮。

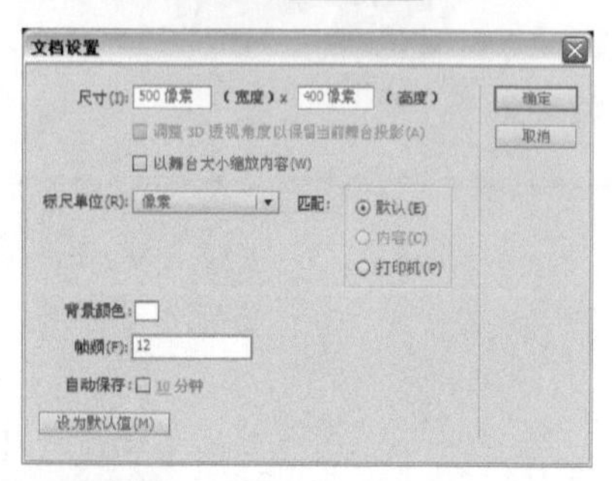

2 导入图像。执行“文件→导入→导入到舞台”命令，将一幅图像导入到舞台中。

3 导入图像。新建“图层2”，导入一幅小男孩图片到舞台上。

4 绘制眼睛。新建“图层3”，然后使用椭圆工具在第1帧的舞台上绘制小男孩的两只眼睛。

5 插入帧。分别在“图层1”、“图层2”与“图层3”的第8帧按下【F5】键，插入帧，然后新建“图层4”。

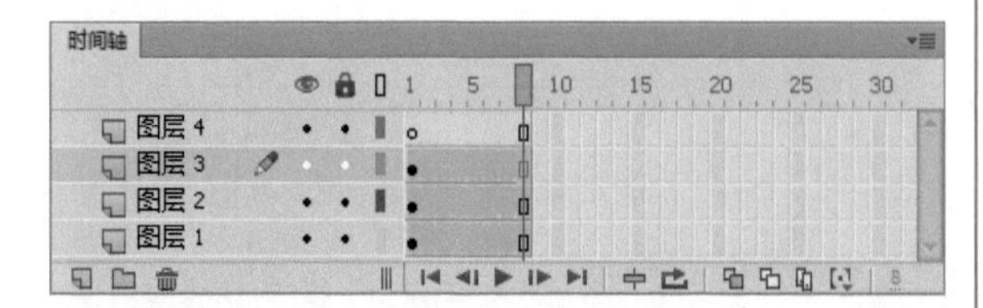

6 绘制形状。在“图层3”的第4帧按下【F7】键，插入空白关键帧，然后在“图层4”的第4帧按下【F6】键，插入关键帧，最后在该帧处使用铅笔工具绘制小男孩双眼闭上的形状。

7 绘制嘴巴。新建“图层5”，然后使用椭圆工具在第1帧的舞台上绘制小男孩的嘴巴。

8 调整嘴巴的形状。在“图层5”的第4帧按下【F6】键，插入关键帧，然后在该帧处使用选择工具调整嘴巴的形状。

9 欣赏最终效果。保存文件，按下【Ctrl+Enter】组合键，欣赏本例的完成效果。

实例18 森林运动会

案例说明：本例制作一个森林运动会动画。首先通过导入功能为动画添加背景，然后插入关键帧，并在帧上放置动画元素，最后通过翻转帧制作倒计时动画效果。

光盘文件：源文件与素材\第3章\森林运动会\森林运动会.fla

操作步骤

1 设置文档。新建一个Flash文档，执行“修改→文档”命令，打开“文档设置”对话框，在对话框中将“舞台大小”设置为680×480，将“帧频”设置为“12”，完成后单击 确定 按钮。接着执行“文件→导入→导入到舞台”命令，将一幅背景图片导入到舞台上。

2 插入关键帧与帧。新建“图层2”，分别在时间轴上的第5、10、15、20、25、30、35、40、45、50帧按下【F6】键插入关键帧，在“图层1”与“图层2”的第55帧按下【F5】键插入帧。

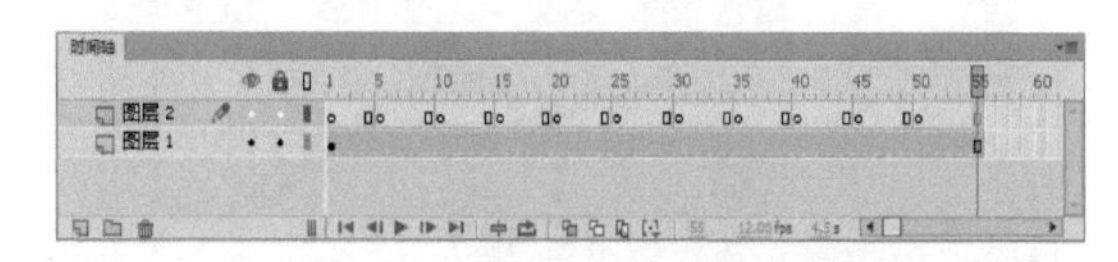

3 输入文字。选择“图层2”的第1帧，单击文本工具 T，在舞台中输入文字“开始”，在“属性”面板中设置字体为“微软雅黑”、58磅、黑色。

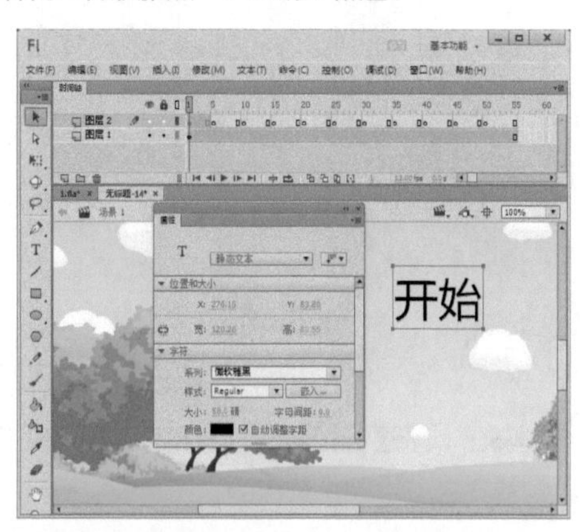

4 导入图像。保持时间轴上第1帧的选中状态，执行“文件→导入→导入到舞台”命令，将一幅图片导入到舞台上。

5 设置文字属性。单击文本工具T，打开“属性”面板，设置字体为“Arial”、66磅、黑色。

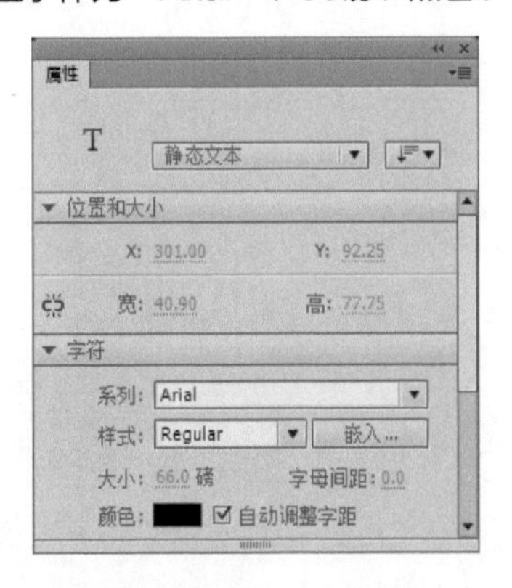

6 输入数字。选择时间轴上的第5帧，在舞台上输入数字“1”。

7 导入图像。保持时间轴上第5帧的选中状态，执行“文件→导入→导入到舞台”命令，将一幅图片导入到舞台上。

8 输入数字。选择时间轴上的第10帧，在舞台上输入数字“2”。

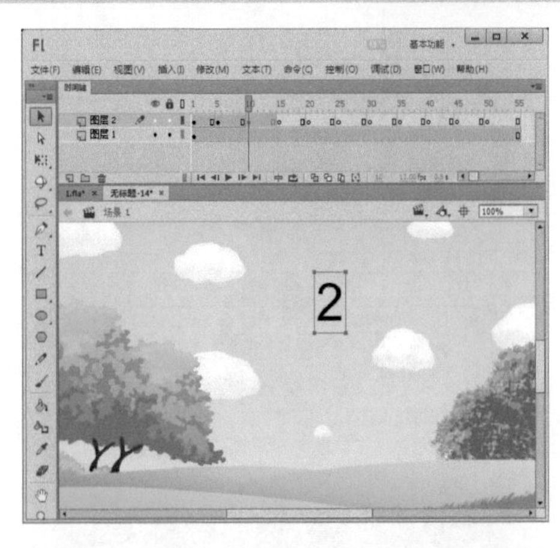

9 导入图像。保持时间轴上第10帧的选中状态，执行“文件→导入→导入到舞台”命令，将一幅图片导入到舞台上。

10 输入数字与导入图片。选择时间轴上的第15帧，在舞台上输入数字“3”，然后在该帧处导入一幅图片。

11 输入数字与导入图片。选择时间轴上的第20帧，在舞台上输入数字“4”，然后在该帧处导入一幅图片。

12 输入数字与导入图片。选择时间轴上的第25帧，在舞台上输入数字“5”，然后在该帧处导入一幅图片。

13 输入数字与导入图片。选择时间轴上的第30帧，在舞台上输入数字“6”，然后在该帧处导入一幅图片。

14 输入数字与导入图片。选择时间轴上的第35帧，在舞台上输入数字“7”，然后在该帧处导入一幅图片。

15 输入数字与导入图片。按照同样的方法，在时间轴上剩余的关键帧处分别输入数字并导入图片。

16 执行“翻转帧”命令。选择“图层2”上的关键帧，单击鼠标右键，在弹出的快捷菜单中选择“翻转帧”命令。

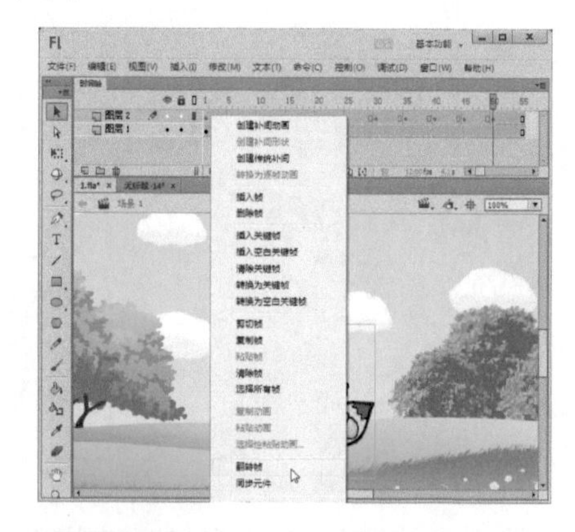

17 预览动画。执行“文件→保存”命令，保存文件，然后按下【Ctrl+Enter】组合键测试影片即可。

实例19 风起云涌

案例说明：帧动画技术利用人的视觉暂留原理，快速地播放连续的、具有细微差别的图像，使原来静止的图像运动起来。本例通过导入图像来制作风起云涌的效果。

光盘文件：源文件与素材\第3章\风起云涌\风起云涌.fla

操作步骤

1 设置文档。新建一个Flash文档，执行“修改→文档”命令，打开“文档设置”对话框，在对话框中将“舞台大小”设置为600×200，将“舞台颜色”设置为黑色，将“帧频”设置为“12”，完成后单击 确定 按钮。

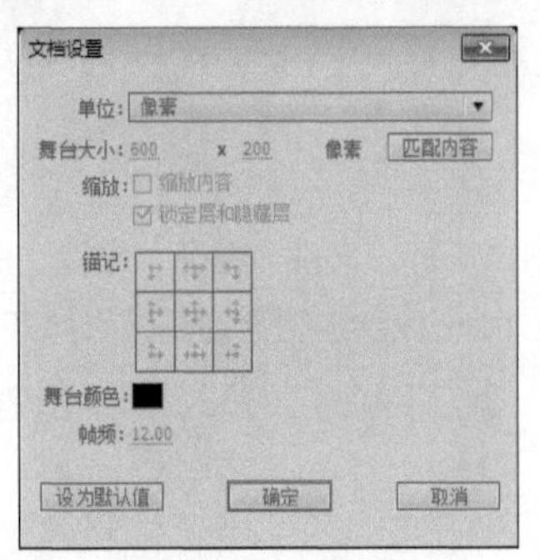

2 导入图像。执行“插入→新建元件”命令，打开“创建新元件”对话框，在“名称”文本框中输入“云”，在“类型”下拉列表中选择“影片剪辑”选项。完成后单击“确定”按钮。

3 导入图像。在影片剪辑“云”的编辑状态下，执行“文件→导入→导入到库”命令，将21幅图像导入到库中。

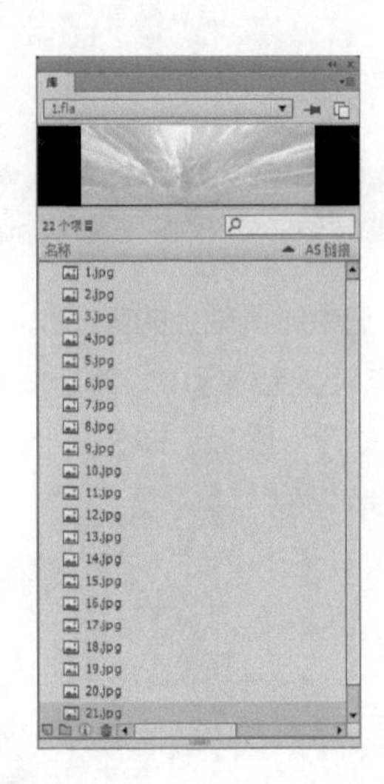

提示

影片剪辑是Flash电影中常用的元件类型，是独立于电影时间线的动画元件，主要用于创建具有一段独立主题内容的动画片段。当影片剪辑所在图层的其他帧没有别的元件或空白关键帧时，它不受目前场景中帧长度的限制循环播放；如果有空白关键帧，并且空白关键帧所在位置比影片剪辑动画的结束帧靠前，则影片会结束，同样也会提前结束循环播放。

4 插入关键帧。分别选中时间轴上的第2帧、第3帧、第4帧……第20帧与第21帧，按下【F6】键，插入关键帧。

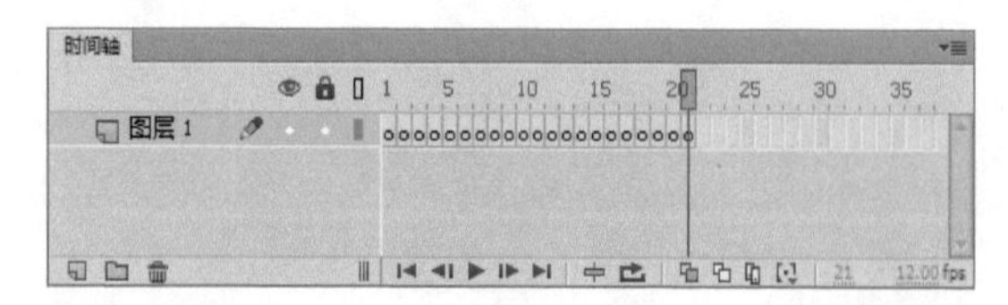

5 拖入图像。选中时间轴上的第1帧，从“库”面板里把一幅图像拖入到工作区中，然后按下【Ctrl+K】组合键打开“对齐”面板，单击“水平中齐”按钮与“垂直居中分布”按钮。

6 拖入图像。选中时间轴上的第2帧，从“库”面板里把一幅图像拖入到工作区中，然后按下【Ctrl+K】组合键打开“对齐”面板，单击“水平中齐”按钮与“垂直居中分布”按钮。

7 拖入图像。按照同样的方法，从“库”面板中将图片拖入到对应的帧所在的工作区上。并在“对齐”面板中设置图片相对于舞台水平居中和垂直居中。

8 拖入影片剪辑元件。单击场景 1回到主场景，从“库”面板里将影片剪辑元件“云”拖入到舞台中。然后按下【Ctrl+K】组合键打开“对齐”面板，单击“水平中齐”按钮与“垂直居中分布”按钮。

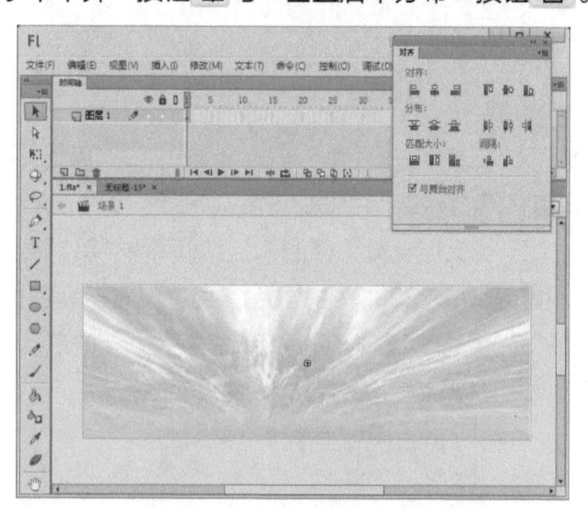

9 欣赏动画。执行“文件→保存”命令，保存文件，然后按下【Ctrl+Enter】组合键测试影片即可。

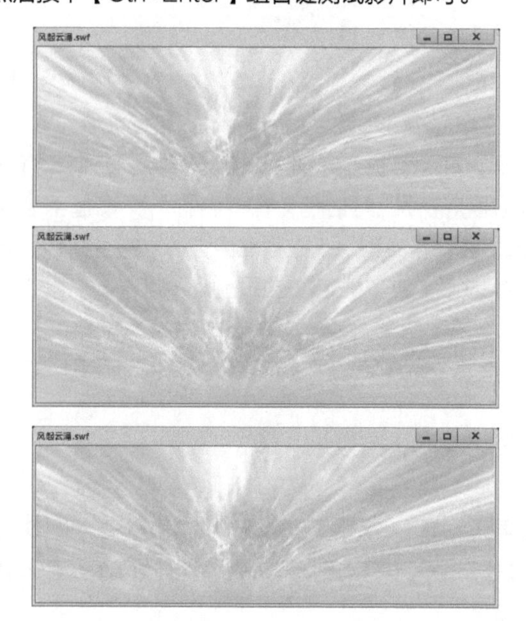

实例20 璀璨星空

案例说明：本实例主要通过创建影片剪辑元件来制作星光闪烁效果；然后拖动影片剪辑元件至布满舞台来完成。

光盘文件：源文件与素材\第3章\璀璨星空\璀璨星空.fla

操作步骤

1 设置文档。新建一个Flash文档，执行“修改→文档”命令，打开“文档设置”对话框，在对话框中将“尺寸”设置为600×400，将“舞台颜色”设置为黑色，将“帧频”设置为“12”。完成后单击“确定”按钮。

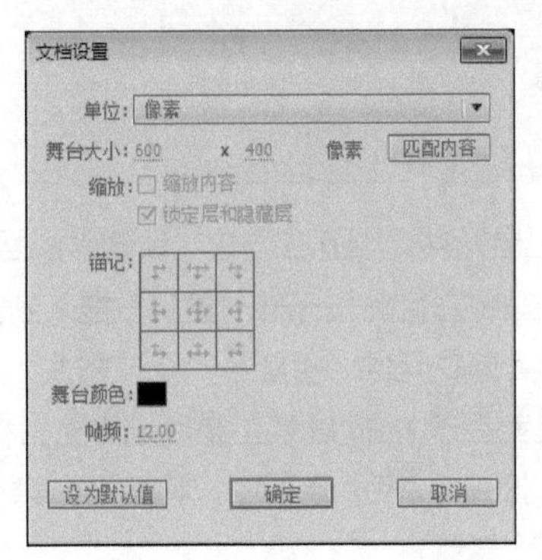

2 导入图像。执行“文件→导入→导入到舞台”命令，将一幅图像导入到舞台中。

3 新建影片剪辑元件。执行“插入→新建元件”命令，打开“创建新元件”对话框，在“名称”文本框中输入元件的名称“星星”，在“类型”下拉列表中选择“影片剪辑”选项。完成后单击 确定 按钮。

4 绘制星星形状。在影片剪辑元件“星星”的编辑状态下，选中时间轴上的第1帧，在工作区中绘制一个星星形状，然后选中星星形状，按下【F8】键将其转换为图形元件。

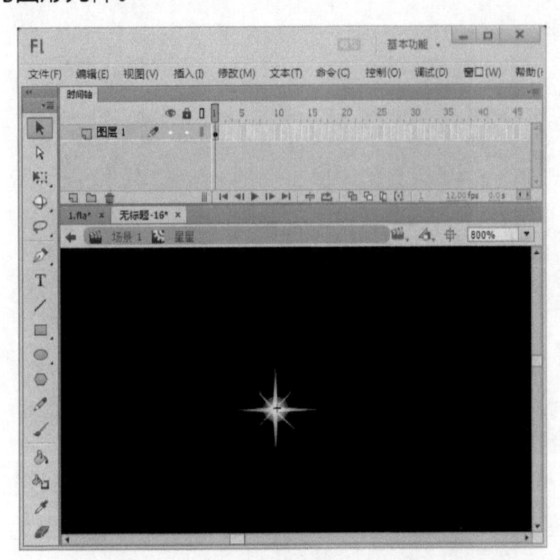

提示

将星星形状转换为图形元件是为了设置其Alpha值，以制作星星一闪一闪的动画效果。

5 插入关键帧。分别选中时间轴上的第2帧、第3帧、第4帧……第13帧与第14帧，按下【F6】键，插入关键帧。

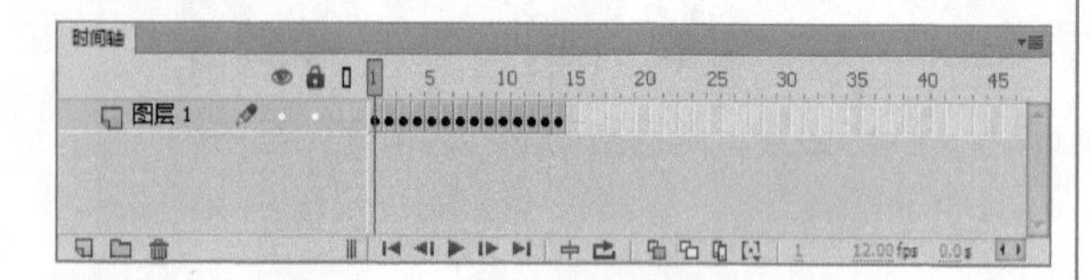

6 旋转星星。选中时间轴上的第2帧，使用任意变形工具将星星形状向左旋转一些。

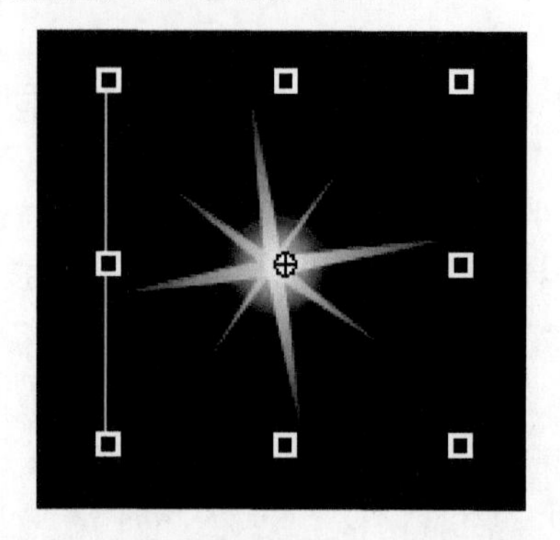

7 旋转星星。按照同样的方法，将剩余关键帧处的星星形状都向左旋转一定的角度。

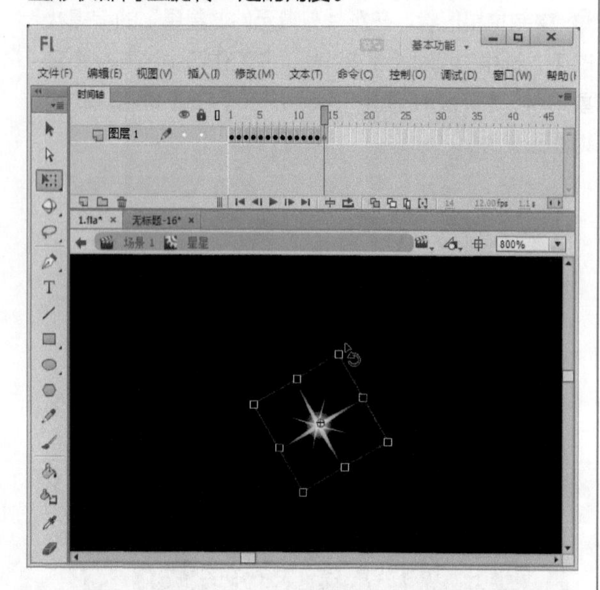

8 设置Alpha值。分别选中第1帧与第14帧处的星星，在“属性”面板中将它们的Alpha值设置为0%。

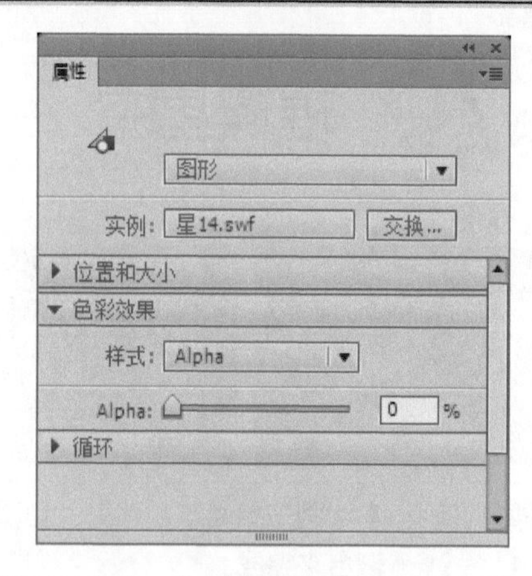

9 设置Alpha值。分别选中第2帧到第6帧的星星，在“属性”面板中将它们的Alpha值设置为9%。

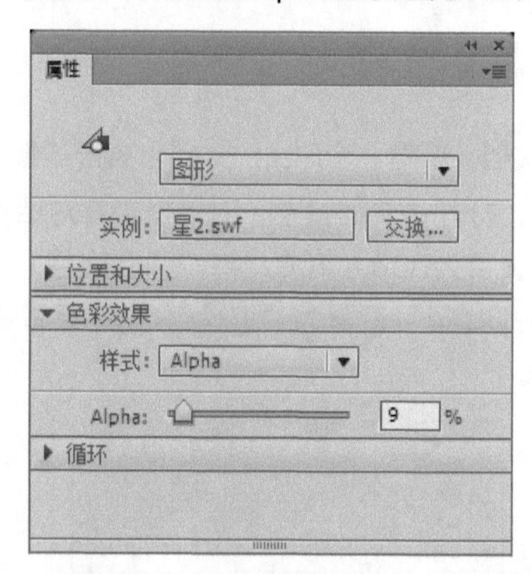

10 拖入星星元件。回到主场景，新建“图层2”，从“库”面板里将影片剪辑元件“星星”拖入到舞台上。然后选中影片剪辑元件“星星”，在“属性”面板中将它的宽和高都更改为27像素。最后选中影片剪辑元件“星星”，按住【Alt】键不放，将其拖到舞台中，直至铺满大半个舞台。

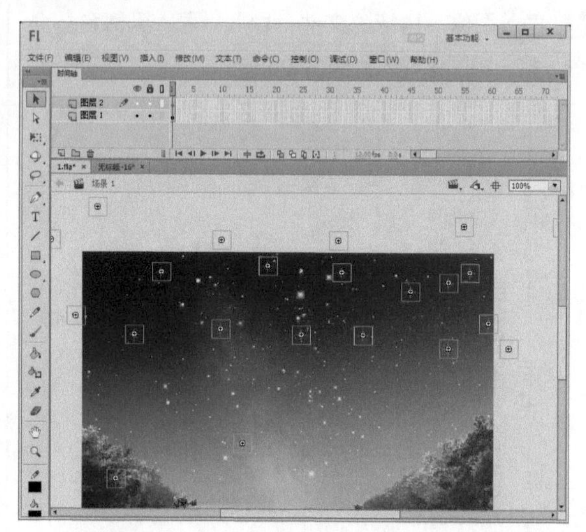

11 拖入星星元件。新建“图层3”，并在该层的第3帧插入关键帧。从“库”面板里将影片剪辑元件“星星”拖入到舞台上。然后选中影片剪辑元件“星星”，在“属性”面板中将它的宽和高都更改为25像素。最后选中影片剪辑元件“星星”，按住【Alt】键不放，将其拖到舞台上，直到铺满大半个舞台，完成后在所有图层的第120帧插入帧。

12 拖入星星元件。新建“图层4”，并在该层的第6帧插入关键帧。从“库”面板里将影片剪辑元件“星星”拖入到舞台上。然后选中影片剪辑元件“星星”，在“属性”面板中将它的宽和高都更改为27像素。最后选中影片剪辑元件“星星”，按住【Alt】键不放，将其拖到舞台上，直到铺满大半个舞台。

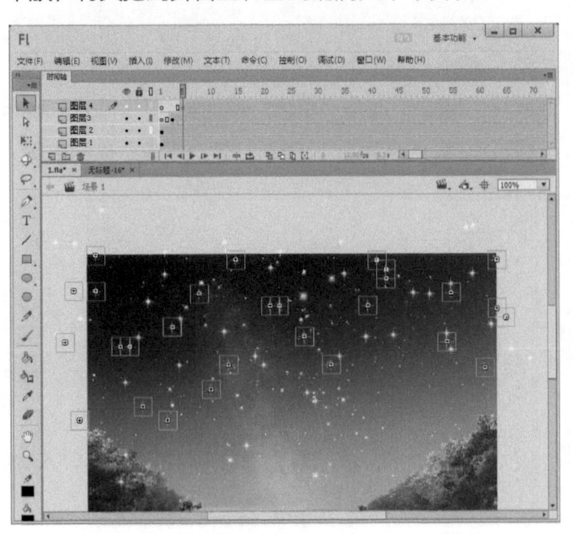

13 欣赏动画。执行“文件→保存”命令，保存文件，然后按下【Ctrl+Enter】组合键测试影片即可。

实例21 驴子甩尾巴

案例说明：本例制作一个驴子甩尾巴动画，这就需要将驴子身体与尾巴分开来制作，否则驴子身体与尾巴连在一起互相打扰，动作就会不协调、不自然。

光盘文件：源文件与素材\第3章\驴子甩尾巴\驴子甩尾巴.fla

操作步骤

1 设置文档。新建一个Flash文档，执行"修改→文档"命令，打开"文档设置"对话框，在对话框中将"尺寸"设置为600×450，将"帧频"设置为"12"。完成后单击"确定"按钮。

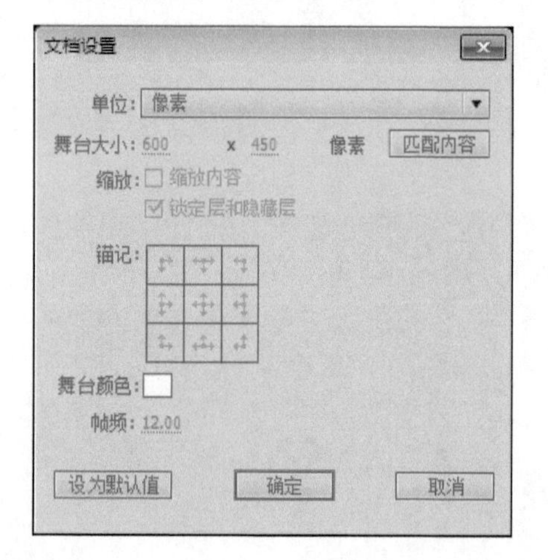

2 新建图层。将"图层1"的名称更改为"尾巴"。再新建一个图层，命名为"身体"。

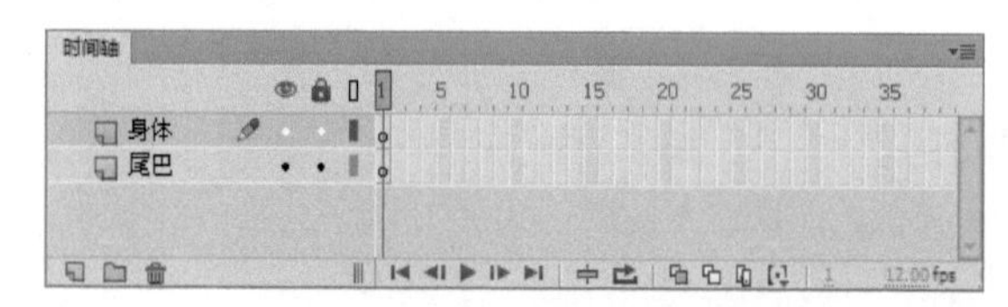

3 导入图像。选择"尾巴"层的第1帧，执行"文件→导入→导入到舞台"菜单命令，将一幅驴子尾巴图像导入到舞台上。

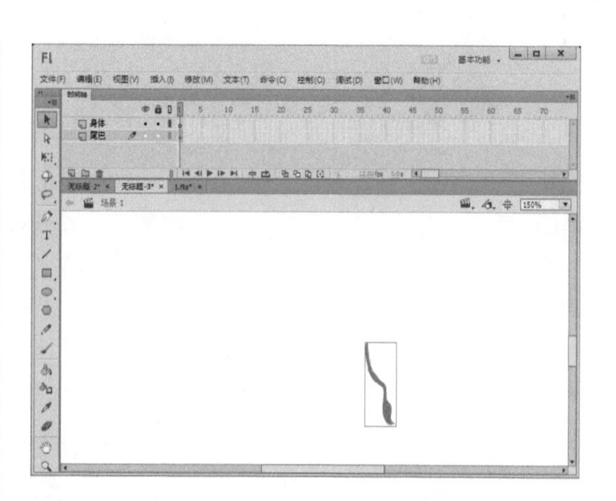

4 导入图像。选择"身体"层的第1帧，执行"文件→导入→导入到舞台"命令，将一幅驴身体图像导入到舞台上。

5 插入帧。分别在“身体”层与“尾巴”层的第16帧插入帧。

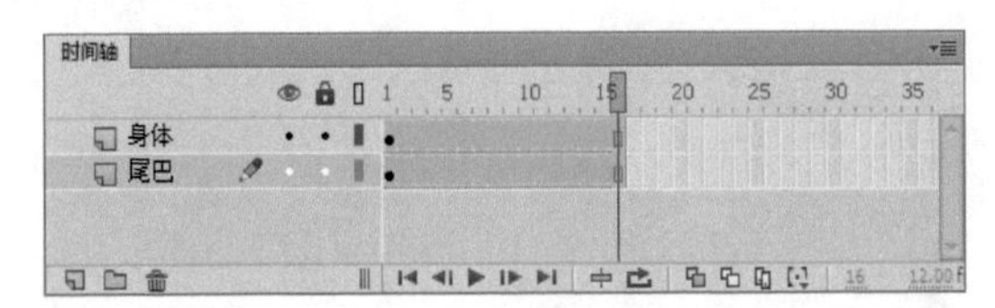

6 旋转图像。在“尾巴”图层的第8帧插入关键帧，使用任意变形工具将驴尾旋转到下图所示的位置。

7 旋转图像。在“尾巴”图层的第12帧插入关键帧，使用任意变形工具将驴尾旋转到下图所示的位置。

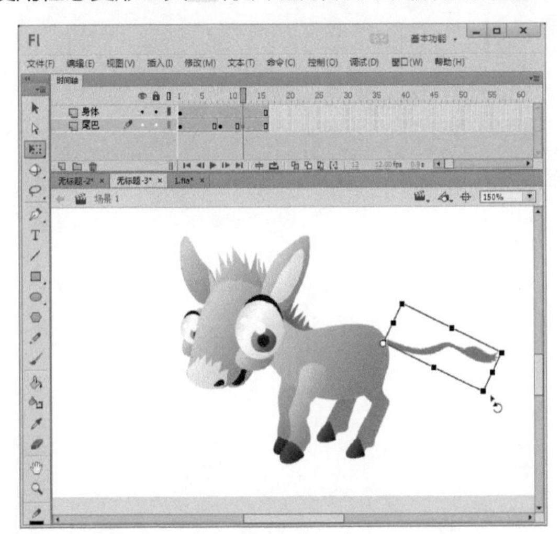

8 新建图层。新建“图层3”，将其移动到“尾巴”图层的下方。

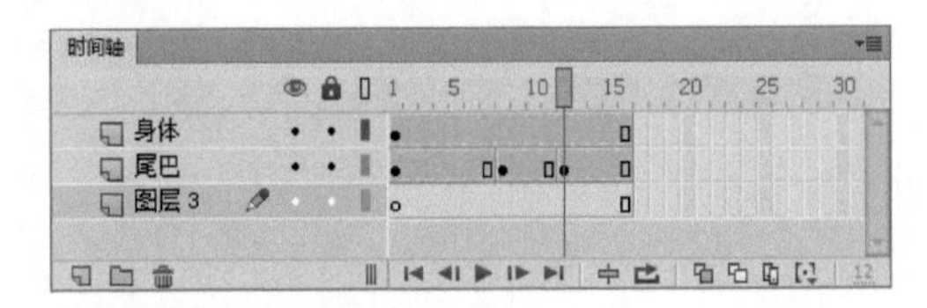

9 导入图像。执行“文件→导入→导入到舞台”命令，将一幅背景图像导入到舞台上。

10 新建图层。新建“图层4”，将其移动到“尾巴”图层的下方。

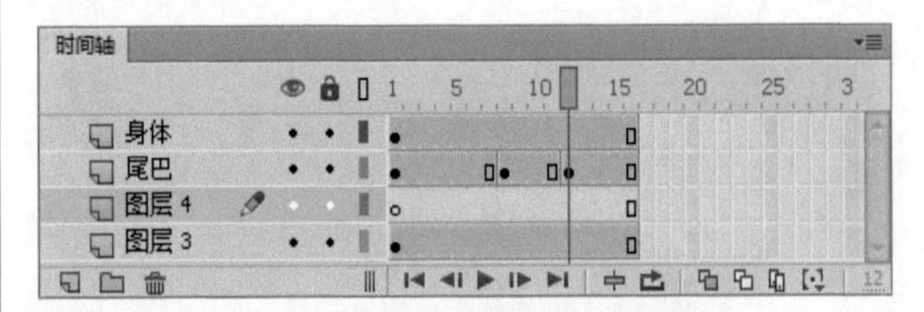

11 绘制椭圆。使用椭圆工具在舞台上绘制一个无边框、填充色为灰色的椭圆。

提示

绘制的椭圆是作为驴子的阴影，这样动画显得自然一些。

12 欣赏动画。执行“文件→保存”命令，保存文件，然后按下【Ctrl+Enter】组合键预览影片即可。

提示

本例背景必须要使用卡通风格的，如果使用现实中的风景图片作为背景，就会与整个动画格格不入。如果读者一时找不到合适的卡通矢量图，则可以选择一幅.jpg格式的位图图像，然后执行“修改→位图→转换位图为矢量图”命令将位图转换为矢量图来使用。

04 章 形状与动作补间动画实例

- 月夜蝙蝠
- 湖泊上的小帆船
- 百叶窗
- 田野风车
- 浪漫单车

实例22 月夜蝙蝠

案例说明：本例使用动作补间动画制作月夜蝙蝠动画。

光盘文件：源文件与素材\第4章\月夜蝙蝠\月夜蝙蝠.fla

操作步骤

1 新建文档并导入图像。新建一个Flash文档，执行"修改→文档"命令，打开"文档设置"对话框，在对话框中将"帧频"设置为"12"。然后执行"文件→导入→导入到舞台"命令，将一幅图像导入到舞台中。

2 创建影片剪辑元件。执行"插入→新建元件"命令，打开"创建新元件"对话框，在"名称"文本框中输入"bianfu"，在"类型"下拉列表中选择"影片剪辑"选项。完成后单击"确定"按钮。

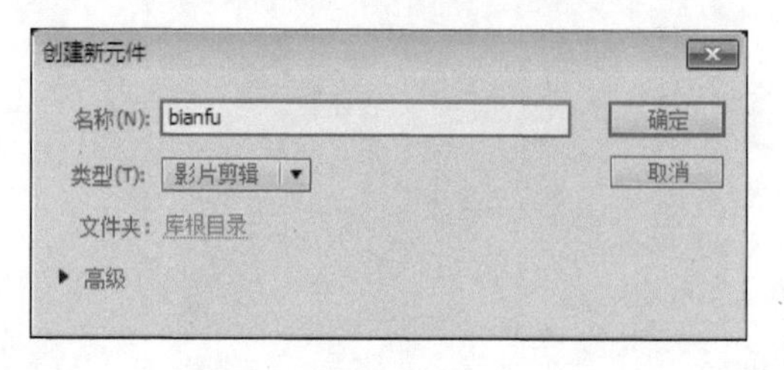

3 绘制图形。在影片剪辑元件"bianfu"的编辑区中使用绘图工具绘制下图所示的图形。

4 创建图形元件。执行"插入→新建元件"命令，打开"创建新元件"对话框，在"名称"文本框中输入"chibang"，在"类型"下拉列表中选择"图形"选项，完成后单击"确定"按钮。

5 绘制图形。在图形元件"chibang"的编辑区中使用绘图工具绘制下图所示的图形。

6 插入关键帧。在时间轴上的第2帧~第4帧插入关键帧。

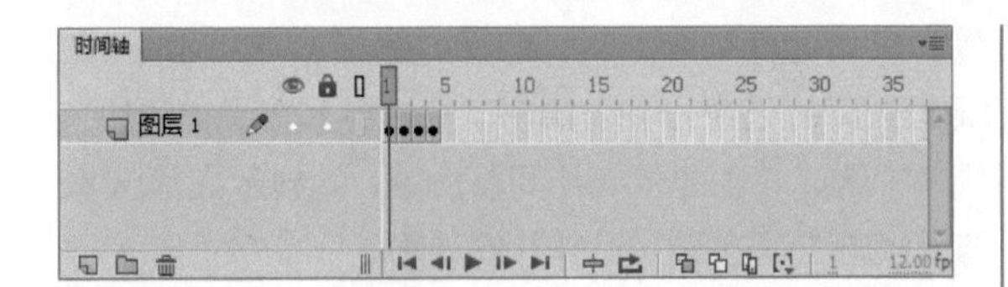

7 调整图形。选择第2帧，使用任意变形工具将图形调整为下图所示的形状。

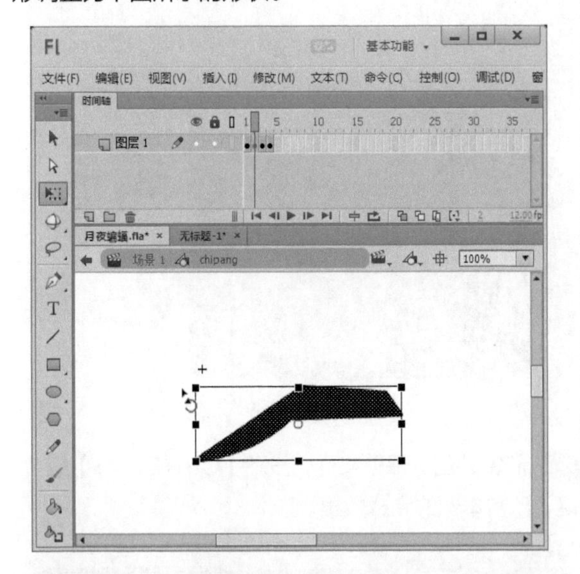

8 调整图形。选择第3帧，使用任意变形工具将图形调整为下图所示的形状。

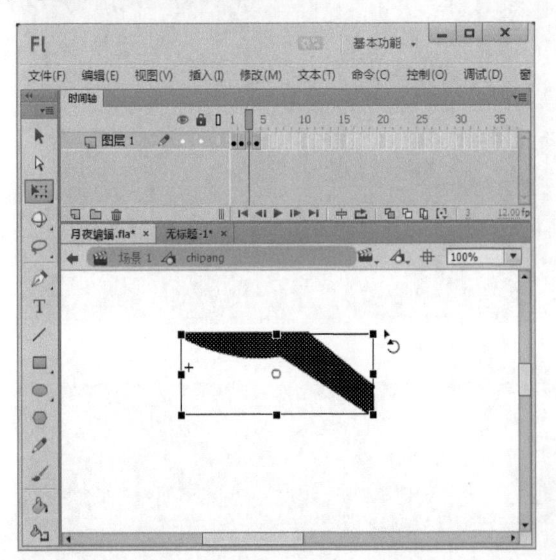

9 拖入图形元件。回到影片剪辑“bianfu”的编辑区中，从“库”面板中将图形元件“chibang”拖入到下图所示的位置。

10 执行“水平翻转”命令。再次拖入一个图形元件“chibang”，执行“修改→变形→水平翻转”命令，将图形元件水平翻转。

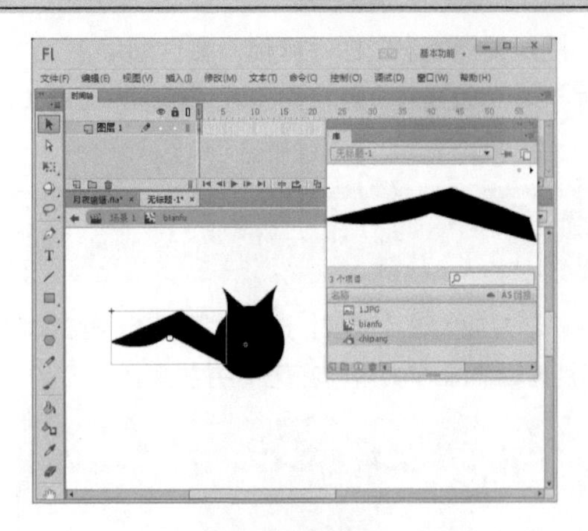

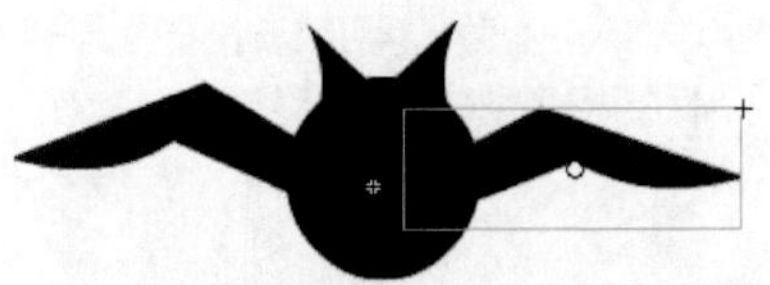

11 拖入影片剪辑元件。单击场景1，回到主场景，新建“图层2”，从“库”面板中将影片剪辑元件“bianfu”拖入到下图所示的位置。

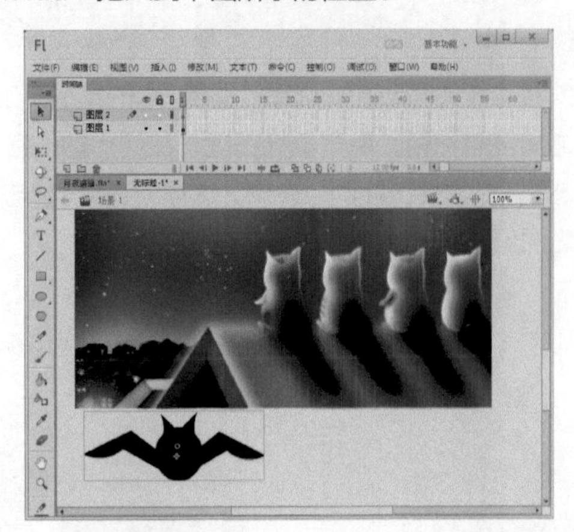

12 缩小影片剪辑元件。在“图层1”与“图层2”的第100帧插入帧。然后在“图层2”的第35帧插入关键帧，然后将影片剪辑“bianfu”向上移动并缩小。

13 插入关键帧与空白关键帧。在“图层2”的第50帧与第86帧插入关键帧，在第36帧插入空白关键帧。

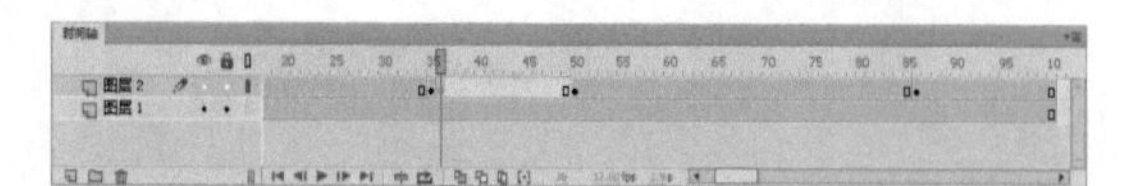

14 移动并放大影片剪辑。选择“图层2”第86帧处的影片剪辑“bianfu”，向下移动并放大。

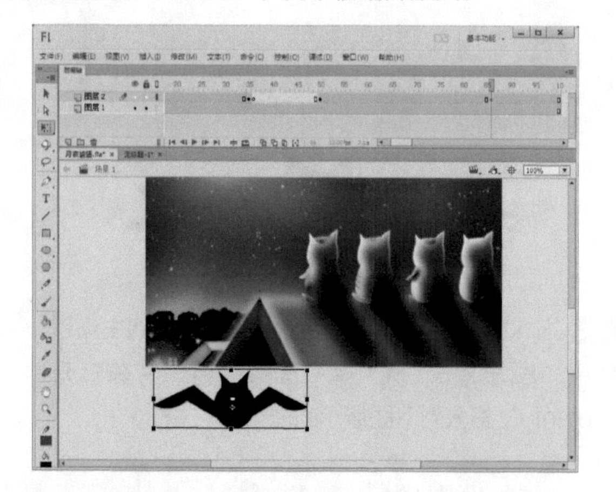

15 创建动作补间动画。选择“图层2”的第1帧与第35帧之间任意一帧，单击鼠标右键，在弹出的快捷菜单中选择“创建传统补间”命令。这样就在第1帧与第35帧之间创建了动作补间动画。

提示

动作补间动画是根据对象在两个关键帧中位置、大小、旋转、倾斜、透明度等属性的差别计算生成的，一般用于表现对象的移动、旋转、放大、缩小、出现、隐藏等变化。

16 创建动作补间动画。选择“图层2”第50帧与第86帧之间的任意一帧，单击鼠标右键，在弹出的快捷菜单中选择“创建传统补间”命令。这样就在第50帧与第86帧之间创建了动作补间动画。

17 欣赏动画。保存文件，按下【Ctrl+Enter】组合键，欣赏本例的完成效果。

实例23 湖泊上的小帆船

案例说明：动作补间是根据同一对象在两个关键帧中大小、位置、旋转、倾斜、透明度等属性的差别计算生成的。本例就通过动作补间来制作湖泊上的小帆船动画效果。

光盘文件：源文件与素材\第4章\湖泊上的小帆船\湖泊上的小帆船.fla

操作步骤

1 新建文档并导入图像。新建一个Flash文档，执行“修改→文档”命令，打开“文档设置”对话框，在对话框中将“舞台大小”设置为700×500，“帧频”设置为“12”，设置完成后单击 确定 按钮。然后执行“文件→导入→导入到舞台”命令，将一幅背景图片导入到舞台上。

2 导入图像。新建“图层2”，执行“文件→导入→导入到舞台”命令，将一幅小帆船图片导入到舞台上，并将其移动到背景图片的左侧。

3 移动图片。在“图层1”的第125帧插入帧，在“图层2”的第125帧插入关键帧，然后选择“图层2”第125帧中的小汽车图片，将其移动到背景图片的右侧。

4 缩小图片。保持第125帧处小帆船图片的选中状态，使用任意变形工具将其缩小到原始大小的40%。

5 创建动画。选择“图层2”第1帧~第125帧之间的任意一帧，执行“插入→传统补间”命令，即可在第1帧到第125帧之间创建补间动画。

6 设置缓动。选择“图层2”的第1帧，打开“属性”面板，设置“缓动”为“-100”。

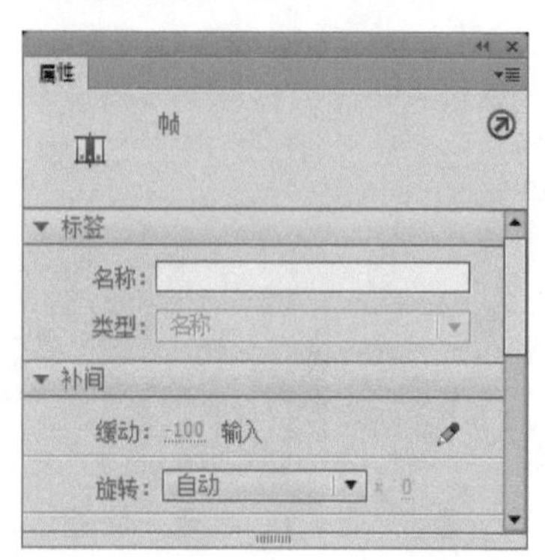

提示

缓动用来设置动画的快慢速度。其值为-100~100，可以直接输入数字。设置为100，动画先快后慢；设置为-100，动画先慢后快，其间的数字按照-100到100的趋势逐渐变化。

7 欣赏最终效果。保存文件，按下【Ctrl+Enter】组合键，欣赏本例的完成效果。

实例24 百叶窗

案例说明：本实例是模拟百叶窗开关的效果。主要运用了翻转、导入、创建补间动画等功能：先运用翻转命令，使百叶窗的窗页翻转；再使用创建补间动画功能，编辑出百叶窗的翻转效果；最后运用导入功能，将背景图导入到舞台。

光盘文件：源文件与素材\第4章\百叶窗\百叶窗.fla

操作步骤

1 设置文档。新建一个Flash文档，执行“修改→文档”命令，打开“文档设置”对话框，在对话框中将“舞台大小”设置为550×300，将“帧频”设置为“12”，完成后单击 确定 按钮。

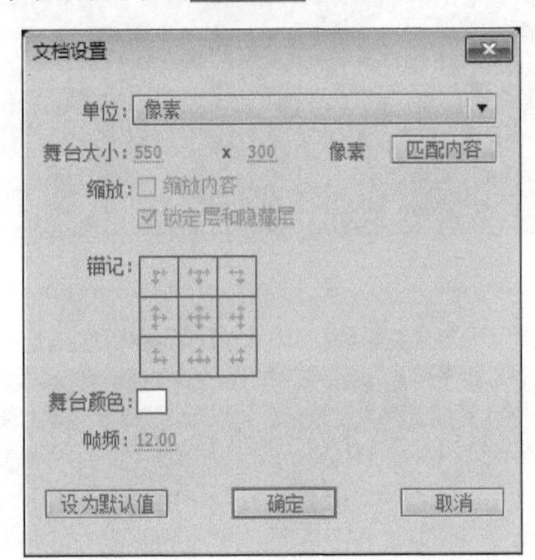

2 导入图像。创建影片剪辑元件“windows”，选择矩形工具，在舞台中绘制一个无边框、填充色为黑色的矩形，调整其宽为“346.0”、高为“25.0”。再按下【F8】键，将其转换为名称为“pic-black”的图形元件。

3 创建动画。选择“图层1”的第30帧，插入关键帧，执行“修改→变形→垂直翻转”命令，再在“属性”面板里调整颜色为Alpha，Alpha值为0%，并在第1帧至第30帧之间创建补间动画。

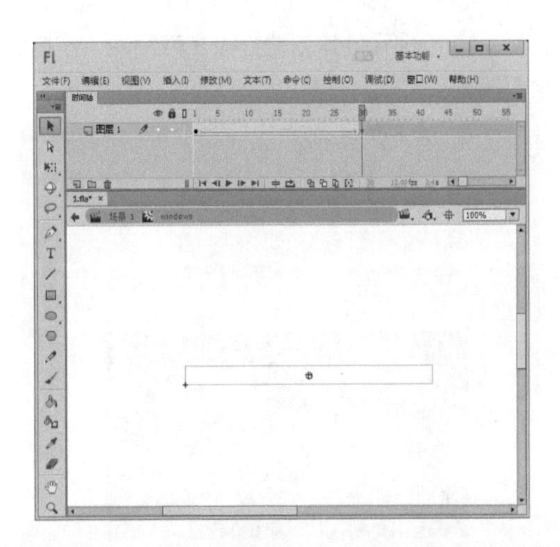

4 创建动画。分别在“图层1”的第44帧、第65帧插入关键帧，再选择第65帧，设置Alpha值为100%，将其垂直翻转，并在第44帧至第65帧之间创建补间动画，在第80帧插入帧。

5 拖入元件。回到“场景1”，从“库”面板中将影片剪辑元件“windows”拖到舞台上，调整其位置及大小（X：275.0，Y：15.5，宽：550.0，高：30）。

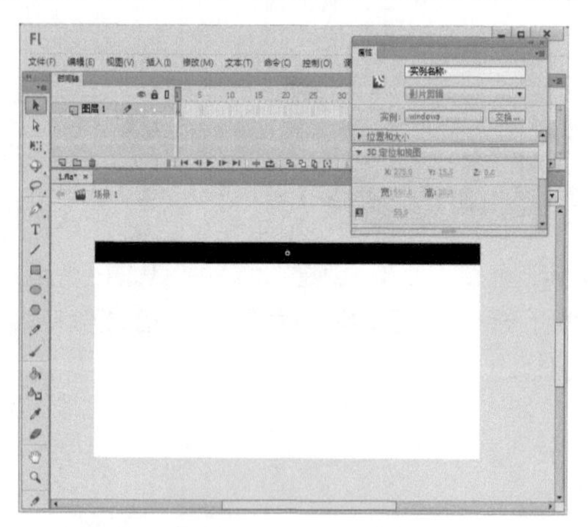

6 复制元件。将舞台中的“windows”元件复制9次，然后将10个元件均匀地分布在舞台中，使其将舞台全部覆盖。

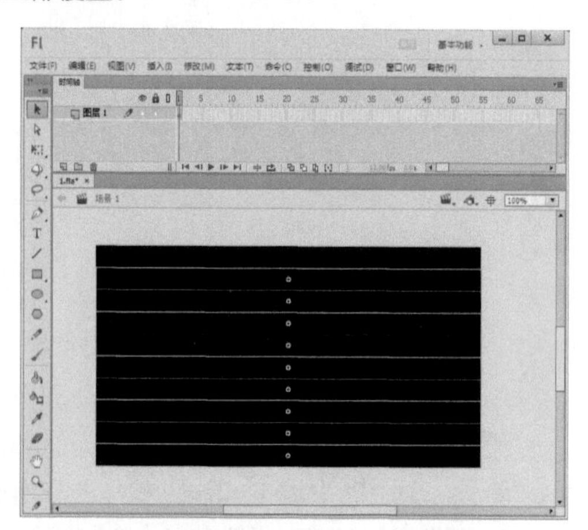

7 导入图像。新建“图层2”，执行“文件→导入→导入到舞台”命令，将一幅图像导入到舞台中。

8 拖动图层。将“图层2”拖动到“图层1”的下方。

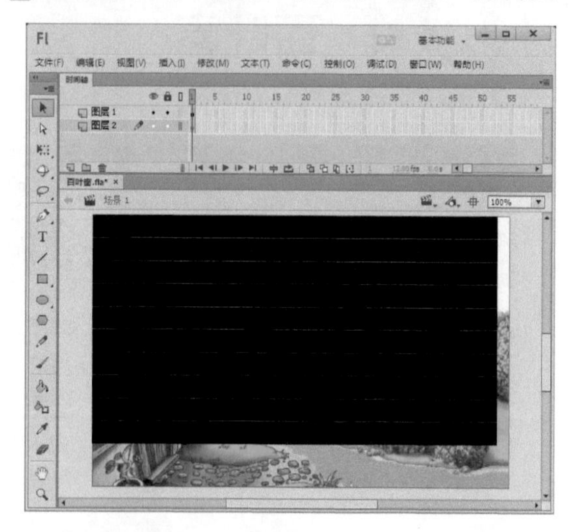

9 欣赏最终效果。保存文件，按下【Ctrl+Enter】组合键，欣赏本例的完成效果。

实例25 田野风车

案例说明：动作补间是根据同一对象在两个关键帧中大小、位置、旋转、倾斜、透明度等属性的差别计算生成的。本例就通过动作补间来制作田野风车的动画效果。

光盘文件：源文件与素材\第4章\田野风车\田野风车.fla

操作步骤

1 设置文档。新建一个Flash文档，执行“修改→文档”命令，打开“文档设置”对话框，在对话框中将“舞台大小”设置为600×380、“帧频”设置为“12”。完成后单击 确定 按钮。

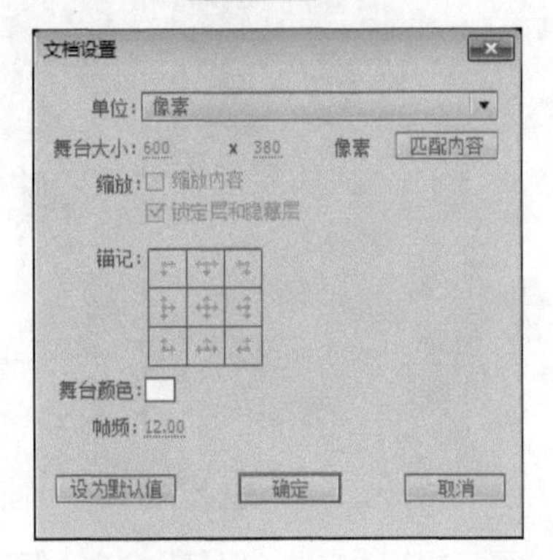

2 新建影片剪辑元件。执行“插入→新建元件”命令，打开“创建新元件”对话框，在“名称”文本框中输入元件的名称“风车”，在“类型”下拉列表中选择“影片剪辑”选项，完成后单击 确定 按钮。

3 绘制房屋形状。综合使用绘图工具，在舞台中绘制房屋形状。

4 导入图像。新建“图层2”，将一幅风车图像导入到舞台中。

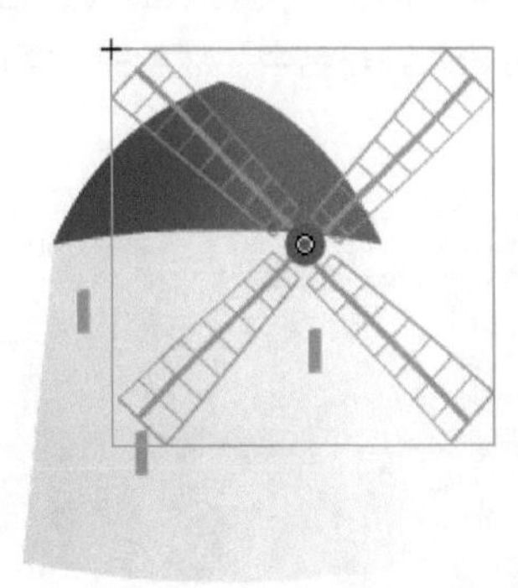

5 创建动画。在“图层2”的第120帧插入关键帧，在“图层1”的第120帧插入帧，然后在“图层2”的第1帧单击鼠标右键，在弹出的快捷菜单中选择“创建传统补间”命令。这样就在“图层2”的第1帧与第120帧之间创建了补间动画。

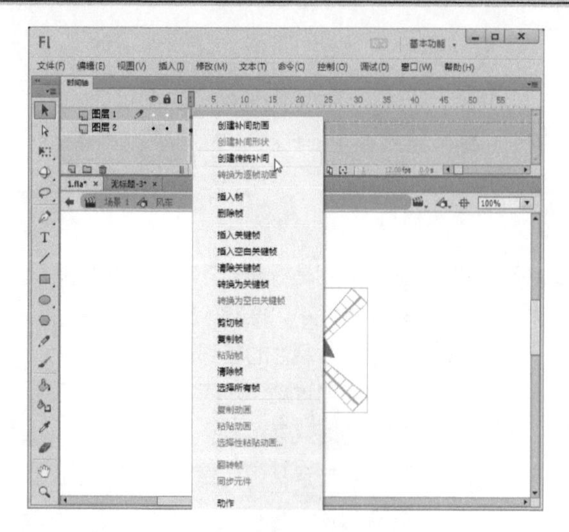

6 设置旋转。选择“图层2”的第1帧，打开“属性”面板，在“旋转”下拉列表中选择“顺时针”选项。

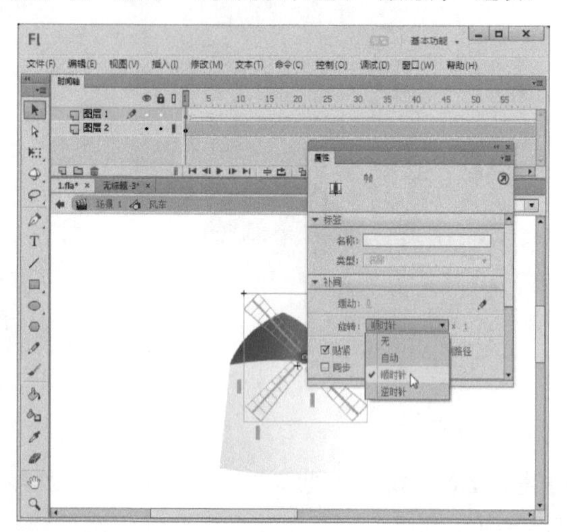

7 导入图像。单击 场景 1 按钮，返回主场景，将一幅背景图像导入到舞台中。然后在“图层1”的第80帧插入帧。

8 拖入元件。新建“图层2”，从“库”面板中将“风车”影片剪辑元件拖入到舞台上。

9 缩小元件。两次从“库”面板中将“风车”影片剪辑元件拖入到舞台上，并使用任意变形工具 将元件缩小一些。

10 预览动画。执行“文件→保存”命令，保存文件，然后按下【Ctrl+Enter】组合键测试影片即可。

实例26 浪漫单车

案例说明： 本例在一个图层中创建两个关键帧，分别为这两个关键帧设置不同的位置、方向等参数，再在两关键帧之间创建动作补间动画，这是Flash中比较常用的动画类型。

光盘文件： 源文件与素材\第4章\浪漫单车\浪漫单车.fla

操作步骤

1 设置文档。新建一个Flash文档，执行“修改→文档”命令，打开“文档设置”对话框，在对话框中将“舞台大小”设置为630×270。完成后单击 确定 按钮。

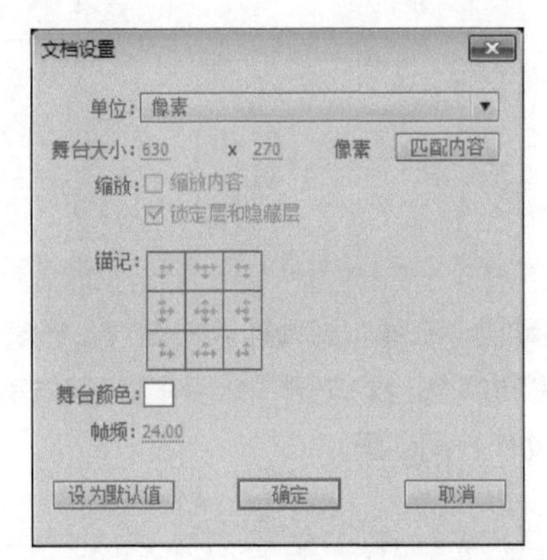

2 新建图形元件。执行“插入→新建元件”命令，打开“创建新元件”对话框，在“名称”文本框中输入元件的名称“骑自行车”，在“类型”下拉列表中选择“图形”选项。完成后单击 确定 按钮。

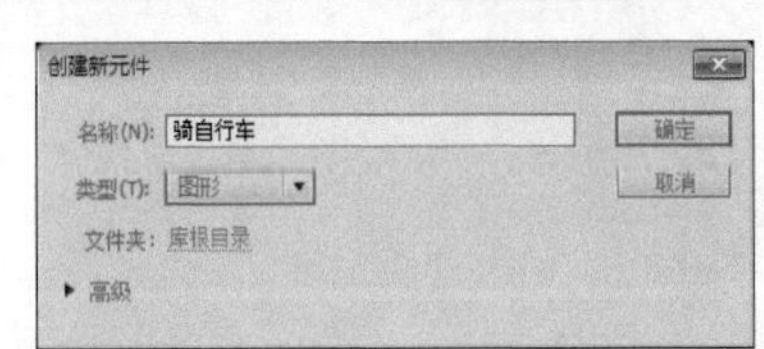

3 导入图像。执行“文件→导入→导入到舞台”命令，将一幅图像导入到工作区中。

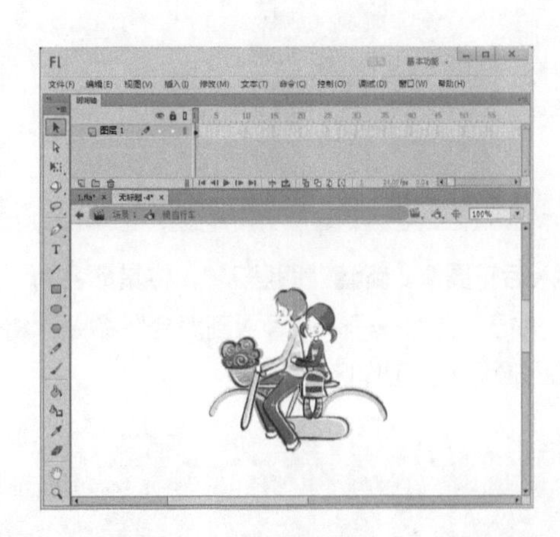

4 导入前轮图像。新建“图层2”，将其重命名为“前轮”，执行“文件→导入→导入到舞台”命令，将一幅前轮图像导入到工作区中，并将“前轮”图层拖入到“图层1”下方。

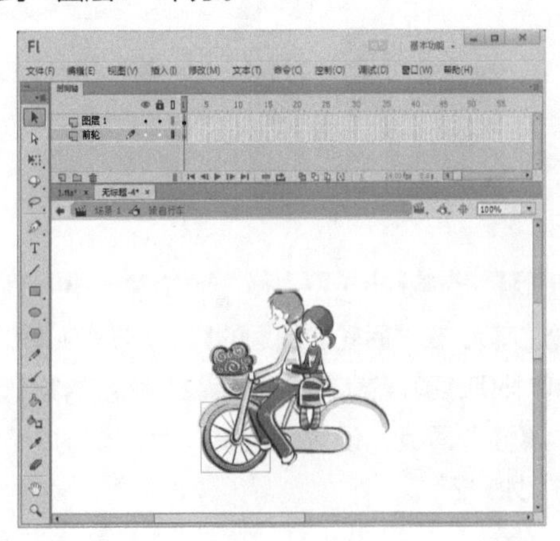

5 插入关键帧与帧。在“前轮”图层的第90帧插入关键帧，在“图层1”的第90帧插入帧。

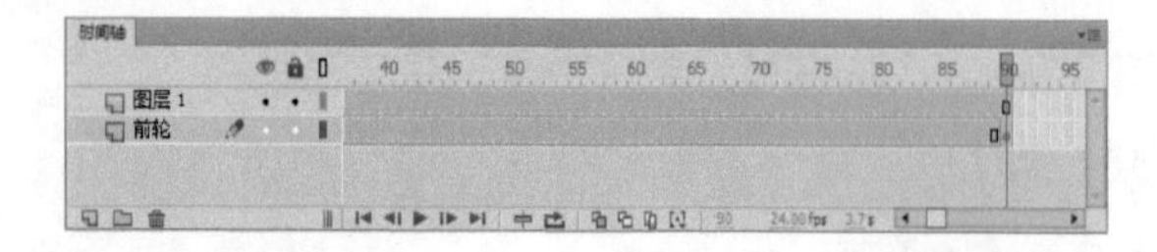

6 设置旋转。在“前轮”图层的第1帧与第90帧之间创建动作补间动画，然后选择“前轮”图层的第1帧，打开“属性”面板，设置“旋转”为“逆时针”、“次数”为“2”。

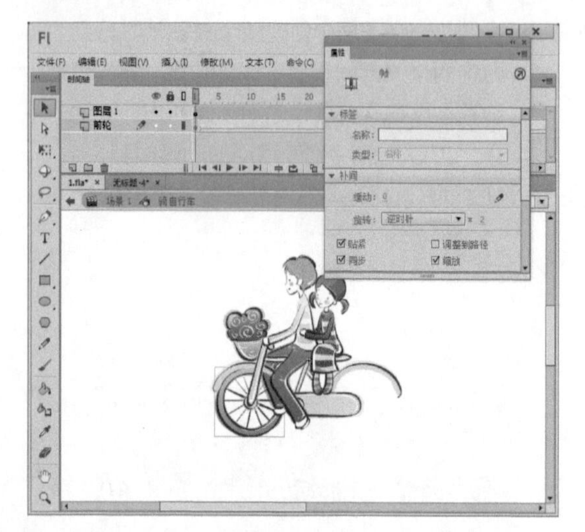

7 导入后轮图像。新建“图层2”，将其命名为“后轮”，执行“文件→导入→导入到舞台”命令，将一幅后轮图像导入到工作区中。

8 设置旋转。在“后轮”图层的第1帧与第90帧之间创建动作补间动画，然后选择“后轮”图层的第1帧，打开“属性”面板，设置“旋转”为“逆时针”、“次数”为“2”。

9 拖入元件。回到主场景，从“库”面板中将“骑自行车”图形元件拖入到舞台的右侧。

10 创建动画。在第150帧插入关键帧，将该帧处的元件向左移动到舞台的左侧，然后在第1帧与第150帧之间创建动作补间动画。

11 导入图像。新建“图层2”，执行“文件→导入→导入到舞台”命令，将一幅背景图像导入到舞台中，并将“图层2”拖到“图层1”下方。

12 预览动画。执行“文件→保存”命令，保存文件，然后按下【Ctrl+Enter】组合键测试影片即可。

提示

与逐帧动画的创建相比，补间动画的创建就相对简单多了。在一个图层的两个关键帧之间建立补间动画后，Flash会在两个关键帧之间自动生成补充动画图形的显示变化，达到更流畅的动画效果，这就是补间动画。

而动作补间动画则是指在时间轴的一个图层中，创建两个关键帧，分别为这两个关键帧设置不同的位置、大小、方向等参数，再在两关键帧之间创建动作补间动画，这也是Flash中比较常用的动画类型。

读书笔记

05章 遮罩与引导动画实例

- 小树长大了
- 瀑布
- 水中倒影
- 夏夜萤火虫
- 快乐的小鱼儿
- 两只蝴蝶

实例27 小树长大了

案例说明：本实例综合运用椭圆工具与遮罩动画功能来制作小树长大了的动画效果。

光盘文件：源文件与素材\第5章\小树长大了\小树长大了.fla

操作步骤

1 设置文档。执行“修改→文档”命令，打开“文档设置”对话框，将“舞台大小”设置为600×500，将“帧频”设置为“12”，完成后单击 确定 按钮。

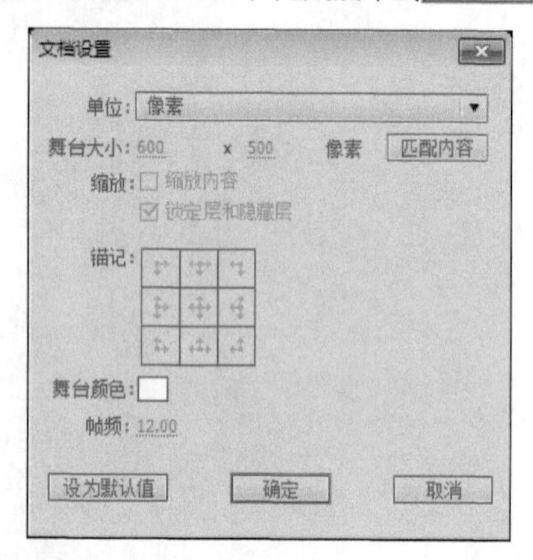

2 导入图像。执行“文件→导入→导入到舞台”命令，将一幅图像导入到舞台上。

3 绘制椭圆。新建“图层2”，选中“图层2”的第1帧，使用椭圆工具在舞台的下方绘制一个无边框、填充色随意的小圆。

4 放大椭圆。在“图层1”的第80帧插入帧，在“图层2”的第80帧插入关键帧。然后选中“图层2”第80帧中的小圆，将其向上移动并放大到将小树完全遮住。

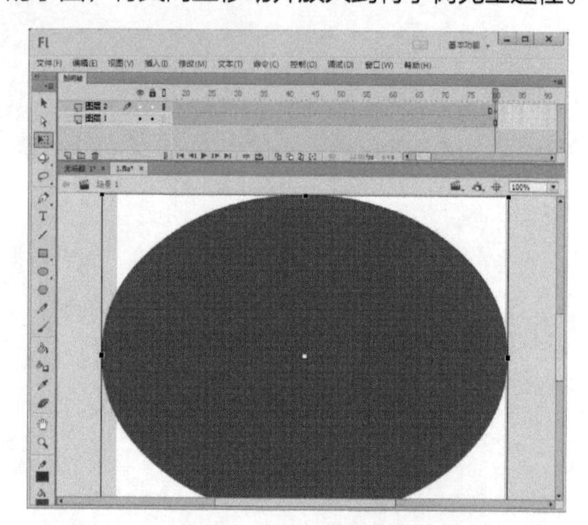

5 创建形状补间动画。选择“图层2”的第1帧与第80帧之间的任意一帧，单击鼠标右键，在弹出的快捷菜单中选择“创建补间形状”命令。这样就在第1帧与第80帧之间创建了形状补间动画。

6 创建遮罩层。在“图层2”上单击鼠标右键，在弹出的快捷菜单中选择“遮罩层”命令。

提示

要创建遮罩动画，需要有两个图层：遮罩层与被遮罩层。要创建动态效果，可以让遮罩层动起来。对于用作遮罩的填充形状，可以使用补间形状；对于文字对象、图形元件实例或影片剪辑元件实例，可以使用补间动画。

要创建遮罩层，可以将遮罩项目放在要用作遮罩的层上。和填充或笔触不同，遮罩项目像一个窗口，透过它可以看到位于它下面的链接层区域。除了透过遮罩项目显示的内容之外，其余的所有内容都被遮罩层的其余部分隐藏起来。一个遮罩层只能包含一个遮罩项目。按钮内部不能有遮罩层，也不能将一个遮罩应用于另一个遮罩。

7 欣赏效果。保存文件并按下【Ctrl+Enter】组合键，欣赏最终效果。

实例28 瀑布

案例说明：本例通过套索工具与遮罩层的运用来制作瀑布动画效果。

光盘文件：源文件与素材\第5章\瀑布\瀑布.fla

操作步骤

1 新建文档。新建一个Flash文档，执行“修改→文档”命令，打开“文档设置”对话框，在对话框中将“舞台大小”设置为389×556，将“帧频”设置为“12”，设置完成后单击 确定 按钮。

2 导入图像。执行“文件→导入→导入到舞台”命令，将一幅图像导入到舞台中，然后按下【Ctrl+K】组合键打开“对齐”面板，单击“水平中齐”按钮与“垂直居中分布”按钮。

3 粘贴图片。新建“图层2”，将“图层1”第1帧中的图片粘贴到“图层2”的第1帧中。

4 转换为元件。将“图层2”隐藏，选择“图层1”的图片，按下【F8】键，将“图层1”的图片转换为图形元件，名称保持默认。

5 移动图片。恢复“图层2”的显示，使用键盘上的方向键将图片向右移动1像素，然后按下【Ctrl+B】组合键将图片打散。

6 删除部分图像。选择工具箱中的套索工具，在打散后的图片上删除水以外的部分。

7 转换元件。将上步操作后的图形转换名称为“元件2”的图形元件。

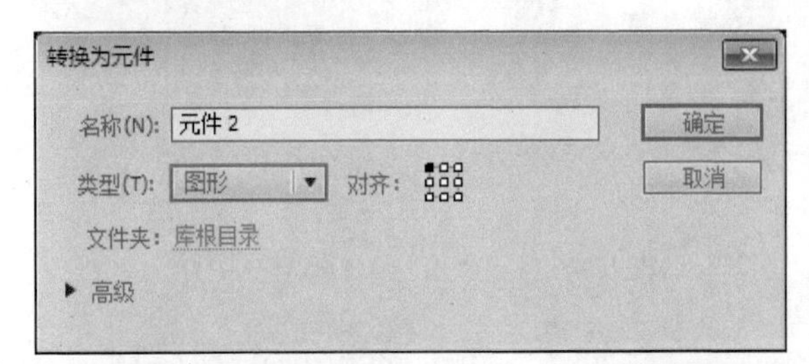

8 调整Alpha值。选择“元件2”，在“属性”面板中将其Alpha值设置为60%。

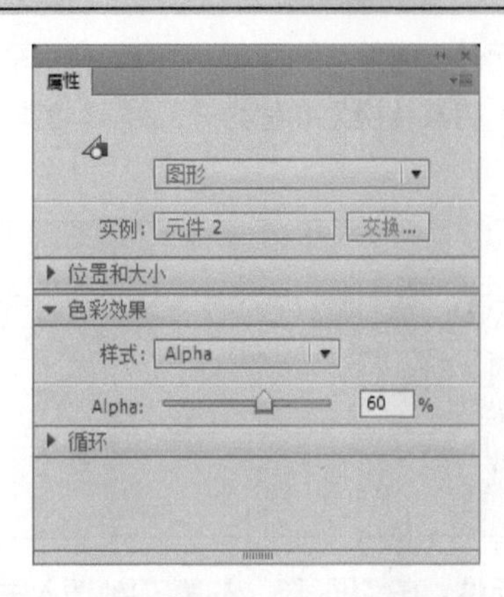

9 绘制矩形。新建“图层3”，使用矩形工具绘制一个无边框、填充色随意的矩形，并将其移动到舞台上方。

10 复制矩形，直至将舞台铺满。

11 转换元件。选中“图层3”中的所有矩形，按下【F8】键，将其转换为名称为“元件3”的影片剪辑元件。

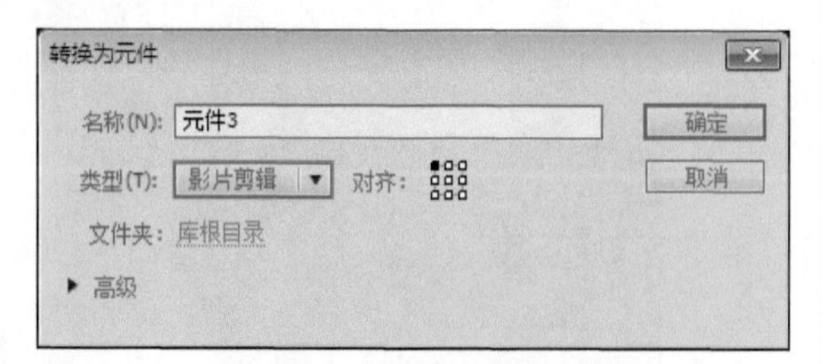

12 移动元件。在“图层3”的第30帧插入关键帧，将该帧中的元件向下移动一段距离，并在第1帧与第30帧之间创建动画，最后在“图层1”与“图层2”的第30帧插入帧。

13 创建遮罩动画。在“图层3”上单击鼠标右键，在弹出的快捷菜单中选择“遮罩层”命令。

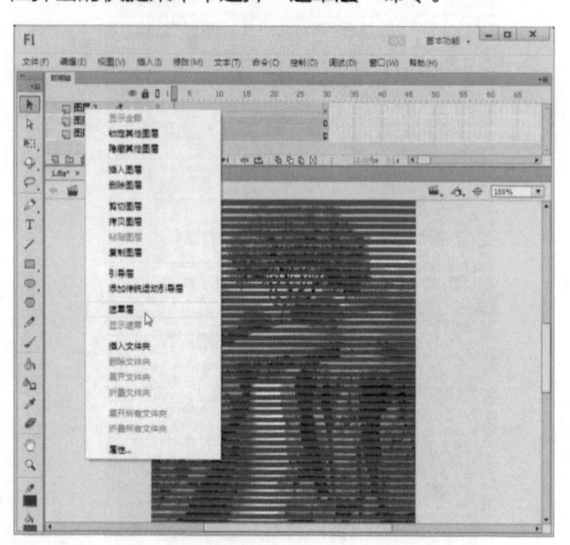

14 欣赏最终效果。保存文件，按下【Ctrl+Enter】组合键，欣赏本例的完成效果。

实例29 水中倒影

案例说明：本实例主要使用导入功能，将准备好的图片导入到舞台中，再运用遮罩技术，编辑出倒影中淡淡的水纹效果。

光盘文件：源文件与素材\第5章\水中倒影\水中倒影.fla

操作步骤

1 设置文档。新建一个Flash文档，执行“修改→文档”命令，打开“文档设置”对话框，在对话框中将“舞台大小”设置为550×430，将“帧频”设置为“12”，完成后单击 确定 按钮。

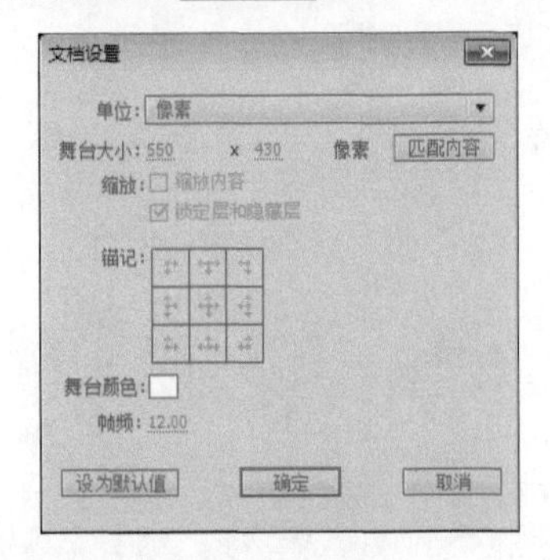

2 导入图像。导入一幅图像到舞台上，在“属性”面板上其X轴值与Y轴值都设置为0。

3 翻转图片。选中图片，按下【F8】键将其转换为图形元件，然后执行“编辑→复制”命令，将图片复制一次。然后新建一个图层，执行“编辑→粘贴到当前位置”命令，将图片粘贴到“图层2”中。最后选中“图层2”中的图片，执行“修改→变形→垂直翻转”命令，将图片垂直翻转。

4 设置“高级”选项。选中“图层2”中的图形，在“属性”面板上的“颜色”下拉列表中选择“高级”选项，然后进行下图所示的设置。

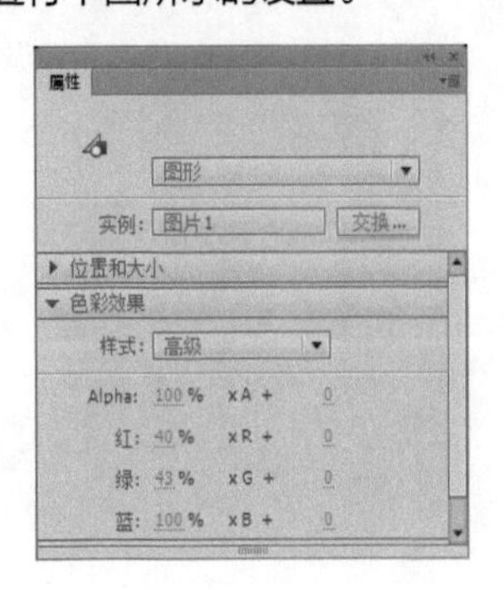

5 复制图片。选中“图层2”中的图片，执行“编辑→复制”命令，将图片复制一次。然后新建一个图层，执行“编辑→粘贴到当前位置”命令。将图片粘贴到“图层3”中。选中“图层3”中的图片，在“属性”面板上的“颜色”下拉列表中选择“高级”选项，然后进行下图所示的设置。

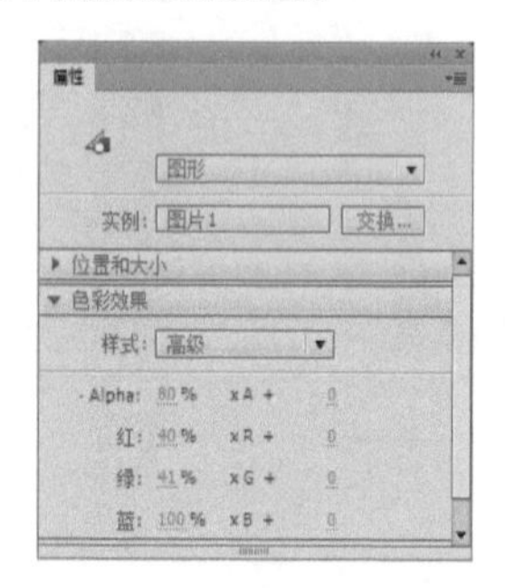

6 绘制矩形。再新建一个图层，并把它命名为“格子”。使用矩形工具□在舞台中绘制一个无边框、填充色为任意色，且宽和高分别为555像素和5像素的矩形。然后按住【Alt】键不放，选中这个矩形并向下拖动，一直到复制出下图所示的50个矩形为止。

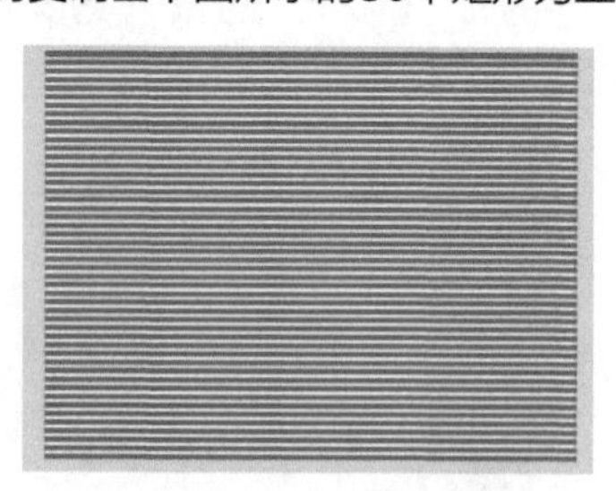

7 填充颜色。选中舞台上的所有矩形，按下【Ctrl+G】组合键将它们组合，接着按下【F8】键将其转换为图形元件，选中“格子”图层的第40帧并插入关键帧，将格子向下移动30个像素。然后在第1帧与第40帧之间创建补间动画。然后在“图层1”、“图层2”与“图层3”的第40帧插入帧。

8 创建遮罩层。在“格子”图层上单击鼠标右键，在弹出的快捷菜单中选择“遮罩层”命令。

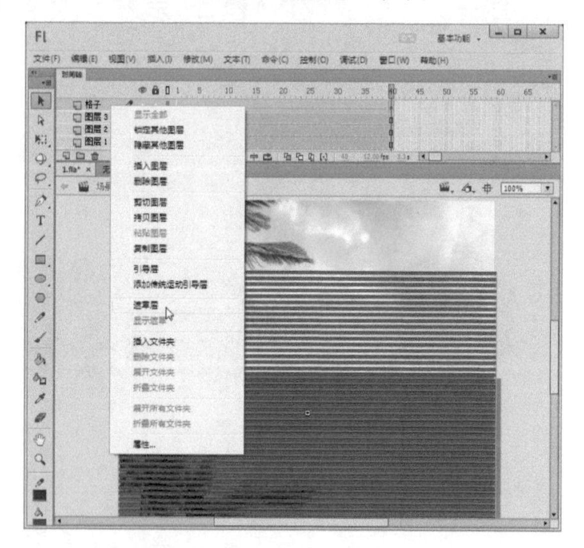

9 欣赏最终效果。保存文件，按下【Ctrl+Enter】组合键，欣赏本例的完成效果。

实例30 夏夜萤火虫

案例说明：本实例制作一个夏夜萤火虫的动画，使用了引导层与影片剪辑来共同完成制作。

光盘文件：源文件与素材\第5章\夏夜萤火虫\夏夜萤火虫.fla

操作步骤

1 设置文档。新建一个Flash文档，执行“修改→文档”命令，打开“文档设置”对话框，在对话框中将“舞台大小”设置为600×400、“背景颜色”设置为“黑色”、“帧频”设置为“12”，完成后单击 确定 按钮。

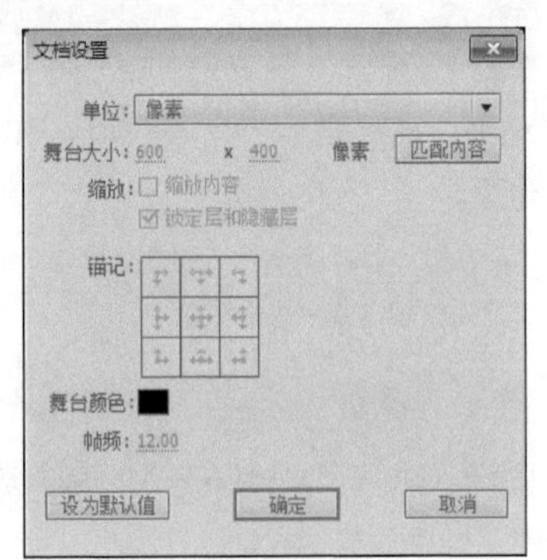

2 新建图形元件。执行“插入→新建元件”命令，打开“创建新元件”对话框，在“名称”文本框中输入元件的名称“萤火”，在“类型”下拉列表中选择“图形”选项。完成后单击 确定 按钮。

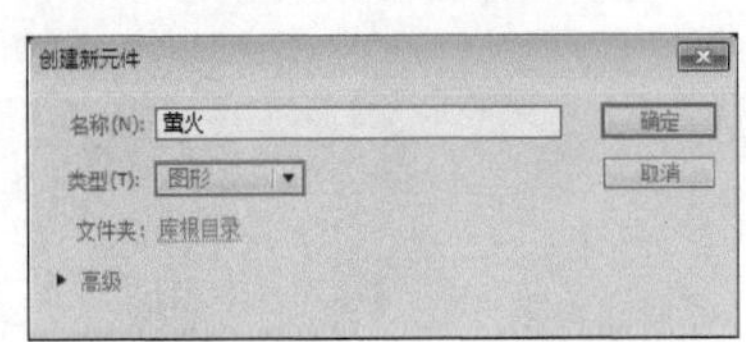

3 设置填充颜色。在图形元件“萤火”的编辑状态下，单击椭圆工具，然后打开“颜色”面板，设置填充样式为“径向渐变”，填充颜色为由“#99CC00”到“CCFF00”，不透明度分别为“100%”和“0”。

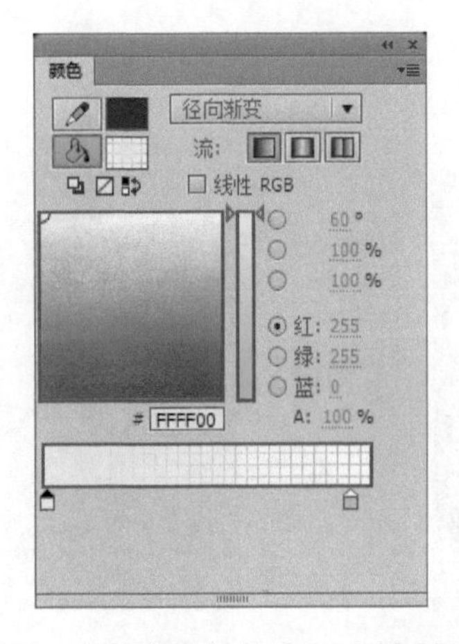

4 绘制圆形。在舞台中按住【Shift】键拖动鼠标绘制出一个正圆，在“属性”面板中设置圆的“宽”和“高”都为“30”。

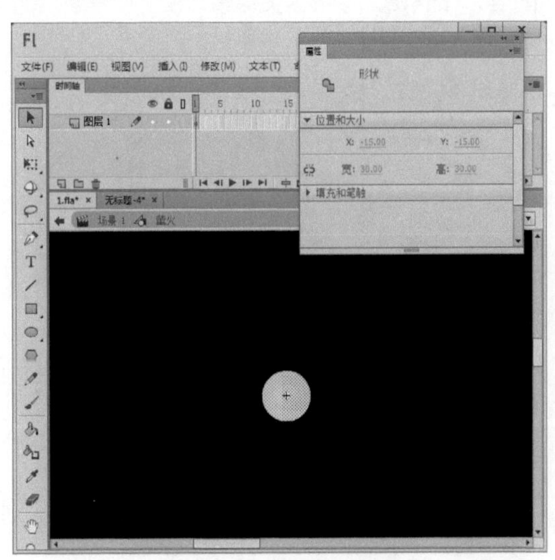

5 新建影片剪辑元件。执行“插入→新建元件”命令，打开“创建新元件”对话框，在“名称”文本框中输入元件的名称“萤火虫动画”，在“类型”下拉列表中选择“影片剪辑”选项。完成后单击 确定 按钮。

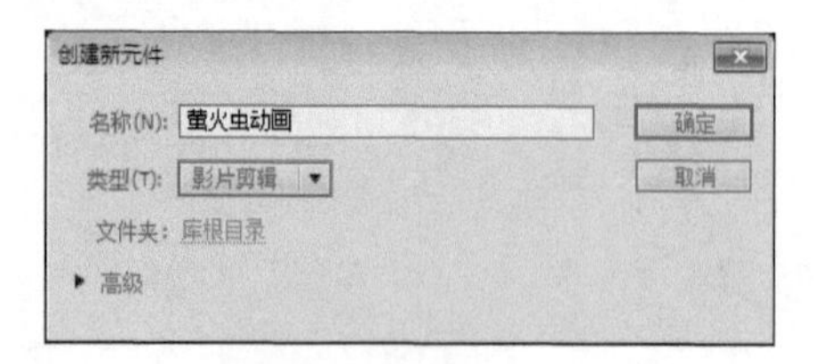

6 新建引导层。在影片剪辑元件“萤火虫动画”的编辑状态下，从“库”面板里将图形元件“萤火”拖入到工作区中。然后选中“图层1”，单击鼠标右键，在弹出的快捷菜单中选择“添加传统运动引导层”命令。

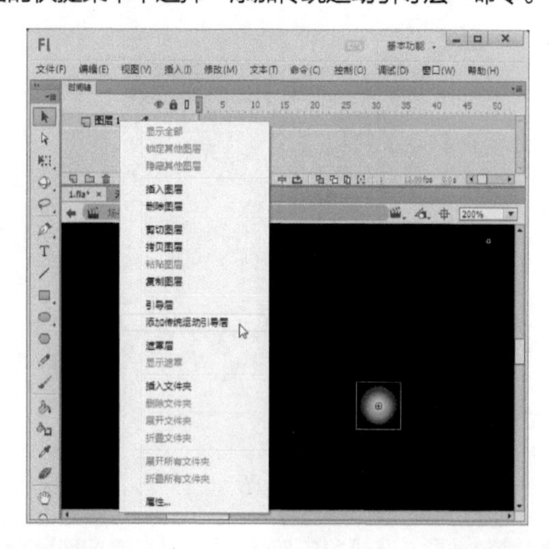

7 绘制路径。选中“引导层”的第1帧，使用铅笔工具在工作区中随意绘制一条不闭合的路径。然后在“图层1”的第200帧插入关键帧，在“引导层”的第200帧插入帧。

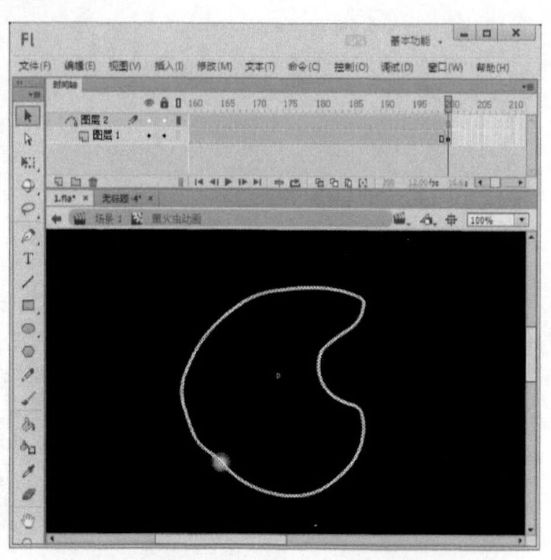

8 拖动图形元件。拖动“图层1”第1帧中的图形元件“萤火”，使其中心点对齐到路径的一端。

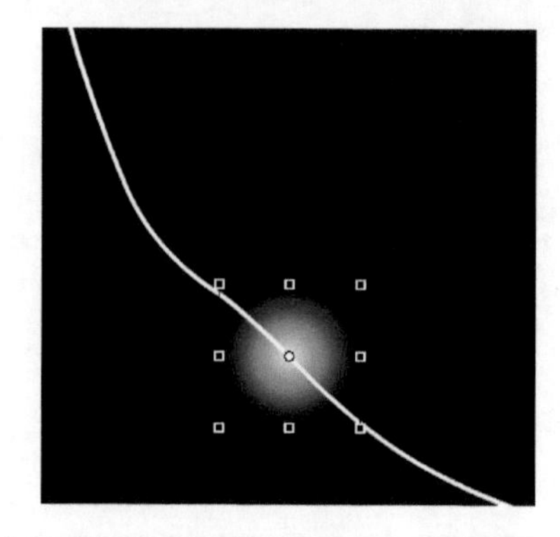

9 拖动图形元件。拖动“图层1”第200帧中的图形元件“萤火”，使其中心点对齐到路径的另一端。

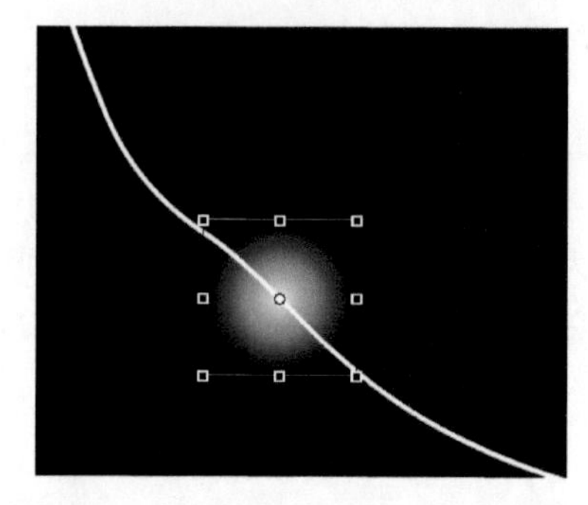

10 创建动画。在“图层1”的第1帧与第200帧之间创建补间动画。

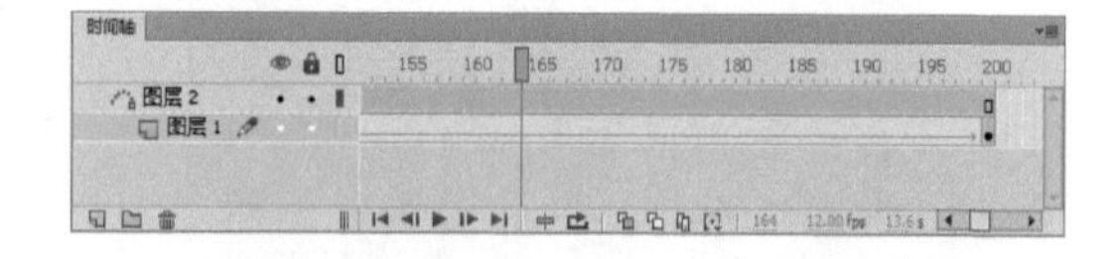

11 导入图像。执行“文件→导入→导入到舞台”命令，将一幅图像导入到舞台中。

12 拖入影片剪辑元件。新建“图层2”，分14次将“库”面板中的“萤火虫动画”影片剪辑元件拖动到舞台上，分别对齐进行缩放变形后，放置在不同的位置。

13 预览动画。执行“文件→保存”命令，保存文件，然后按下【Ctrl+Enter】组合键测试影片即可。

提示

本例运用引导动画制作夏夜的萤火虫动画，引导动画可以将一个物体的运动附着在一条引导线上，沿着固定的轨迹运动。引导动画可以实现很多补间动画不能实现的效果，可以完成复杂的运动动画。而且在引导动画中，添加的引导线在最后输出动画时不可见，不会影响动画效果。

实例31 快乐的小鱼儿

案例说明：本例通过创建引导动画来制作一个河中游鱼的动画场景，在清澈的小河里，小鱼儿欢快地摇着鱼尾游来游去。

光盘文件：源文件与素材\第5章\快乐的小鱼儿\快乐的小鱼儿.fla

操作步骤

1 设置文档。新建一个Flash文档，执行“修改→文档”命令，打开“文档设置”对话框，在对话框中将“舞台大小”设置为600×400、“背景颜色”设置为“黑色”、“帧频”设置为“25”。完成后单击 确定 按钮。

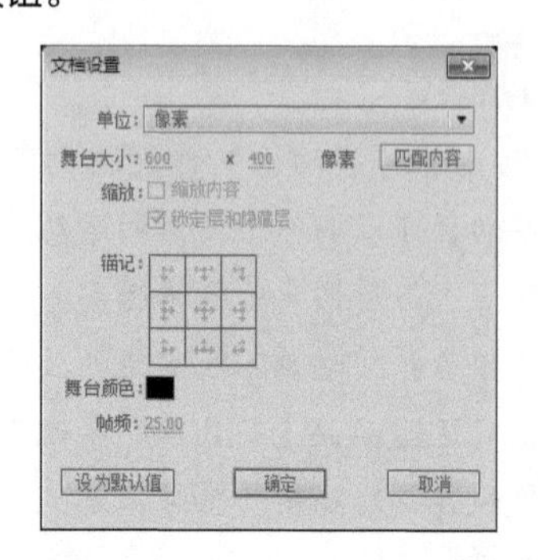

2 新建影片剪辑元件。执行“插入→新建元件”命令，打开“创建新元件”对话框，在“名称”文本框中输入“鱼”，在“类型”下拉列表中选择“影片剪辑”选项。完成后单击 确定 按钮。

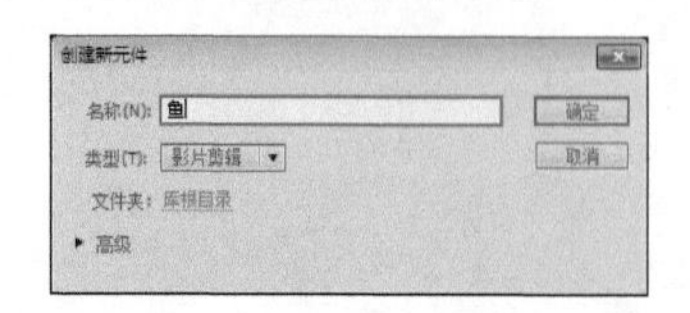

3 导入图像。在影片剪辑元件“鱼”的编辑状态下，将“图层1”的名称更改为“鱼尾”。再新建两个图层，分别命名为“鱼身”和“鱼眼”。将鱼尾、鱼身和鱼眼图片文件导入到对应的图层中去，最后在这3个图层的第38帧插入帧。

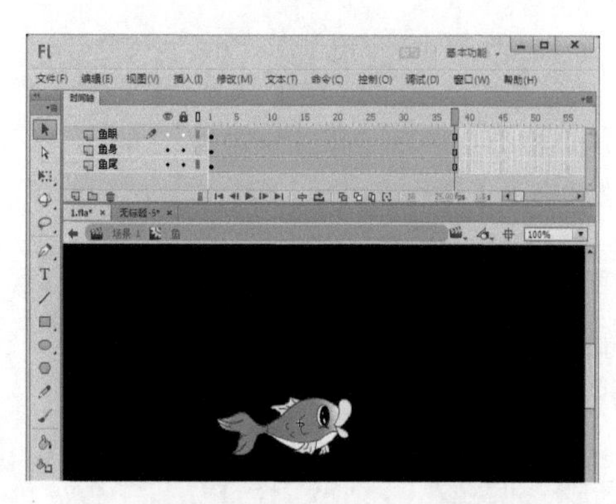

4 旋转鱼尾。在“鱼尾”图层的第16帧插入关键帧，使用任意变形工具将鱼尾旋转到下图所示的位置。

5 旋转鱼尾。在“鱼尾”图层的第28帧插入关键帧，使用任意变形工具将鱼尾旋转到下图所示的位置。然后在“鱼尾”图层的第1帧与第16帧之间、第16帧与第28帧之间创建补间动画。

6 绘制眼睛。在“鱼眼”图层的第24帧插入空白关

键帧。然后使用铅笔工具在鱼眼的位置绘制一条黑色的曲线。

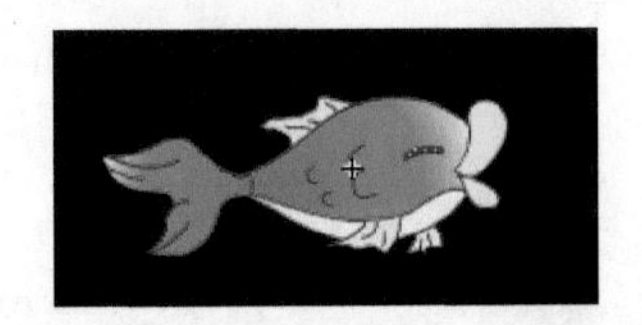

7 复制图像。在“鱼眼”图层的第38帧插入空白关键帧。然后将“鱼眼”图层第1帧中的眼睛复制到第38帧中。

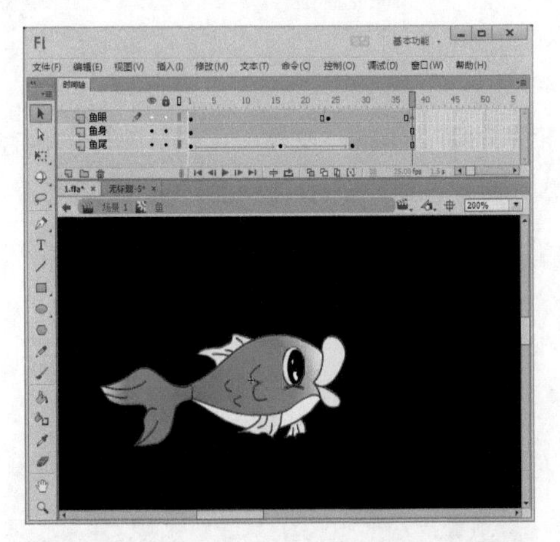

8 新建影片剪辑元件。执行“插入→新建元件”命令，打开“创建新元件”对话框，在“名称”文本框中输入元件的名称“背景动画”，在“类型”下拉列表中选择“影片剪辑”选项。完成后单击 确定 按钮。

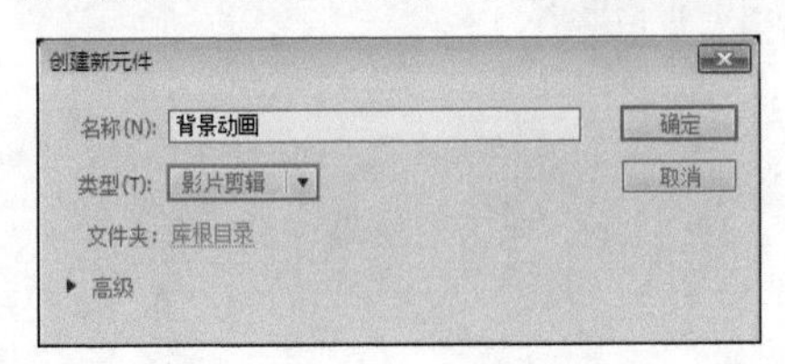

9 导入图像。在影片剪辑元件“背景动画”的编辑状态下，导入一幅背景图像到舞台上。

10 拖入元件。新建“图层2”，从“库”面板里将影片剪辑元件“鱼”拖入到工作区中。

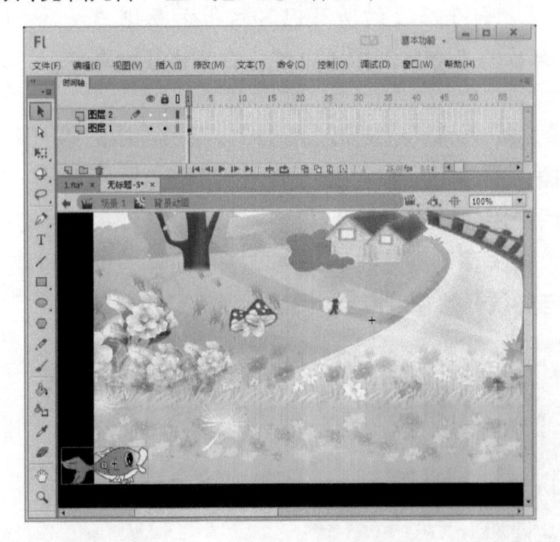

11 新建引导层。在“图层2”上单击鼠标右键，在弹出的快捷菜单中选择“添加传统运动引导层”命令。

12 绘制曲线。在添加的引导层中使用铅笔工具在工作区中绘制一段红色曲线，这段曲线就是小鱼的游动路线。

提示

引导层上的所有内容只用于在制作动画时作为参考线，不会出现在影片播放过程中。

13 移动元件。分别在“图层2”与引导层的第450帧插入关键帧，在“图层1”的第450帧插入帧，然后使用任意变形工具选中“图层2”第1帧中的鱼，将其移动到曲线的开始位置，注意鱼的中心点要与曲线开始端重合。

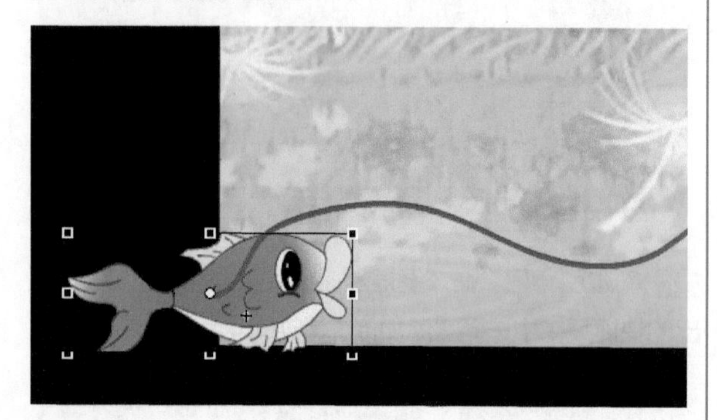

14 移动元件。使用任意变形工具选中“图层2”第450帧中的鱼，将其沿着曲线移动到曲线的终点。

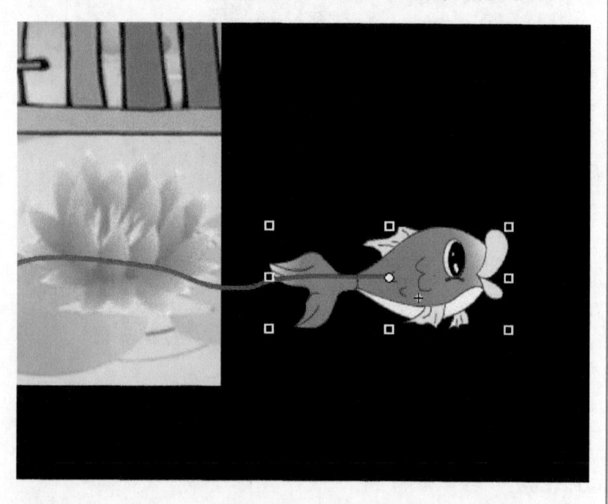

15 创建动画。在“图层2”的第1帧与第450帧之间创建补间动画。

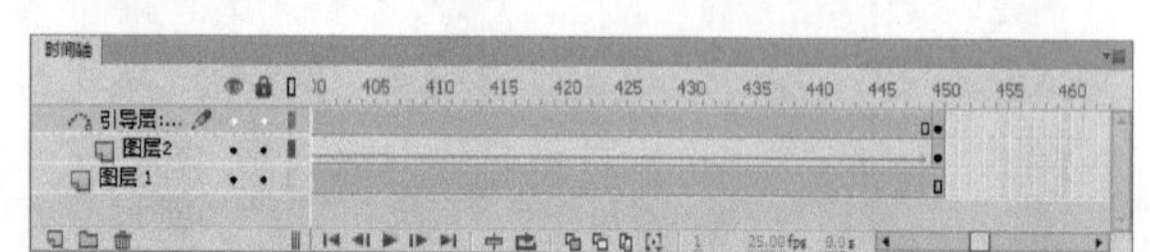

16 拖入元件。回到主场景，从“库”面板里将影片剪辑元件“背景动画”拖入到舞台中。

17 预览动画。执行“文件→保存”命令，保存文件，然后按下【Ctrl+Enter】组合键输出测试影片。

实例32 两只蝴蝶

案例说明：在制作本实例中野外的小蝴蝶动画时，主要通过创建元件、创建补间动画与任意变形工具及创建引导层来编辑制作。

光盘文件：源文件与素材\第5章\两只蝴蝶\两只蝴蝶.fla

操作步骤

1 设置文档。新建一个Flash文档，执行“修改→文档”命令，打开“文档设置”对话框，在对话框中将“舞台大小”设置为700×500，将“帧频”设置为“12”，完成后单击 确定 按钮。

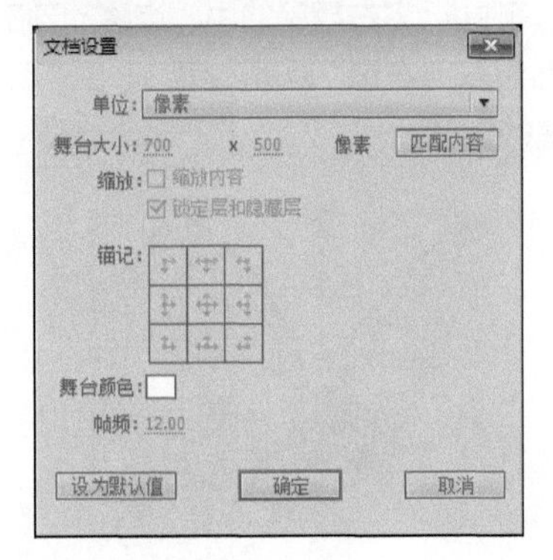

2 导入图像。执行“文件→导入→导入到舞台”命令，将一幅图像导入到舞台中。

3 新建影片剪辑元件。执行“插入→新建元件”命令，打开“创建新元件”对话框，在“名称”文本框中输入元件的名称“蝴蝶飞”，在“类型”下拉列表中选择“影片剪辑”选项，完成后单击 确定 按钮。

4 导入图像。在影片剪辑元件“蝴蝶飞”的编辑状态下，执行“文件→导入→导入到舞台”命令，导入一个蝴蝶文件到舞台中。

5 拖动图层。选中蝴蝶的左翅膀，单击鼠标右键，在弹出的快捷菜单中选择“剪切”命令。完成后新建一个图层，并将其命名为“左边”。选中图层“左边”，在舞台的空白处单击鼠标右键，在弹出的快捷菜单中选择“粘贴到当前位置”命令。然后将“左边”图层拖到“图层1”之下。

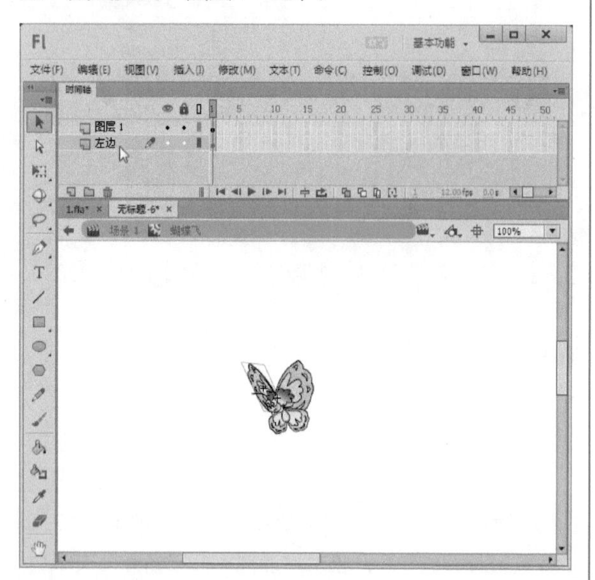

6 粘贴图像。选中蝴蝶的右翅膀，单击鼠标右键，在弹出的快捷菜单中选择“剪切”命令。完成后新建一个图层，将其命名为“右边”。选中图层“右边”，在舞台的空白处单击鼠标右键，在弹出的快捷菜单中选择“粘贴到当前位置”命令。在“图层1”与图层“右边”的第11帧插入帧。

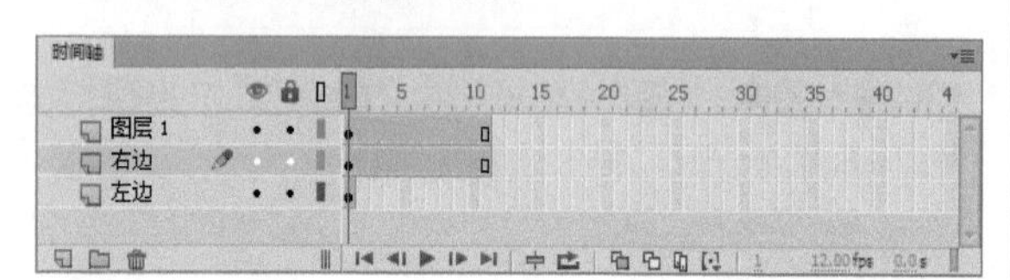

7 移动中心点。选中“左边”图层的第1帧，使用任意变形工具将左翅膀的中心点移动到下图所示的位置。然后在“左边”图层的第3、5、7、9、11帧插入关键帧。

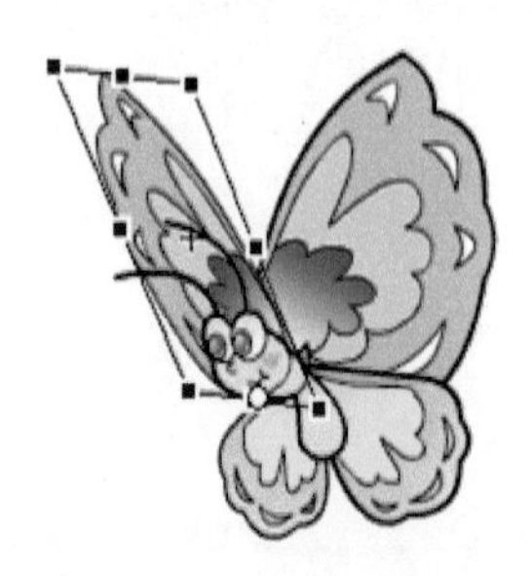

8 缩放图像。分别选中“左边”图层的第3帧与第7帧，使用任意变形工具将左翅膀缩放到下图所示的大小。

9 缩放图像。分别选中“左边”图层的第5帧与第9帧，使用任意变形工具将左翅膀缩小一点。

10 移动中心点。选中“右边”图层的第1帧，使用任意变形工具将右翅膀的中心点移动到下图所示的位置。然后在“右边”图层的第3、5、7、9、11帧插入关键帧。

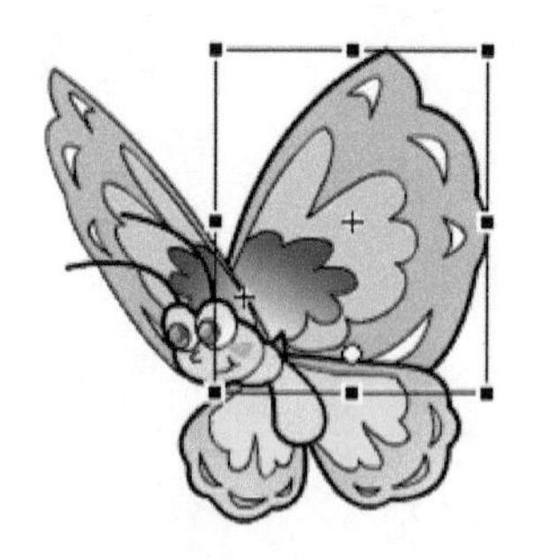

11 缩放图像。分别选中“右边”图层的第3帧与第7帧，使用任意变形工具将右翅膀缩放到下图所示的大小。

12 缩放图像。分别选中“右边”图层的第5帧与第9

帧，使用任意变形工具将右翅膀缩小一点。

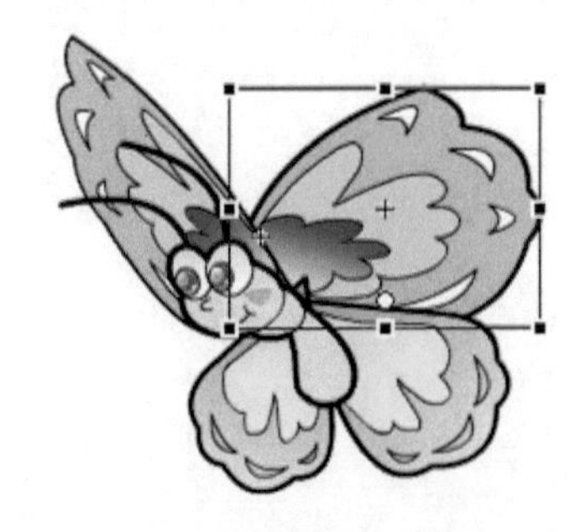

13 拖入元件。回到主场景，新建“图层2”，从“库”面板里将影片剪辑元件“蝴蝶飞”拖入到舞台的右侧。然后在“图层1”的第170帧插入帧。

14 新建引导层。在“图层2”上单击鼠标右键，在弹出的快捷菜单中选择“添加传统运动引导层”命令。

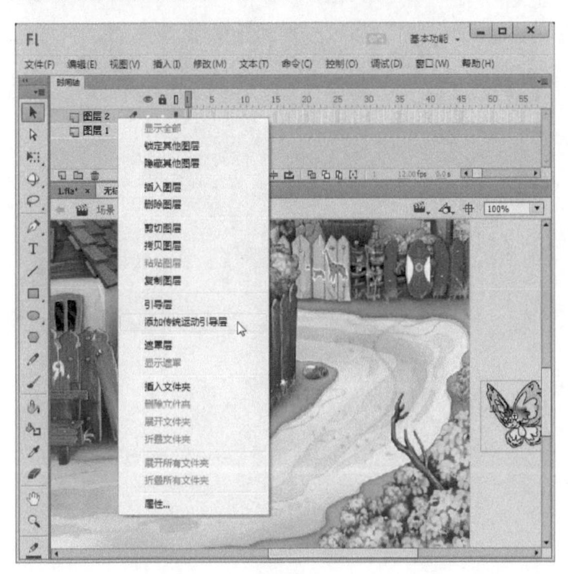

15 绘制曲线。使用铅笔工具在引导层中绘制一条黑色的曲线，这段曲线就是蝴蝶的运动路线。

16 移动元件。在“图层2”的第170帧插入关键帧，然后使用任意变形工具选中“图层2”第1帧中的蝴蝶，将其移动到曲线的开始处，注意蝴蝶的中心点要与曲线开始端重合。

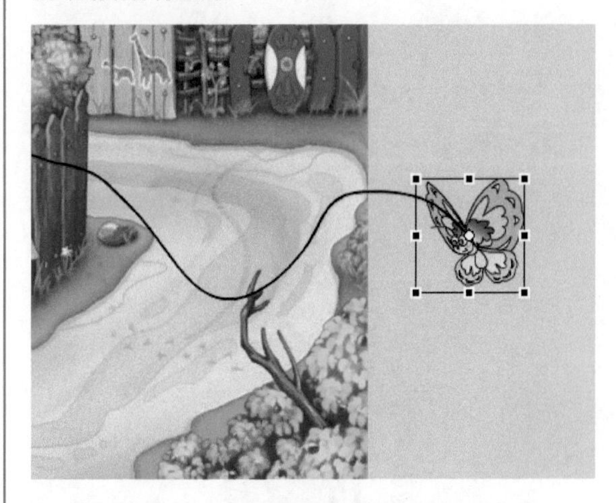

17 移动元件。使用任意变形工具选中“图层2”第170帧中的蝴蝶，将其沿着曲线移动到曲线的终点。

18 创建动画。在“图层2”第1帧与第170帧之间创建补间动画。

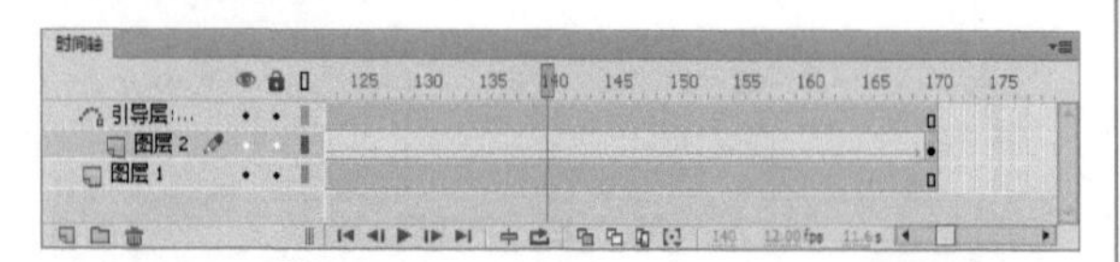

19 拖入元件。新建“图层4”，从“库”面板里将影片剪辑元件“蝴蝶飞”拖入到舞台上。然后使用任意变形工具将蝴蝶的中心点移动到下图所示的位置。

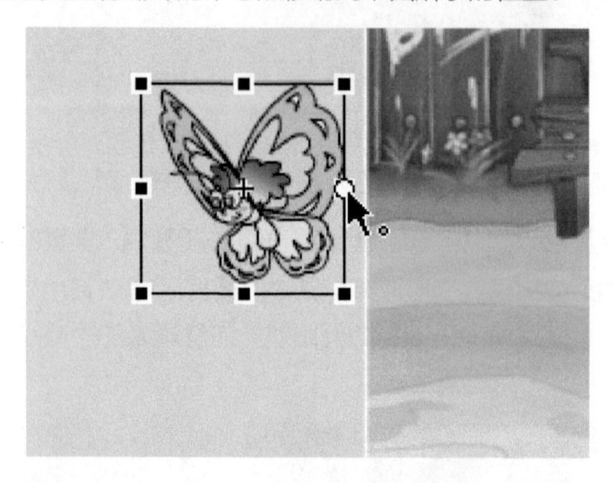

20 翻转图像。使用任意变形工具将蝴蝶围绕中心点翻转一次，这样蝴蝶就变成了脸朝右方。

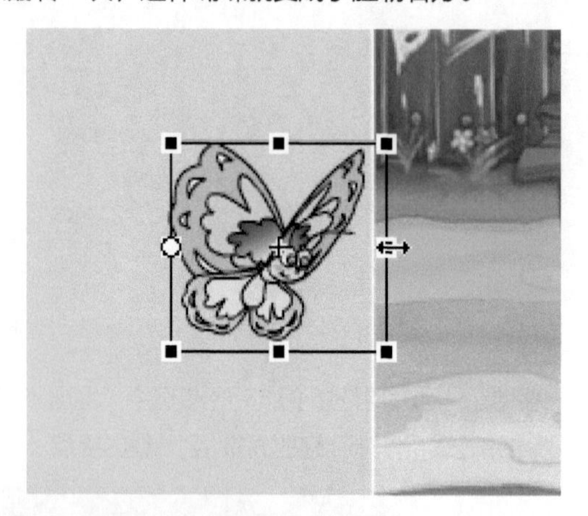

21 移动元件。在“图层4”的第23、42、56、77、100、124、133、158、170帧插入关键帧。然后分别选中这些帧，将蝴蝶移动到舞台上的不同位置。最后在这些关键帧之间创建补间动画。

22 预览动画。执行“文件→保存”命令，保存文件，然后按下【Ctrl+Enter】组合键输出测试影片。

06章 文字动画实例

- 发光文字
- 毛笔写字效果
- 流动的文字
- 美丽风景文字
- 斜角文字
- 鲜花文字
- 根须文字
- 流光溢彩文字

实例33 发光文字

案例说明：本例是使用文字工具和滤镜结合制作出的文字发光效果。在使用发光滤镜时，适当调整发光的大小和模糊值。

光盘文件：源文件与素材\第6章\发光文字\发光文字.fla

操作步骤

1 设置文档。新建一个Flash空白文档，执行“修改→文档”命令，打开“文档设置”对话框，在对话框中将“舞台大小”设置为500×300，完成后单击 确定 按钮。

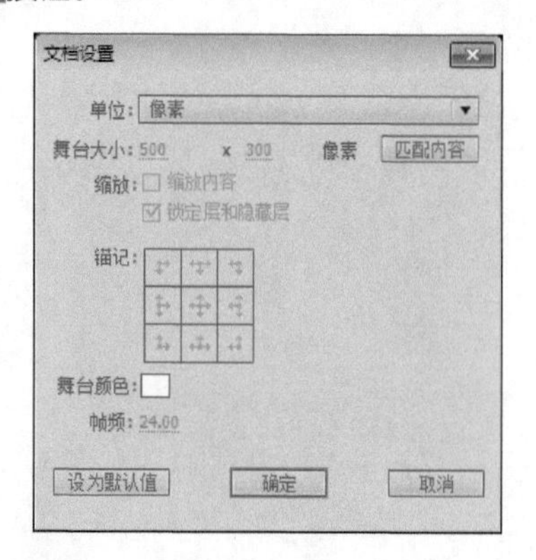

2 导入图像。执行“文件→导入→导入到舞台”命令，导入一幅素材图像到舞台中。

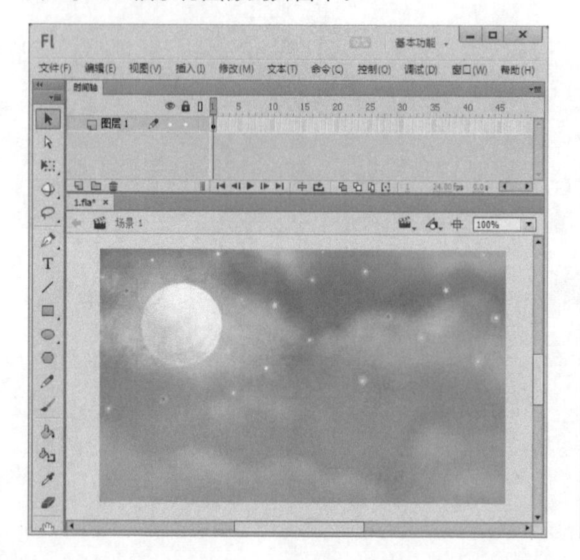

3 设置文字。选择文本工具T，在“属性”面板中设置文字的字体为“微软雅黑”，将字号设置为“78”，将“字母间距”设置为“5”，将字体“颜色”设置为橙黄色。

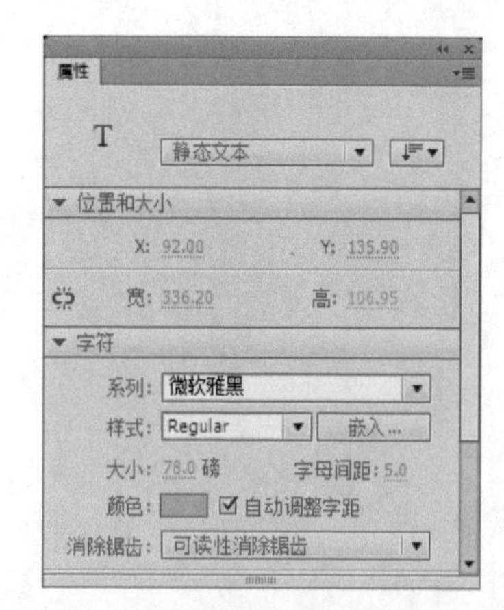

4 输入文字。在舞台上输入文字“皓月当空”。

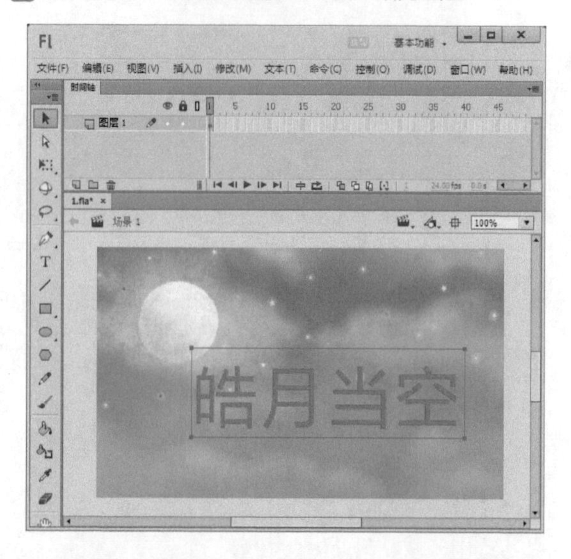

5 选择“发光”选项。打开“属性”面板，单击“添加滤镜”按钮，在弹出的下拉列表中选择“发光”选项。

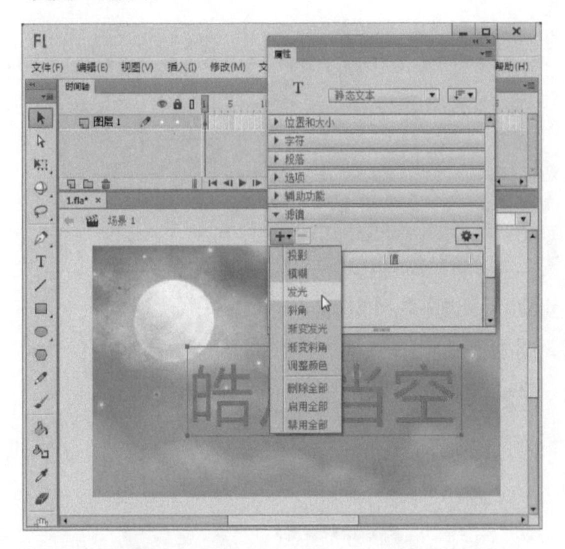

6 设置颜色与模糊值。将“颜色”设置为“黄色”，将发光的模糊值都修改为“15”。

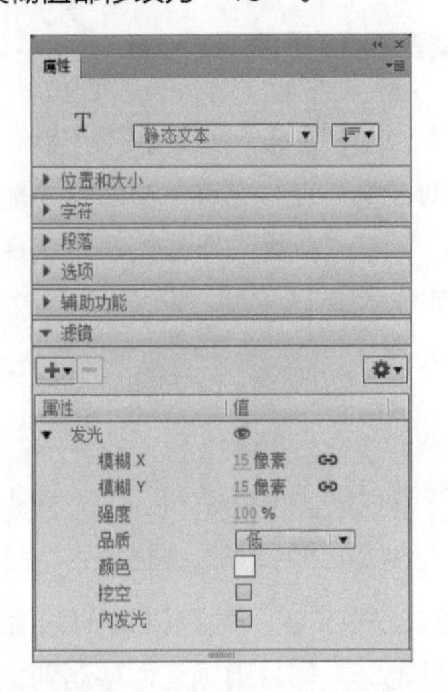

7 欣赏效果。保存文件并按下【Ctrl+Enter】组合键，欣赏最终效果。

提示

发光滤镜效果是模拟物体发光时产生的照射效果，其作用类似于使用柔化填充边缘效果，但得到的图形效果更加真实，而且还可以设置发光的颜色，使操作更为简单。

“发光”滤镜参数栏中各项参数的功能分别介绍如下。

- 模糊X：设置在X轴方向上的模糊半径，数值越大，图像模糊程度越高。
- 模糊Y：设置在Y轴方向上的模糊半径，数值越大，图像模糊程度越高。
- 强度：指发光的清晰程度，数值越高，得到的发光效果就越清晰。
- 颜色：用于设置投影的颜色。
- 挖空：选择该复选框，将产生发光效果的源图形挖去，并保留其所在区域为透明。

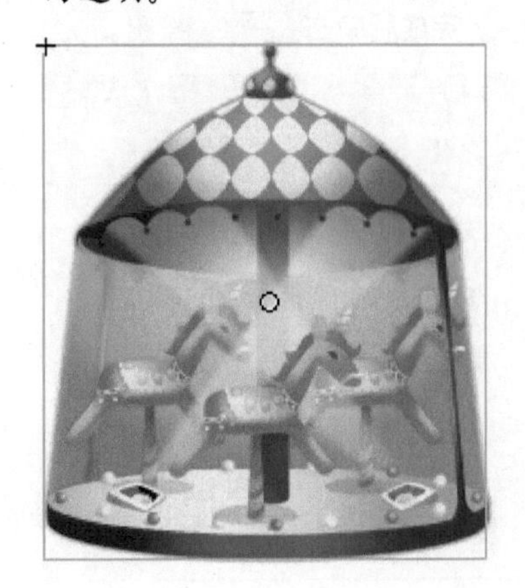

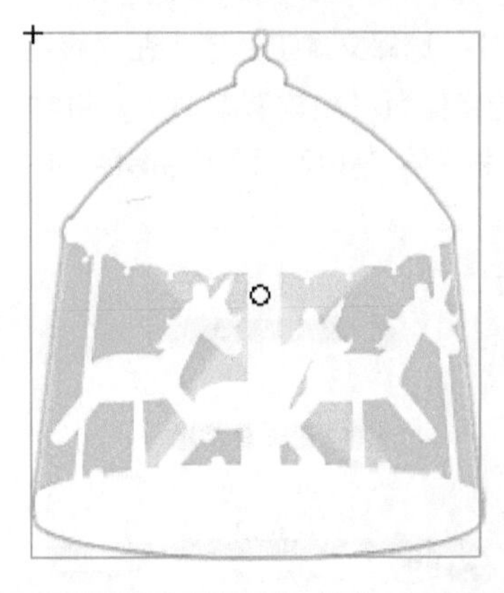

实例34 毛笔写字效果

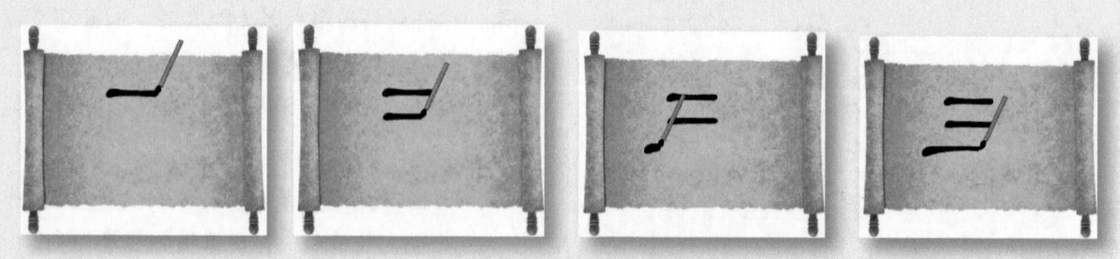

案例说明：本例主要使用文本工具、橡皮擦工具与创建逐帧动画来制作。

光盘文件：源文件与素材\第6章\毛笔写字效果\毛笔写字效果.fla

操作步骤

1 设置文档。新建一个Flash空白文档，执行“修改→文档”命令，打开“文档设置”对话框，在对话框中将“舞台大小”设置为572×467，将“帧频”设置为“12”，完成后单击确定按钮。

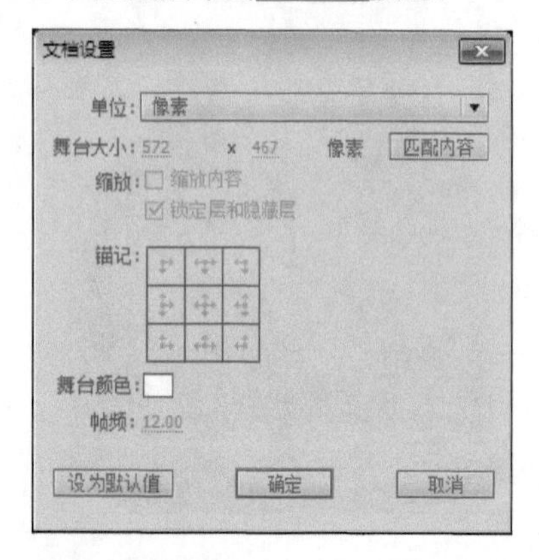

2 输入文字。选择文本工具T，在“属性”面板中设置文字的字体为“微软繁隶书”，将字号设置为“260”，将字体“颜色”设置为黑色，然后在舞台上输入文字“三”。

3 导入图像。将一幅毛笔素材图像导入到舞台上。

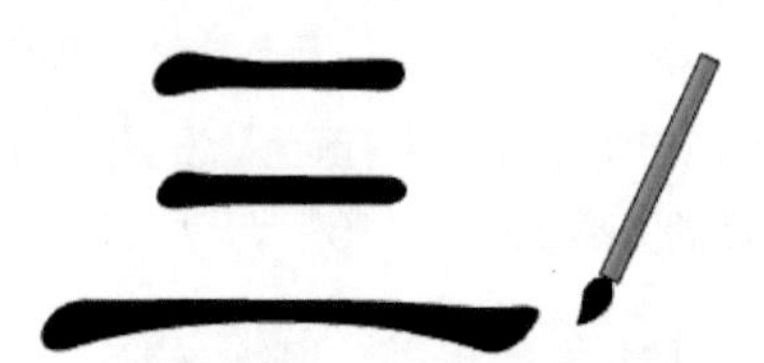

4 转换元件。选中毛笔，按下【F8】键，打开“转换为元件”对话框，在“名称”文本框中输入元件的名称“毛笔”，在“类型”下拉列表中选择“影片剪辑”选项，完成后单击确定按钮。

5 移动图像。选中文字，按下【Ctrl+B】组合键将文字打散。将“毛笔”影片剪辑元件移动到文字最后那一笔画处。

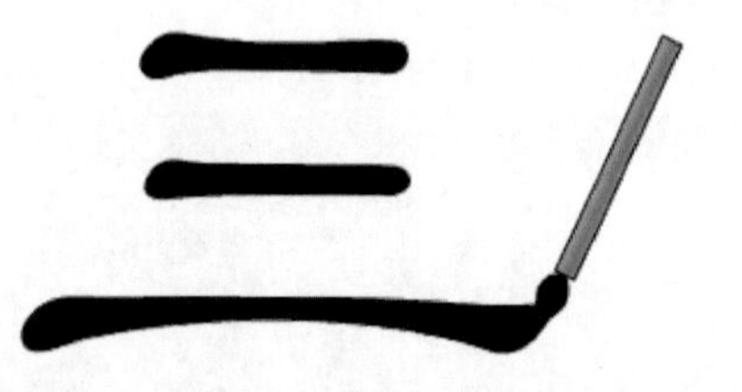

6 使用橡皮工具。在“图层1”的第2帧插入关键帧。并且使用橡皮工具将文字的最后一笔画稍微清除一些。将“毛笔”影片剪辑元件实例稍微移动一点，使其仍然停留在文字的最后那一笔画处。

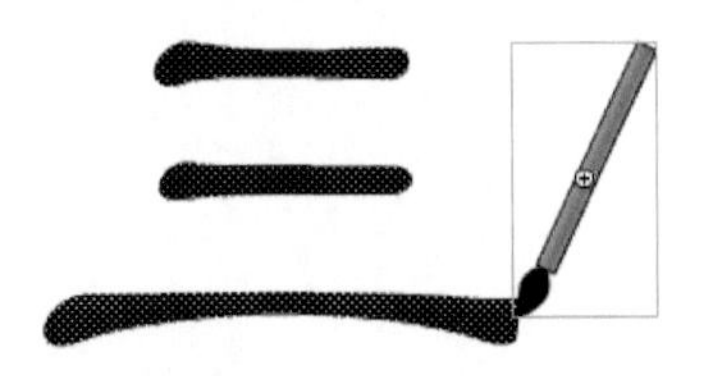

7 擦除文字。在第3帧插入关键帧。继续用橡皮工具按照文字的书写顺序倒着清除，并使“毛笔”影片剪辑元件跟着移动。

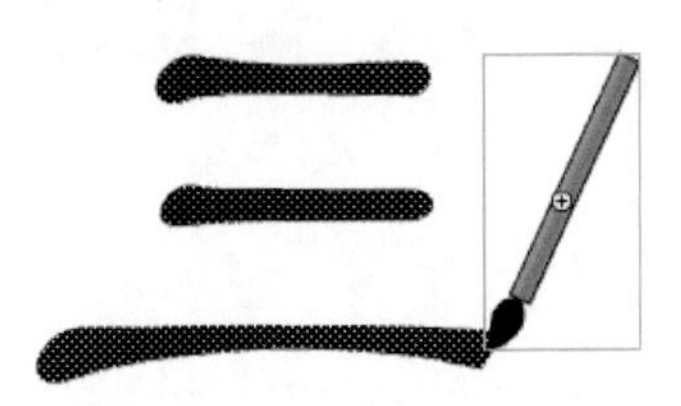

8 擦除文字。按照同样的办法，继续插入关键帧，用橡皮擦工具按照文字的书写顺序倒着清除，并使“毛笔”影片剪辑元件实例移动到清除的最后。

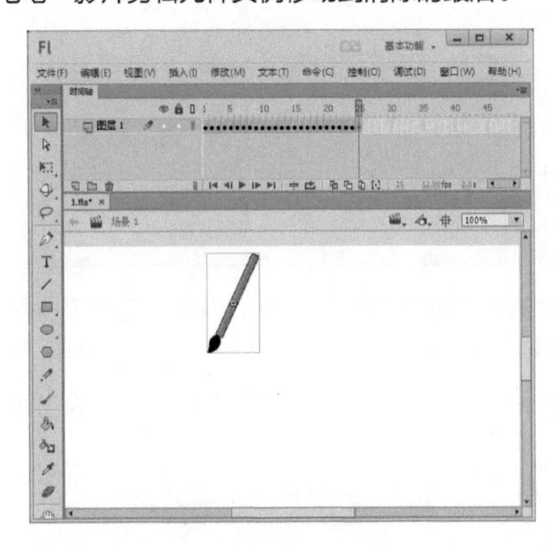

9 选择“翻转帧”命令。选中时间轴上的所有关键帧，单击鼠标右键，在弹出的快捷菜单中选择“翻转帧”命令。

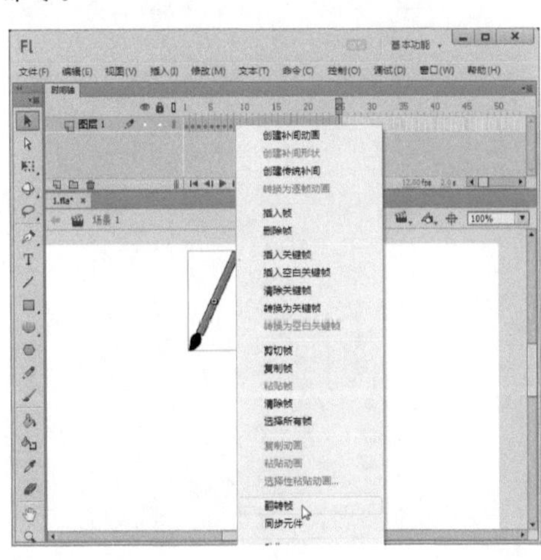

提示

这里翻转帧的目的是为了让毛笔写字按照正确的笔顺操作。

10 导入图像。新建“图层2”，将其拖动到“图层1”的下方，将一幅素材图像导入到舞台上。

11 欣赏最终效果。保存文件，按下【Ctrl+Enter】组合键，欣赏本例的完成效果。

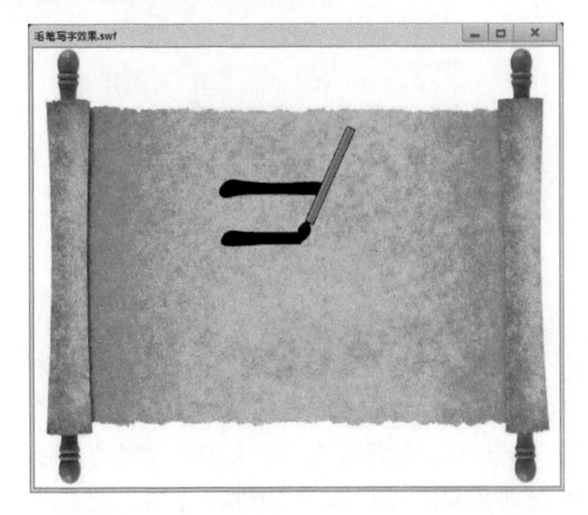

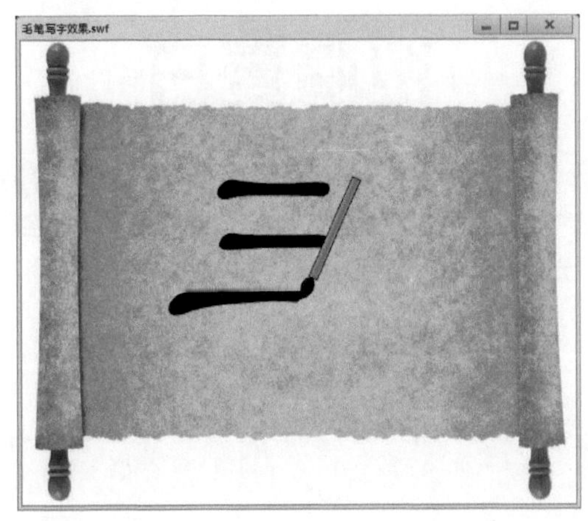

流动的文字

案例说明：本例主要使用文本工具与渐变斜角滤镜来制作。

光盘文件：源文件与素材\第6章\流动的文字\流动的文字.fla

操作步骤

1 设置文档。新建一个Flash空白文档，执行“修改→文档”命令，打开“文档设置”对话框，在对话框中将“舞台大小”设置为642×361，将“帧频”设置为“12”，完成后单击 确定 按钮。

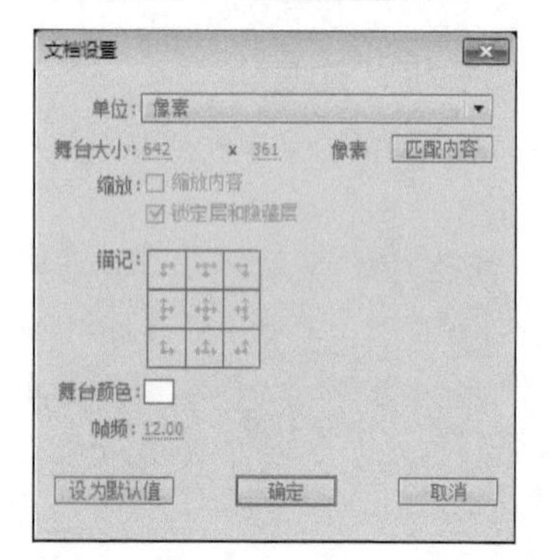

2 输入文字。选择文本工具T，在“属性”面板中设置文字的字体为“微软简综艺”，将字号设置为“93”，将“字母间距”设置为“8”，将字体“颜色”设置为黑色，然后在舞台上输入文字“浓情夏日”。

3 转换元件。选中文字，按下两次【Ctrl+B】组合键将文字打散。然后按下【F8】键将其转换为名称为“元件1”的影片剪辑元件。

4 转换元件。再次按下【F8】键，将名称为“元件1”的影片剪辑元件转换为名称为“元件2”的影片剪辑元件。

5 选择“渐变斜角”命令。进入“元件2”的编辑区内，选中文字，打开“属性”面板，单击“添加滤镜”按钮，在弹出的下拉列表中选择“渐变斜角”选项。

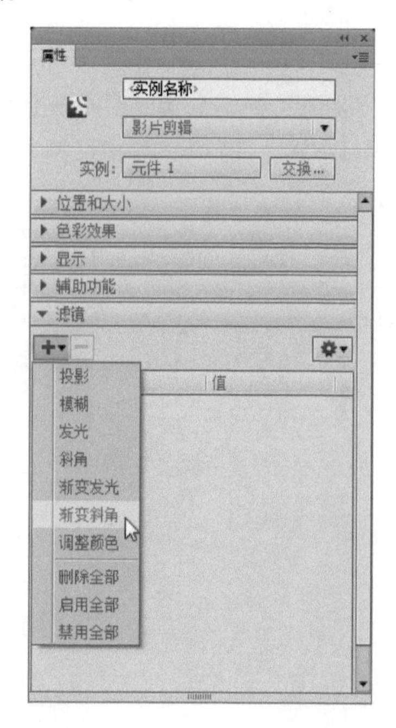

6 设置角度。将“角度”值设置为“0”。

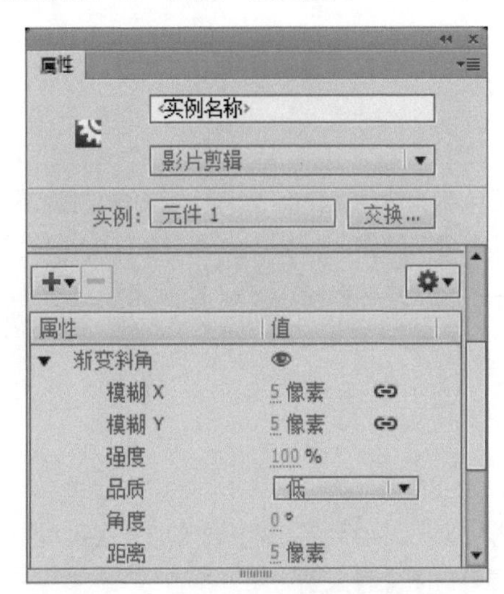

7 设置角度值。在时间轴第30帧插入关键帧，打开“属性”面板，将“角度”值设置为“360”。

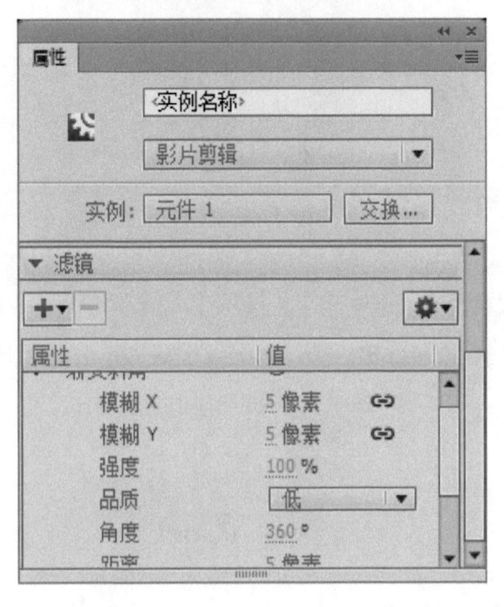

8 创建补间动画。在第1帧与第30帧之间创建补间动画。

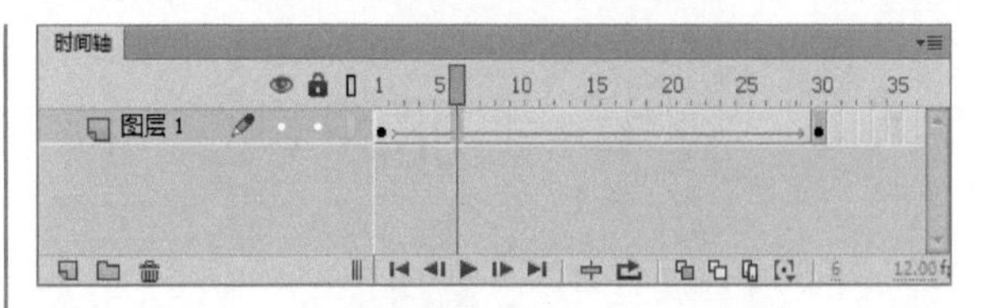

9 导入图像。回到主场景，新建“图层2”，将“图层2”拖动到“图层1”的下方，将一幅图片导入到舞台上。

10 预览动画。执行“文件→保存”命令，保存文件，然后按下【Ctrl+Enter】组合键输出测试影片。

实例36 美丽风景文字

案例说明：本例使用了文字工具和图形的位图填充功能来制作。

光盘文件：源文件与素材\第6章\美丽风景文字\美丽风景文字.fla

操作步骤

1 设置文档。新建一个Flash文档，执行“修改→文档”命令，打开“文档设置”对话框，在对话框中将“舞台大小”设置为500×200，完成后单击 确定 按钮。

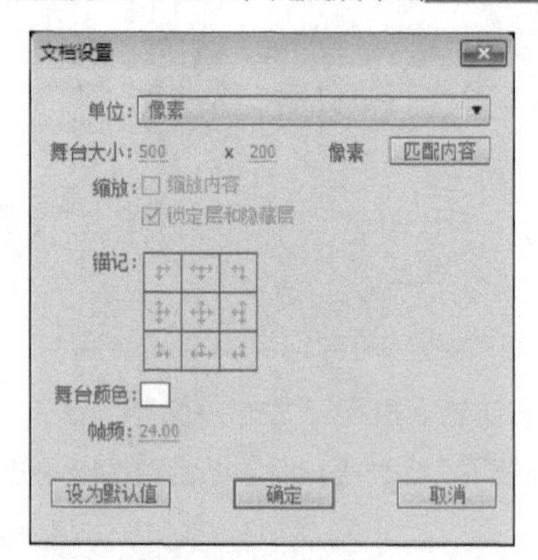

2 设置文字。选择文本工具T，在“属性”面板中设置文字的字体为“微软简中圆”，将字号设置为“121”，将“字母间距”设置为“3”，将字体“颜色”设置为黑色。

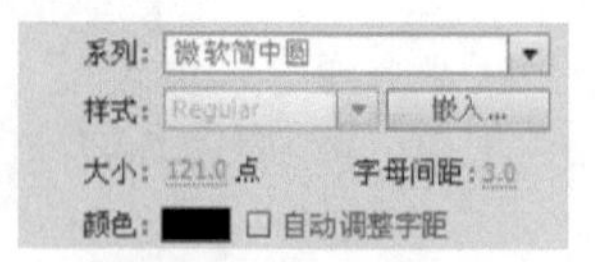

3 输入文字。在舞台上输入文字“风景如画”。

4 打散文字。连续按下两次【Ctrl+B】组合键将文字打散。

5 导入图像。执行“文件→导入→导入到库”命令，将一幅素材图像导入到“库”中。

6 设置填充。选中文字，按下【Alt+Shift+F9】组合键打开“颜色”面板。将“填充”设置为“位图填充”。

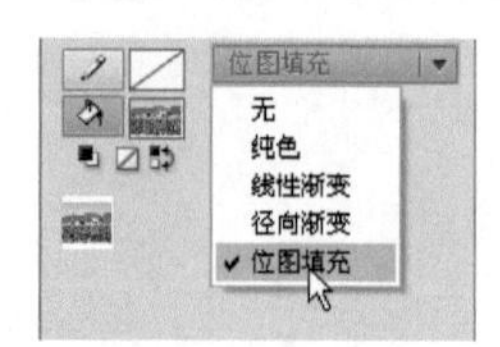

提示

如果文件中包含多张位图图片，在选择了位图填充方式以后，使用吸管工具可以选择我们需要的图片进行填充。

7 欣赏动画。执行“文件→保存”命令，保存文件，然后按下【Ctrl+Enter】组合键输出测试影片。

实例37 斜角文字

案例说明：本例主要使用文本工具与斜角滤镜来制作。

光盘文件：源文件与素材\第6章\斜角文字\斜角文字.fla

操作步骤

1 设置文档。新建一个Flash文档，执行“修改→文档”命令，打开“文档设置”对话框，在对话框中将“舞台大小”设置为500×300，将“帧频”设置为“12”，完成后单击 确定 按钮。

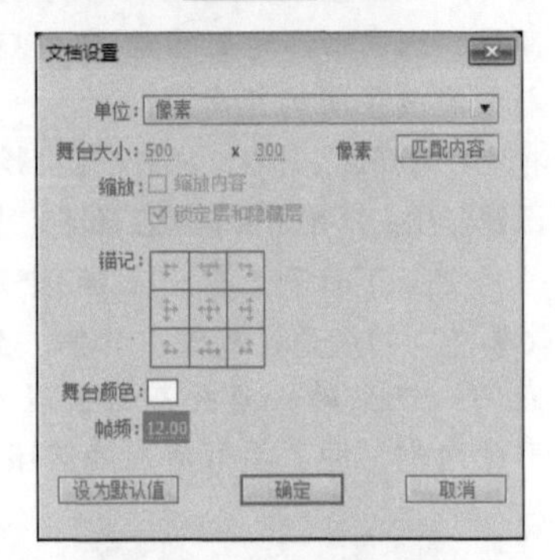

2 设置文字。选择文本工具T，在“属性”面板中设置文字的字体为“微软繁琥珀”，将字号设置为“93”，将“字母间距”设置为“8”，将字体“颜色”设置为蓝色。

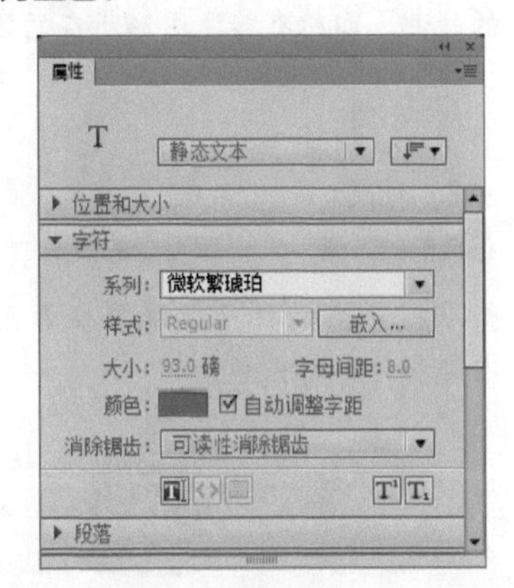

3 输入文字。在舞台上输入文字“蓝天白云”。

藍天白雲

4 选择“斜角”选项。选中文字，打开“属性”面板，单击“添加滤镜”按钮，在弹出的下拉列表中选择“斜角”选项。

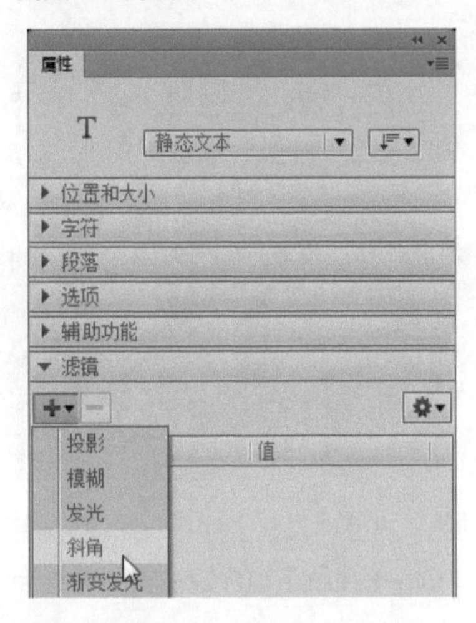

5 设置参数。将“阴影”设置为“深蓝色”，将“加亮显示”设置为“黄色”。

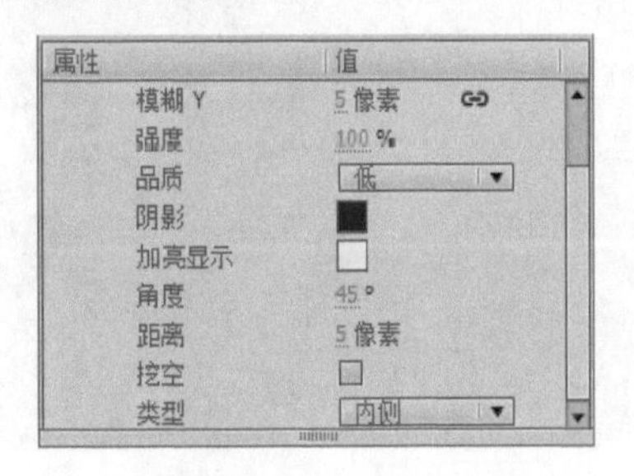

6 设置参数。在“类型”下拉列表中选择“全部”选项。

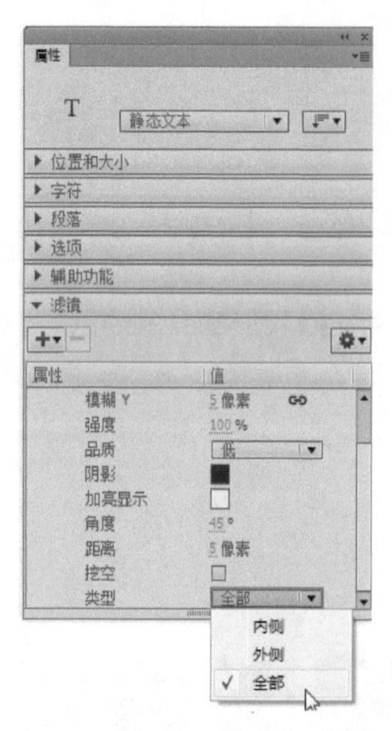

7 导入图像。新建“图层2”，将其拖动到“图层1”的下方，导入一幅图像到舞台上。

8 欣赏动画。执行“文件→保存”命令，保存文件，然后按下【Ctrl+Enter】组合键输出测试影片。

提示

斜角滤镜效果可以使对象的迎光面出现高光效果，背光面出现投影效果，从而产生一个虚拟的三维效果。

“斜角”滤镜参数栏中各项参数的功能介绍如下。

- 模糊：指投影形成的范围，分为模糊X和模糊Y，分别控制投影的横向模糊和纵向模糊；单击“链接X和Y属性值”按钮，可以分别设置模糊X和模糊Y为不同的数值。
- 强度：指投影的清晰程度，数值越高，得到的投影就越清晰。
- 品质：指投影的柔化程度，分为低、中、高3个档次，档次越高，得到的效果就越真实。
- 阴影：设置投影的颜色，默认为黑色。
- 加亮：设置补光效果的颜色，默认为白色。
- 角度：设置光源与源图形间形成的角度。
- 距离：源图形与地面的距离，即源图形与投影效果间的距离。
- 挖空：选择该复选框，将把产生投影效果的源图形挖去，并保留其所在区域为透明。

在“类型”下拉列表中，包括3个用于设置斜角效果样式的选项：内侧、外侧、整个。

- 内侧：产生的斜角效果只出现在源图形的内部，即源图形所在的区域。

设置前的效果

设置后的效果

- 外侧：产生的斜角效果只出现在源图形的外部，即所有非源图形所在的区域。

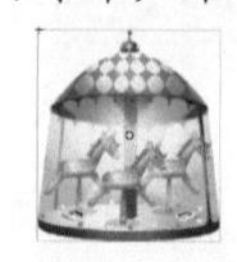
设置前的效果

设置后的效果

- 整个：产生的斜角效果将在源图形的内部和外部都出现。

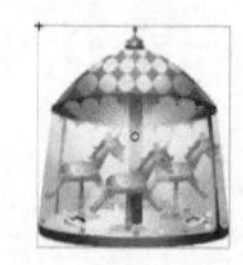
设置前的效果

设置后的效果

实例38 鲜花文字

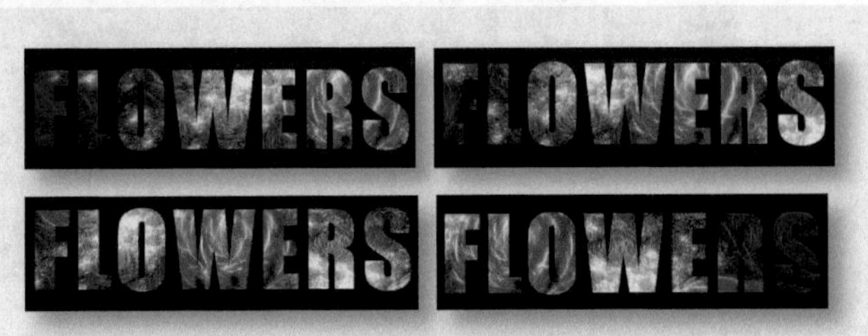

光盘文件：源文件与素材\第6章\鲜花文字\鲜花文字.fla

案例说明：遮罩层就好像是一块不透明的布，它可以将自己下面的图层挡住。只有在遮罩层填充色下才可以看到下面的图层，而遮罩层中的填充色是不可见的。下面就通过遮罩动画制作鲜花文字效果。

操作步骤

1 设置文档。新建一个Flash空白文档，执行“修改→文档”命令，打开“文档设置”对话框，在对话框中将“舞台大小”设置为600×350，将“舞台颜色”设置为黑色，设置“帧频”为“12”，完成后单击 确定 按钮。

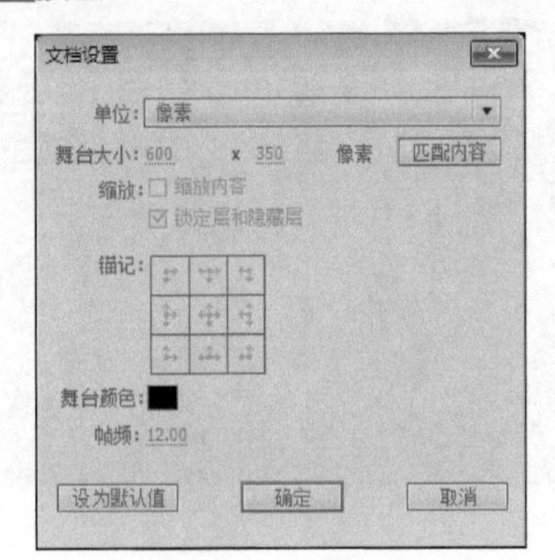

2 设置文字。选择文本工具T，在“属性”面板中设置文字的字体为“Impact”，将字号设置为“138”，将“字母间距”设置为“6”，将字体“颜色”设置为白色。

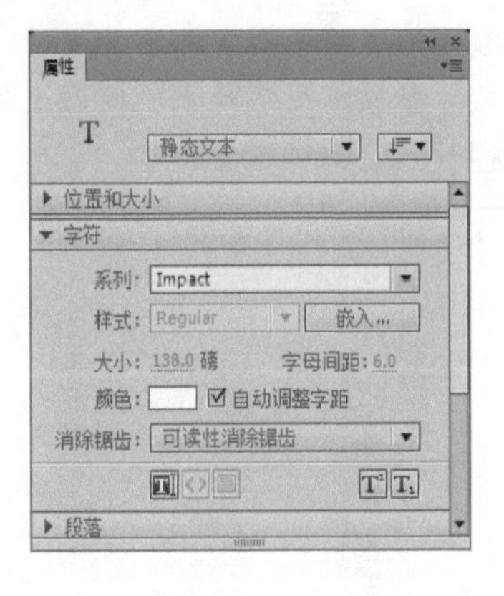

3 输入文字。在舞台上输入英文“FLOWERS”。

4 导入图像。新建“图层2”，将其拖动到“图层1”的下方，然后导入一幅图像到舞台中。

5 插入帧与关键帧。在“图层1”的第60帧插入帧，在“图层2”的第60帧插入关键帧。

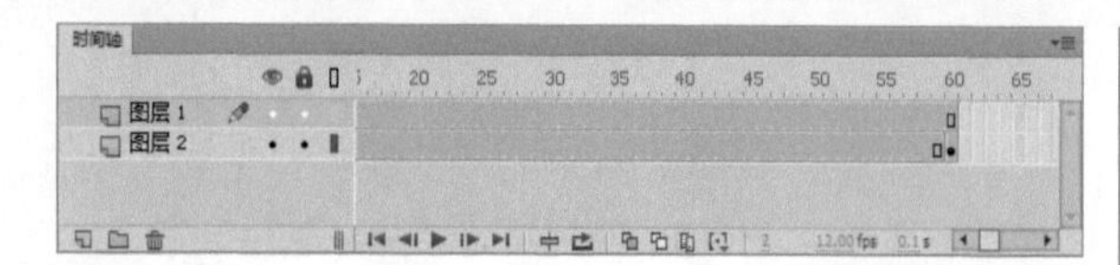

6 创建动画。将“图层2”第60帧的图像向左移动，然后在“图层2”的第1帧与第60帧之间创建动作补间动画。

7 选择“遮罩层”命令。在“图层1”上单击鼠标右键，在弹出的快捷菜单中选择“遮罩层”命令。

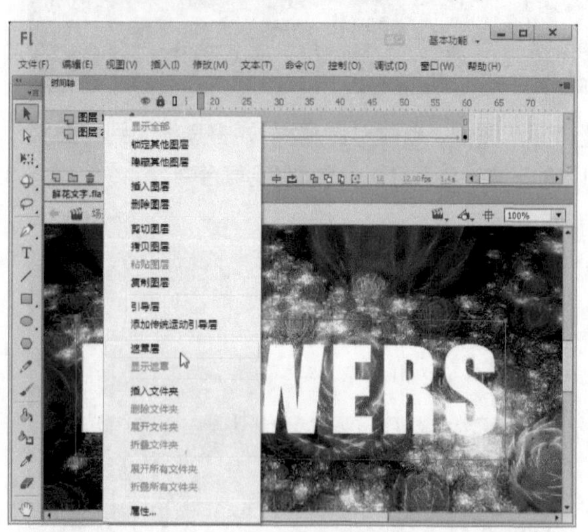

8 欣赏效果。执行“文件→保存”命令，保存文件，然后按下【Ctrl+Enter】组合键输出测试影片。

提示

遮罩层动画是Flash中常用的动画效果。使用遮罩层，可以使其遮罩内的图形只显示遮罩层允许显示的范围，遮罩层中的内容可以是填充的形状、文字对象、图形元件或影片剪辑元件。

实例39 根须文字

案例说明：本例首先输入并打散文字，然后使用墨水瓶工具填充文字，最后选择文字并更改颜色。

光盘文件：源文件与素材\第6章\根须文字\根须文字.fla

操作步骤

1 设置文档。新建一个Flash空白文档，执行“修改→文档”命令，打开“文档设置”对话框，在对话框中将“舞台大小”设置为580×420，完成后单击 确定 按钮。

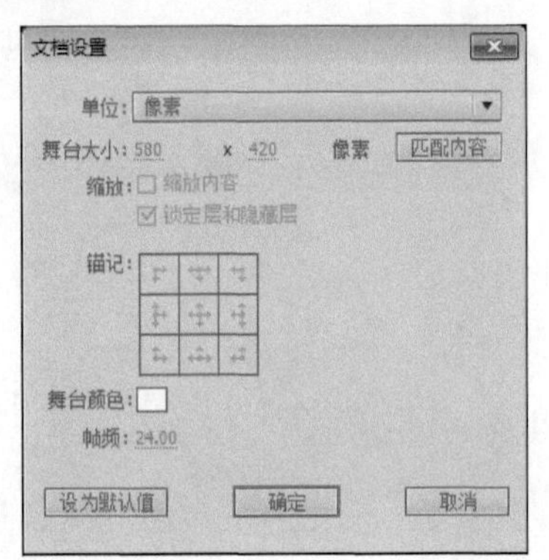

2 设置文字。选择文本工具T，在“属性”面板中设置文字的字体为“微软繁琥珀”，将字号设置为“126”，将“字母间距”设置为“2”，将字体“颜色”设置为红色。

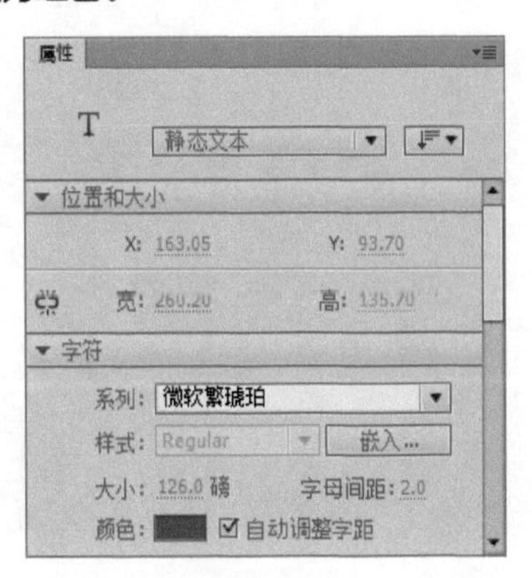

3 输入文字。在舞台上输入文字“梦幻”。

4 打散文字。使用选择工具选中文字，然后按下【Ctrl+B】组合键打散文字。

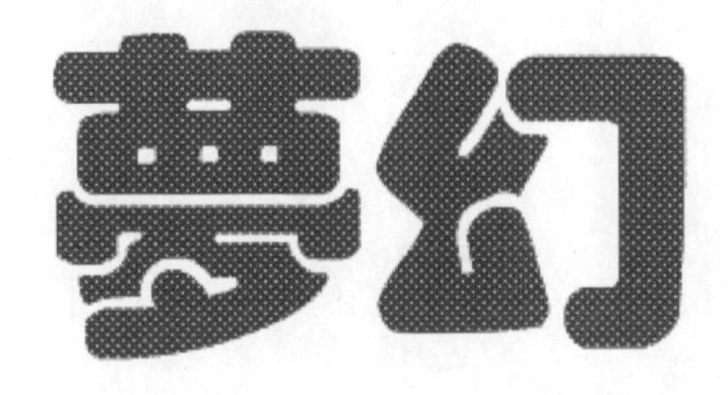

5 设置笔触样式。保持文字的选择状态，单击工具箱中的墨水瓶工具，然后在“属性”面板中设置颜色为“黄色”、“笔触”为20、“样式”为“点刻线”。

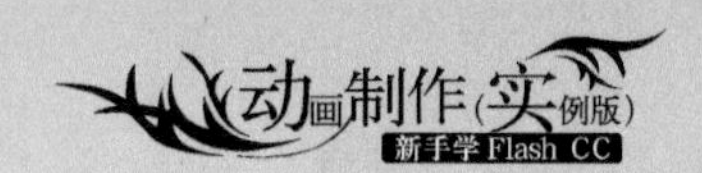

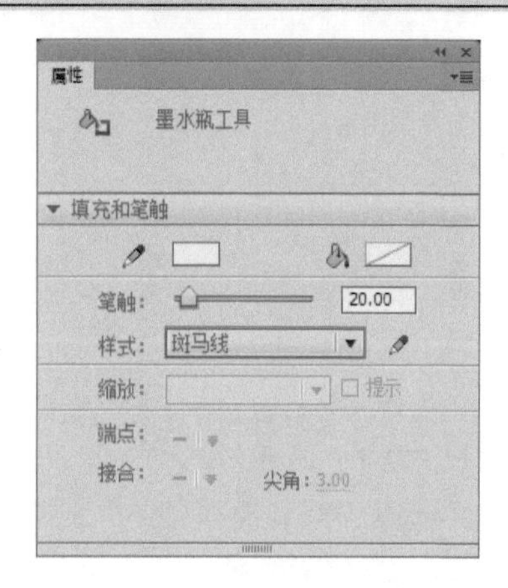

6 为文字描边。在文本的边缘单击鼠标左键，为文字描边。

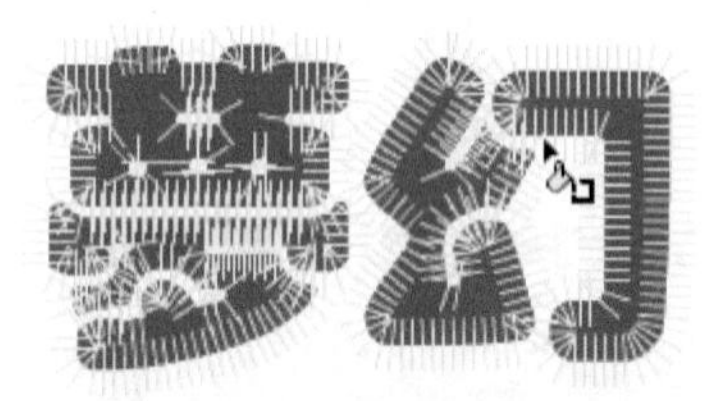

7 选取文字。使用选择工具框选文字“梦”的上半部分。

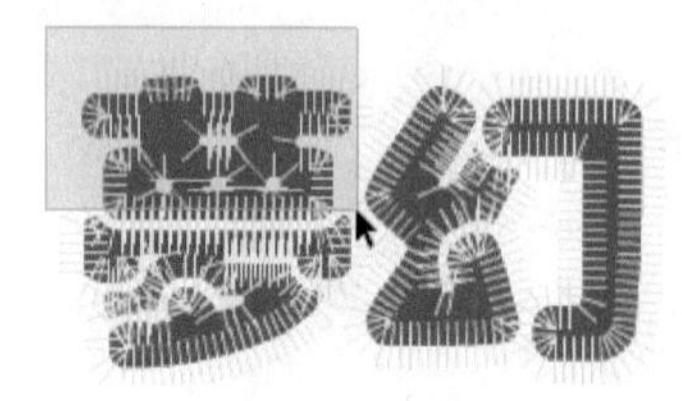

8 更改颜色。在“属性”面板中将填充颜色更改为紫色。

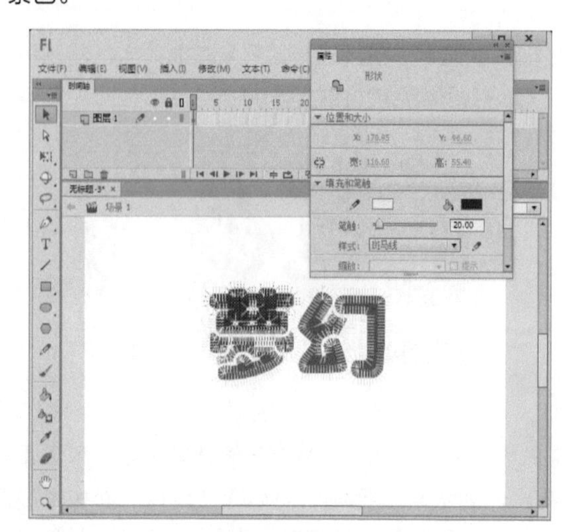

9 选取文字。使用选择工具框选文字“幻”的右半部分。

10 更改颜色。在“属性”面板中将填充颜色更改为蓝色。

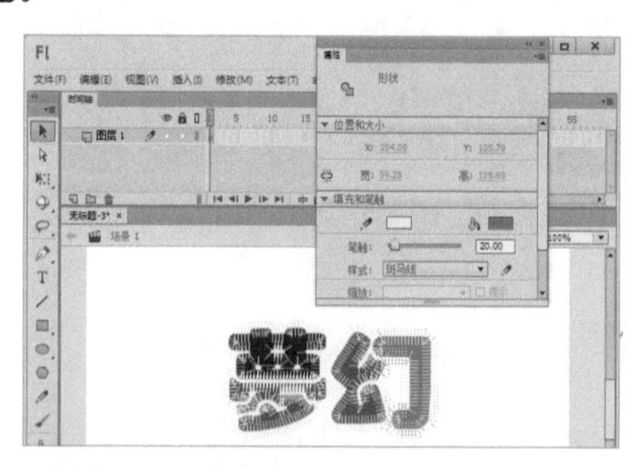

11 导入图像。新建“图层2”，将其拖动到“图层1”的下方，然后导入一幅图像到舞台中。

12 欣赏动画。执行“文件→保存”命令，保存文件，然后按下【Ctrl+Enter】组合键输出测试影片。

实例40 流光溢彩文字

案例说明：本例主要使用“发光”滤镜、“模糊”滤镜和遮罩功能来制作流光溢彩文字效果。

光盘文件：源文件与素材\第6章\流光溢彩文字\流光溢彩文字.fla

操作步骤

1 设置文档。新建一个Flash空白文档，执行“修改→文档”命令，打开“文档设置”对话框，在对话框中将“舞台大小”设置为620×420，将“舞台颜色”设置为黑色，完成后单击 确定 按钮。

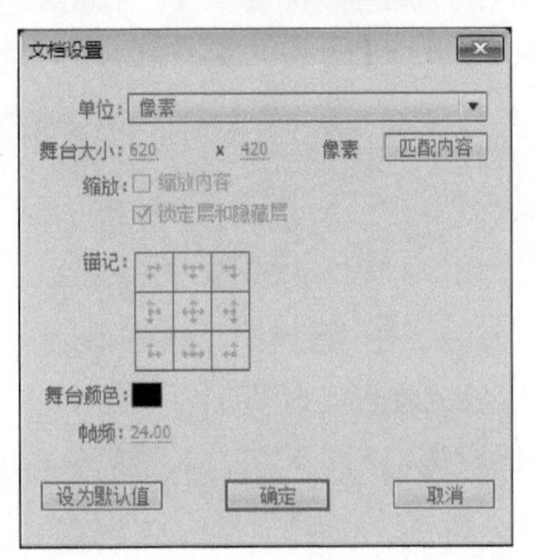

2 设置文字。选择文本工具T，在“属性”面板中设置文字的字体为“黑体”，将字号设置为“56”，将字体“颜色”设置为紫色。

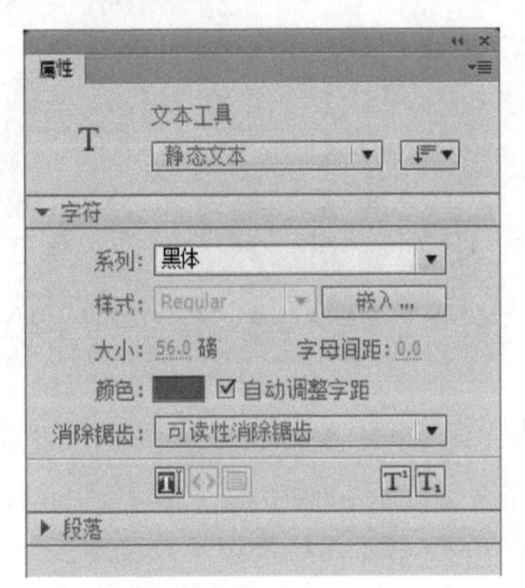

3 输入文字。在舞台上输入文字“流光溢彩”。

4 复制文字。选中文字，然后按【Ctrl+D】组合键直接复制文字，再按【Ctrl+Shift+D】组合键将文字粘贴到一个新的图层中。

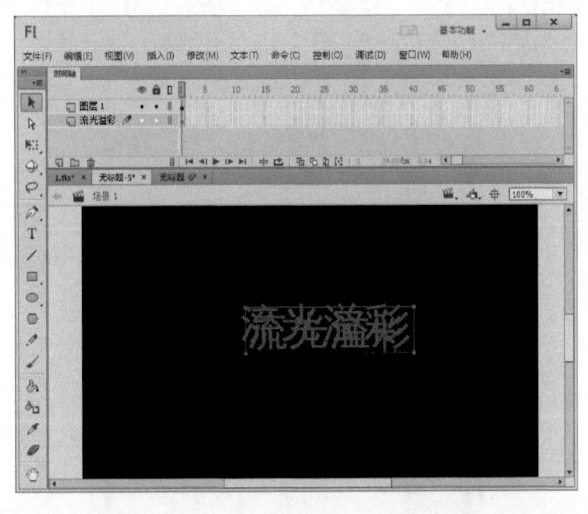

5 转换元件。选中“图层1”中的文字，然后按

【F8】键将其转为影片剪辑元件。

6 复制并打散文字。再将“流光溢彩”图层的文字也转换为影片剪辑元件，双击“图层1”的文字进入影片剪辑元件编辑区域，然后新建“图层2”，并复制一份文字到“图层2”中，再按【Ctrl+B】组合键打散文字。

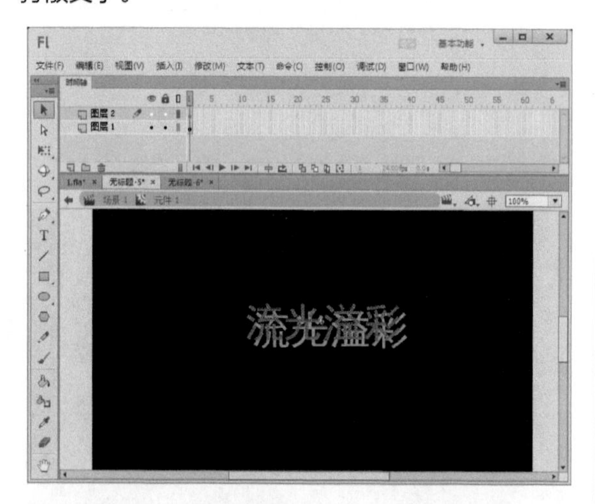

7 绘制矩形。在“图层1”和“图层2”之间新建“图层3”，然后使用“矩形工具”在“图层3”中绘制一个大小合适的矩形，再打开“颜色”面板，设置渐变类型为“径向渐变”，并设置第1个色标颜色为（R:0，G:153，B:255），第2个色标颜色为（R:255，G:255，B:255），第3个色标颜色为（R:0，G:255，B:255），第4个色标颜色为（R:255，G:255，B:255）。

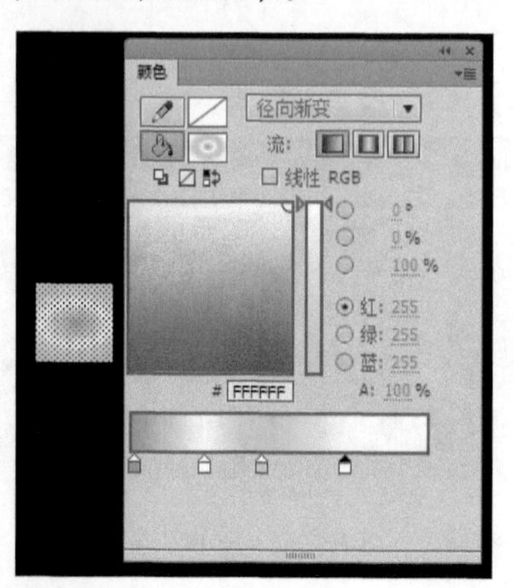

8 调整渐变。使用“渐变变形工具”将渐变调整成下图所示的效果，然后将其转换为影片剪辑元件。

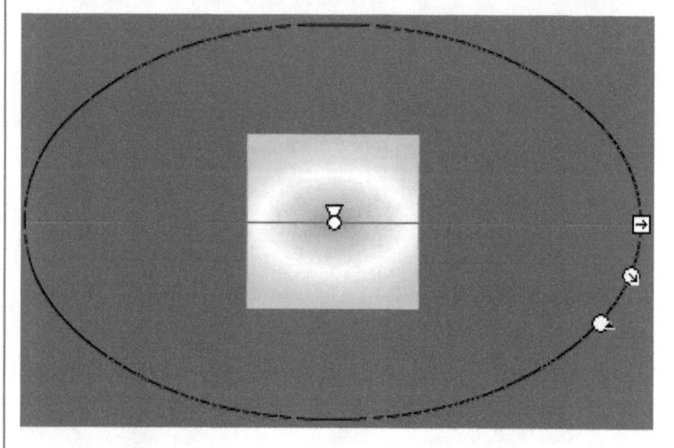

9 复制图形。按【Ctrl+D】组合键复制出6份图形，然后将其拼贴在一起。

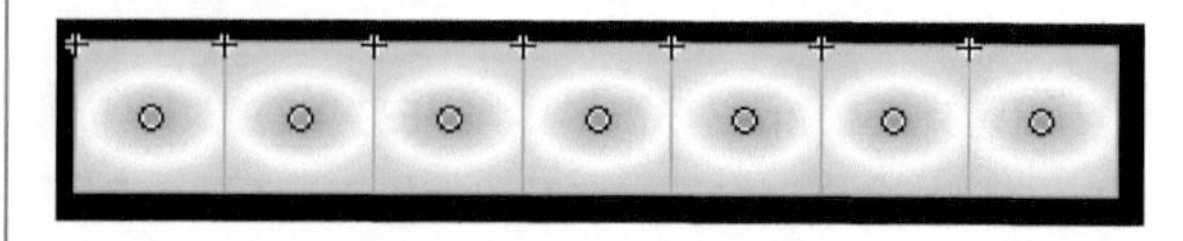

10 插入帧。按【F8】键将所有图形转为影片剪辑元件，然后分别选中“图层1”、“图层2”和“图层3”的第60帧，按【F5】键插入帧。

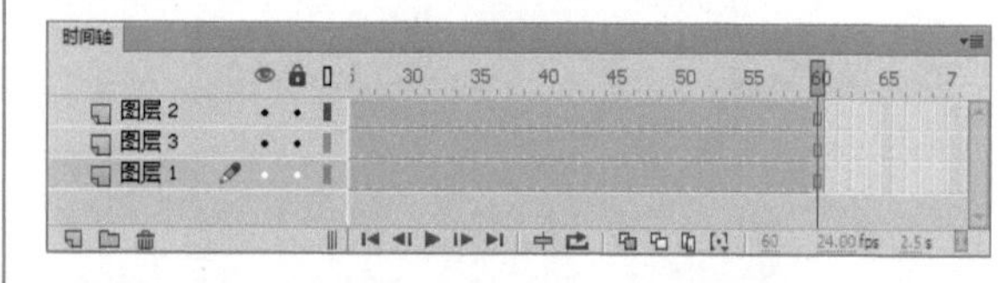

11 移动图形。在“图层3”的第60帧插入关键帧，然后将该帧处的图形向右移动。

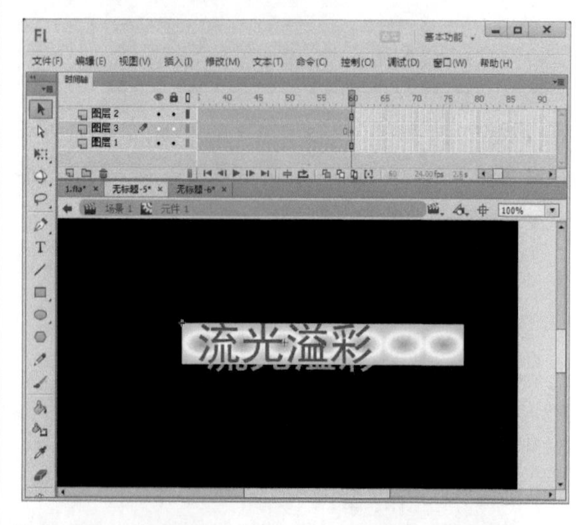

12 选择“遮罩层”命令。在“图层3”的第1帧与第60帧之间创建动画，然后在“图层2”上单击鼠标右键，在弹出的快捷菜单中选择“遮罩层”命令。

13 更改颜色。返回到“场景1”，然后双击“流光溢彩”图层中的文字，进入该影片剪辑元件的编辑区中，将文字的颜色更改为红色（#DC1A5C）。

14 导入图像。返回到“场景1”，新建“图层3”，将其拖动到所有图层的下方，然后执行“文件→导入→导入到舞台”命令，将一幅图像导入到舞台上。

15 欣赏动画。执行“文件→保存”命令，保存文件，然后按下【Ctrl+Enter】组合键输出测试影片。

读书笔记

07 章 Action动画实例

- 绚丽的方块旋转效果
- 小火苗
- 水底的泡泡
- 雪花
- 下雨天
- 喷水池
- 星星漂移效果
- 旋转的三角形
- 灯笼

实例41 绚丽的方块旋转效果

案例说明：本例通过创建ActionScript文件并添加ActionScript代码制作绚丽的方块旋转动画效果。

光盘文件：源文件与素材\第7章\绚丽的方块旋转效果\绚丽的方块旋转效果.fla

操作步骤

1 设置文档。执行“修改→文档”命令，打开“文档设置”对话框，将“舞台大小”设置为600×420，将“舞台颜色”设置为“黑色”，将“帧频”设置为“40”，完成后单击 确定 按钮。

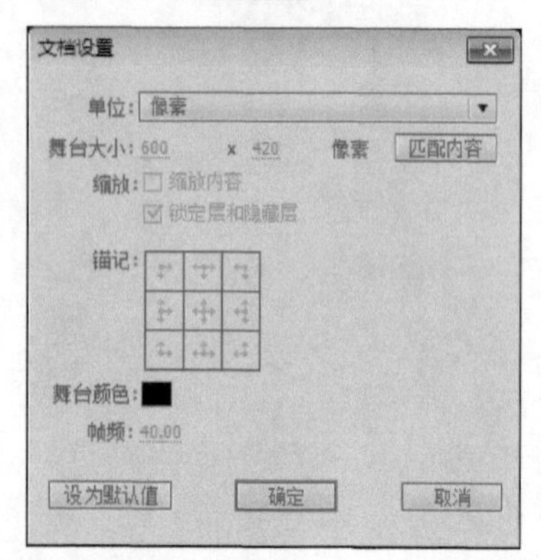

2 新建ActionScript文件。按下【Ctrl+N】组合键，打开“新建文档”对话框，在“类型”列表框中选择“ActionScript”选项，完成后单击 确定 按钮。

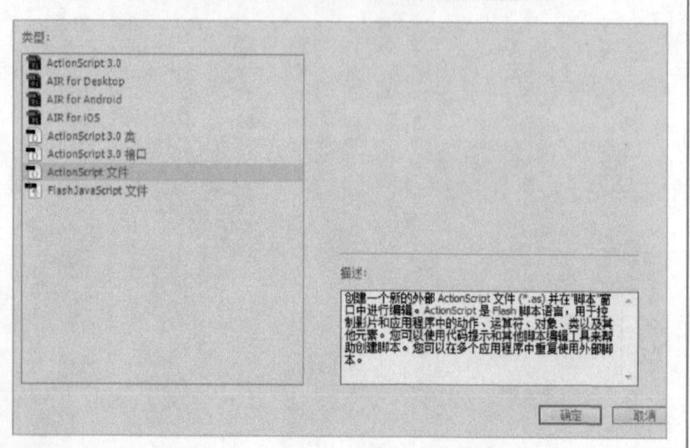

3 保存ActionScript文件。按下【Ctrl+S】组合键，弹出“另存为”对话框，在“文件名”文本框中输入“Main.as”，完成后单击 保存(S) 按钮。

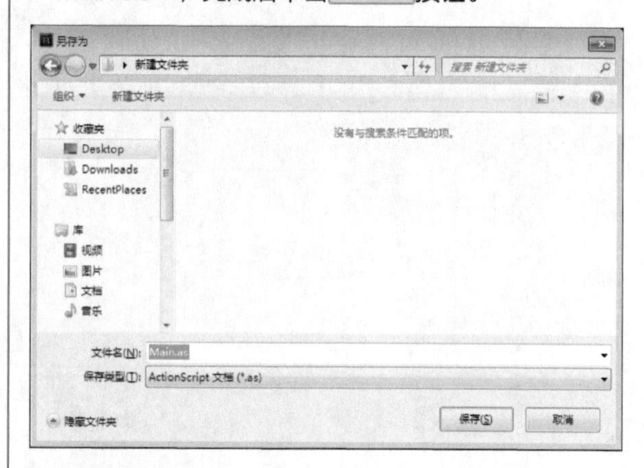

提示

ActionScript（.as）文件与最后完成的动画文件（.fla）必须保存在同一个位置，这样才能正确显示效果。

4 输入代码。在新建的Main.as中输入如下代码：

```
package
{
    import flash.display.GradientType;
    import flash.display.BlendMode;
    import flash.display.Shape;
    import flash.display.Sprite;
    import flash.events.Event;
```

```
        [SWF(width = 550, height =400,
frameRate = 50)]

        /**     * @author Mousebomb
 * @date 2009-9-4      */
        public class Main extends Sprite
        {
                private var scont : Sprite =
new Sprite();
                public function Main()
                {
                        scont.x = 275;
                        scont.y = 200;
                        addChild(scont);
                        scont.rotationY = 90;
                        for(var i : int = 0 ;i
< 48; i++)
                        {
                                var s : Shape
= new Shape();
                                s.graphics.
beginFill((0xffffff*Math.random ()),.6);
        //s.graphics.drawCircle(Math.
floor(i / 3) * 15, i, 25);
                s.graphics.drawRect(Math.
floor(i / 3) * 15 - 25, i - 25, 50,50);
                        s.graphics.endFill();
                        scont.addChild(s);
                        }

    addEventListener(Event.ENTER_FRAME,
onEnterFrame);
                }

                private function onEnterFrame
event : Event) : void
                {
                        for(var i : int = 0 ;i
< 48;i++)
                        {
                                var s : Shape
= scont.getChildAt(i) as Shape;
                                s.rotation
+= (i / 6) * .7;
                        }
                        scont.rotation+=.7;
                        scont.rotationY += .3;
                }
        }
    }
```

5 设置类。打开“属性”面板，在“类”文本框中输入“Main”。

6 欣赏效果。保存文件，然后按下【Ctrl+Enter】组合键，导出动画并欣赏最终效果。

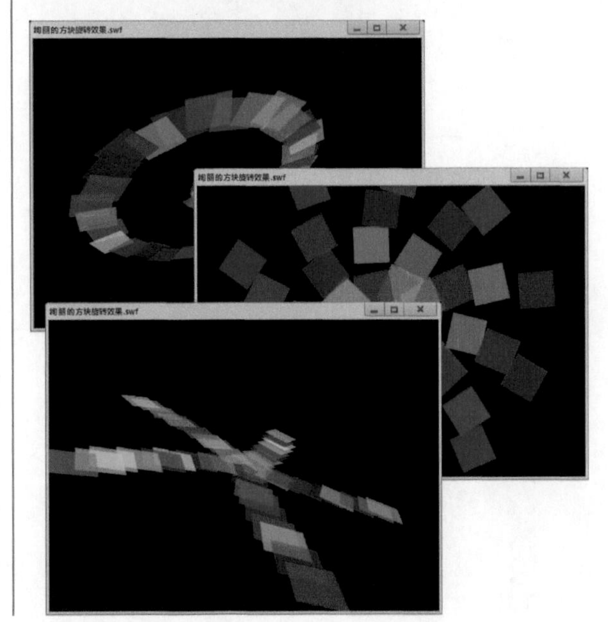

实例42 小火苗

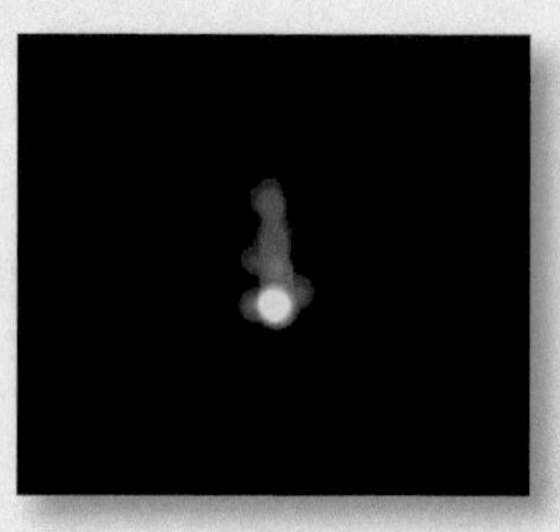
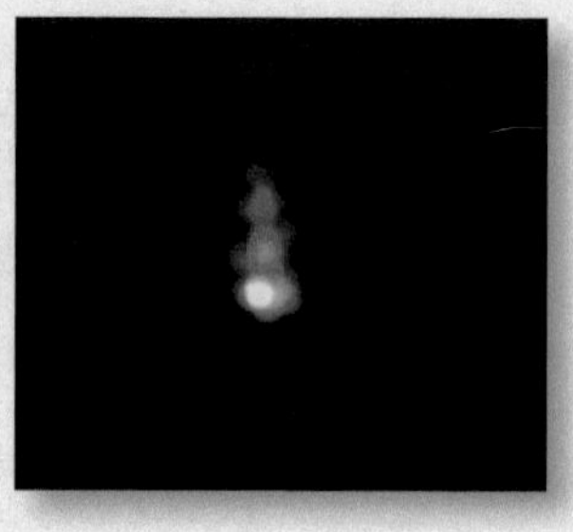
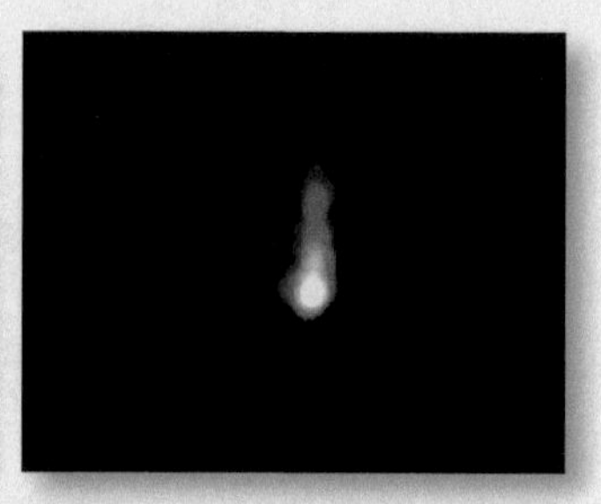

案例说明：本例通过创建ActionScript文件并添加ActionScript代码，以及设置类名称来制作小火苗不断跳跃燃烧的动画效果。

光盘文件：源文件与素材\第7章\小火苗\小火苗.fla

操作步骤

1 新建文档。执行“修改→文档”命令，打开“文档设置”对话框，将“舞台大小”设置为400×300，将“舞台颜色”设置为“黑色”，将“帧频”设置为“80”，完成后单击 确定 按钮。

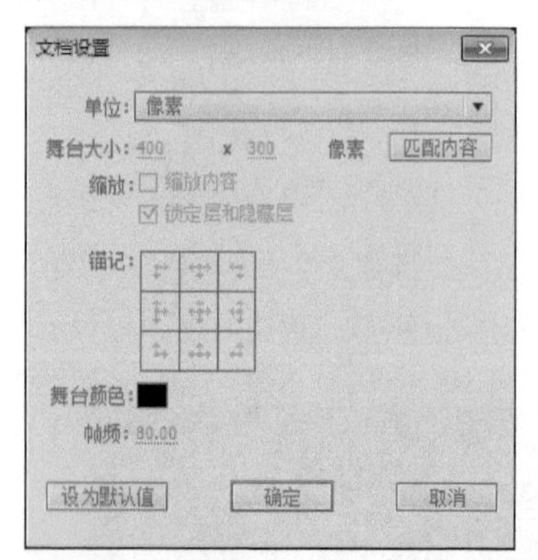

2 新建ActionScript文件。按下【Ctrl+N】组合键，打开“新建文档”对话框，在“类型”列表框中选择“ActionScript”选项，完成后单击 确定 按钮。

3 输入代码。将新建的ActionScript文件保存为“fire.as”，然后在“fire.as”中输入如下代码：

```
package {
    import flash.display.MovieClip;
    import flash.events.EventDispatcher;
    import flash.events.Event;
    import flash.display.BlendMode;
    import flash.filters.GlowFilter;
    import flash.geom.ColorTransform;

    public class fire extends MovieClip {
        private var fires:mack_fire;
        private const maxBalls:int = 60;
        private const Mc_x:int = stage.stageHeight/2;
        private const Mc_y:int = stage.stageHeight/2;
        private const Mc_more:int = 1;
        private const McY:int = 1;
        private var i=1;

        private var obj_scal:Array=new Array();
        private var obj_fast:Array=new Array();
        private var obj_action:Array=new Array();

        private var obj_n:Array=new
```

```
Array();
            private var obj_s:Array=new
Array();
            private var obj_gs:Array=new
Array();

            private var obj_g:Array=new
Array();

            public function fire() {
    addEventListener(Event.ENTER_FRAME,
fire_mv);
            }

            public function fire_mv
(event:Event):void{
                    var k = Math.random();
                    var scale:Number = k ? k : 1;
                    fires = new mack_fire();
                    fires.scaleX = fires.
scaleY = fires.alpha = scale;

                    obj_g[i] = 100;
                    obj_gs[i] = (1-scale+.2)*3;
                    obj_fast[i] = Math.
floor(scale*2);
                    obj_action[i]=(Math.
random()>0.5)?1:-1;。
obj_scal[i] = 1 - obj_fast[i]/10;
                    obj_n[i] = obj_s[i] = 1;

                    fires.x= Mc_x;
                    fires.y= Mc_y;
                    fires.blendMode =
BlendMode.ADD;
                    fires.name = "fire"+i;
                    addChild(fires);

                    for (var n:int = 1;
n<maxBalls; ++n){
                            var m=getChild
By Name("fire"+n);
                            if(m){
                                    var
colorInfo :ColorTransform = m.transform.
colorTransform;
                                    var
xx=obj_gs[n]*2;
                                    obj_g[n]
-= Math.ceil(xx);

if(obj_g[n] < 10) obj_g[n]="00";
                                    var rgbs
= "0xff"+obj_g[n]+"00";
                                    color
Info. color = rgbs;

m.transform.colorTransform = colorInfo;

                                    m.y -=
1-obj_s[n]+.4;//向上移动
                                    m.x +=
obj_fast[n]*obj_action[n]*obj_n[n]*obj_
s[n];

m.scaleX += (obj_scal[n])/20 * obj_n[n]
* obj_s[n];

m.scaleY += (obj_scal[n])/20 * obj_n[n]
* obj_s[n];

m.alpha += .1 *obj_n[n]*obj_s[n];
                                    if(m.
scaleX >= Mc_more){;

obj_n[n] = -1;

obj_s[n] = .2;
                                    };

                                    if(m.
alpha >= Mc_more){ m.alpha = Mc_more;}
else if(m.alpha <= Math.random()*.1){
removeChildAt(m);}
                            }
                    }
                    if(i>=maxBalls)
{i=0;}
                    ++i;
            }
        }
    }
```

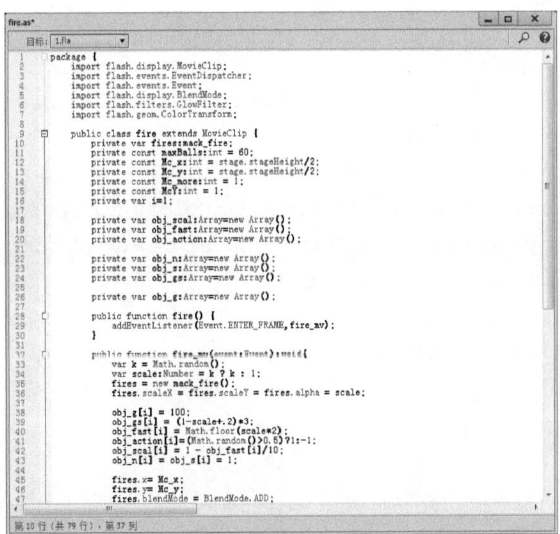

4 新建ActionScript文件。新建一个名称为“mack_fire.as”的ActionScript文件，然后在“mack_fire.as”中输入如下代码：

```
package {
    import flash.geom.Matrix;
    import flash.display.Sprite;
    import flash.display.GradientType;
    public class mack_fire extends Sprite {
        private var fire:Sprite;
        var myMatrix:Matrix;
        public function mack_fire(){
            fire = new Sprite();
            myMatrix = new Matrix();
            var boxWidth:int = 16;
            var boxHeight:int = 16;
            var boxRotation:uint = Math.PI/2;
            var tx:int = 0;
            var ty:int = 0;
            myMatrix.createGradientBox(boxWidth, boxHeight, boxRotation, tx, ty);
            var type:String = GradientType.RADIAL;
            var myColors:Array = [0xFFFF00, 0xFFFF00];
            var myAlphaS:Array = [1, 0];
            var myRalphaS:Array = [0, 255];
            var spreadMethod:String = "pad";
            var interp:String = "rgb";
            var focalPtRatio:Number = 0;
            fire.graphics.beginGradientFill(type, myColors,myAlphaS, myRalphaS, myMatrix, spreadMethod, interp, focalPtRatio);
            fire.graphics.drawCircle(8, 8, 8);
            addChild(fire);
        }
    }
}
```

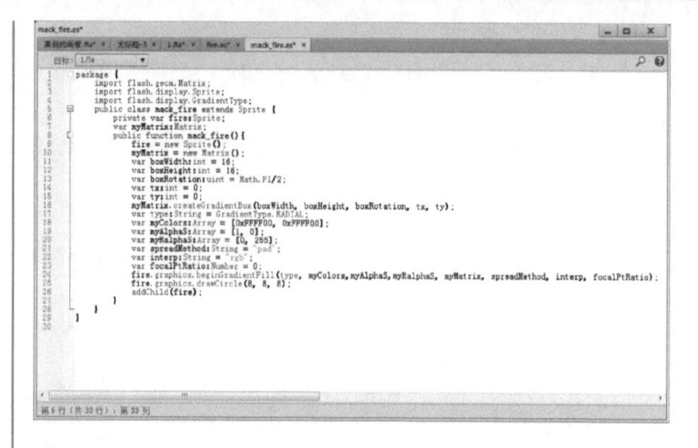

5 设置类。打开“属性”面板，在“类”文本框中输入“fire”。

6 欣赏效果。保存文件，然后按下【Ctrl+Enter】组合键，导出动画并欣赏最终效果。

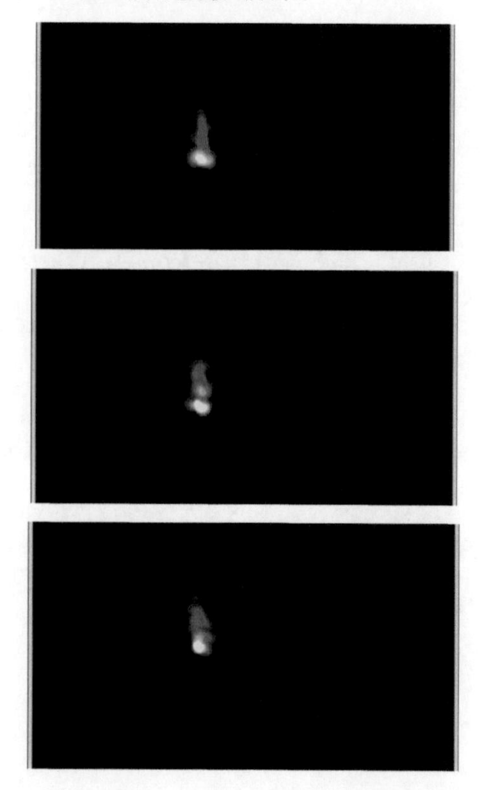

实例43 水底的泡泡

案例说明：本例主要使用了椭圆工具、“颜色”面板与ActionScript技术，来编辑制作无数的气泡在水底不断地向上飘动的动态效果。

光盘文件：源文件与素材\第7章\水底的泡泡\水底的泡泡.fla

操作步骤

1 设置文档。新建一个Flash文档，执行“修改→文档”命令，打开“文档设置”对话框，在对话框中将“舞台大小”设置为580×350，将“舞台颜色”设置为黑色，将“帧频”设置为“30”，完成后单击 确定 按钮。

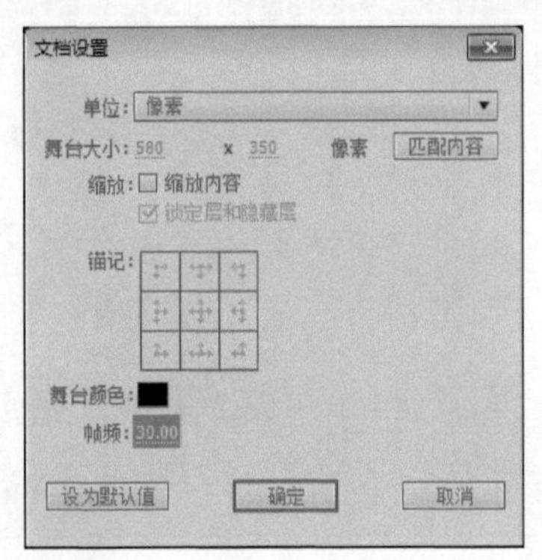

2 导入图像。执行“文件→导入→导入到舞台”命令，将一幅图像导入到舞台上。

3 新建影片剪辑元件。执行“插入→新建元件”命令，打开“创建新元件”对话框。在“名称”文本框中输入“MoveBall”，在“类型”下拉列表中选择“影片剪辑”选项，完成后单击 确定 按钮。

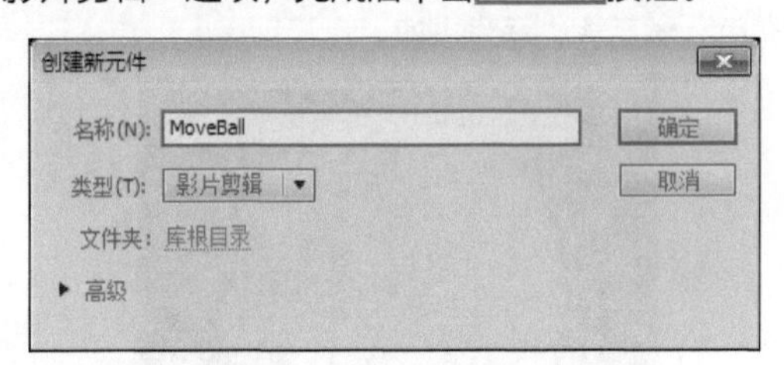

4 绘制椭圆。使用椭圆工具在工作区中绘制一个无边框、填充色为任意色，并且“宽”和“高”都为45像素的圆。

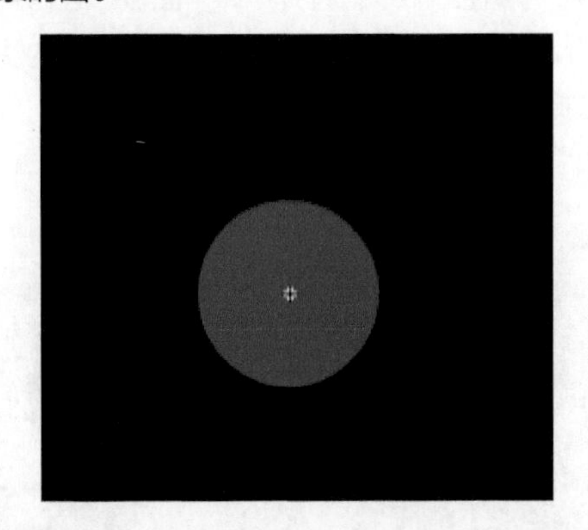

5 设置颜色。打开“颜色”面板。将“填充”设置为“径向渐变”，把左侧色标的颜色设置为白色，把右端色标的颜色设置为蓝色（#3FF3F3），并将其Alpha值设置为80%。

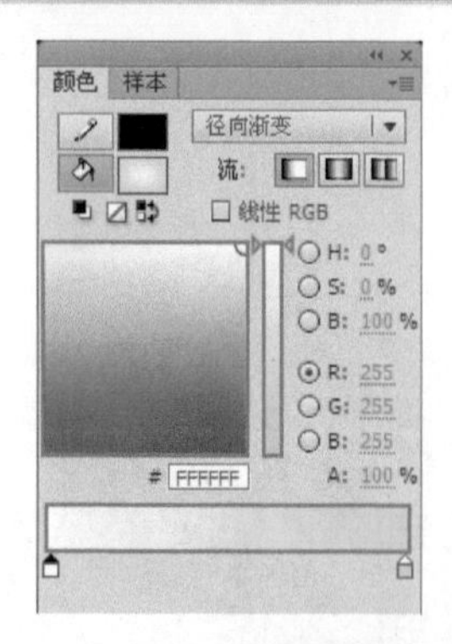

6 填充颜色。使用颜料桶工具为小圆填充颜色，如下图所示。

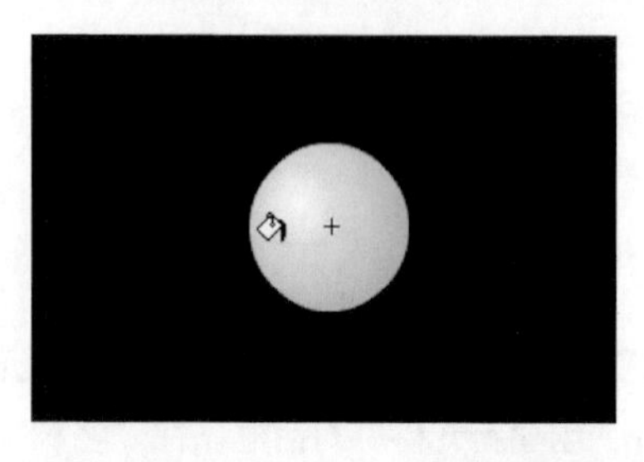

7 绘制图形。新建一个图层，使用铅笔工具在气泡上绘制两个不规则的几何图形，并使用白色作为其填充色，然后将边框线去掉。

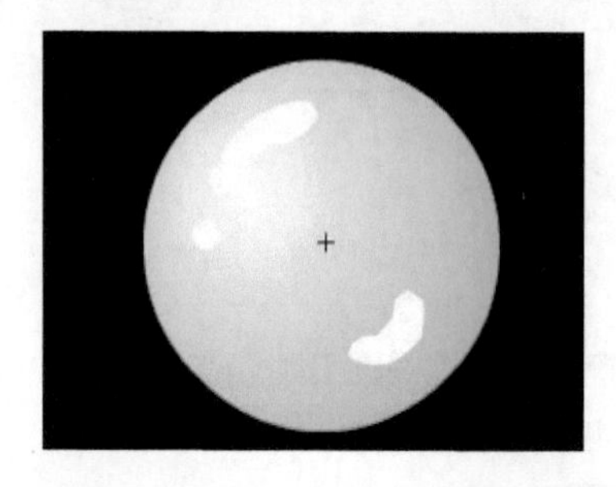

8 选择“属性”命令。打开“库”面板，在影片剪辑元件“MoveBall”上单击鼠标右键，在弹出的快捷菜单中选择“属性”命令。

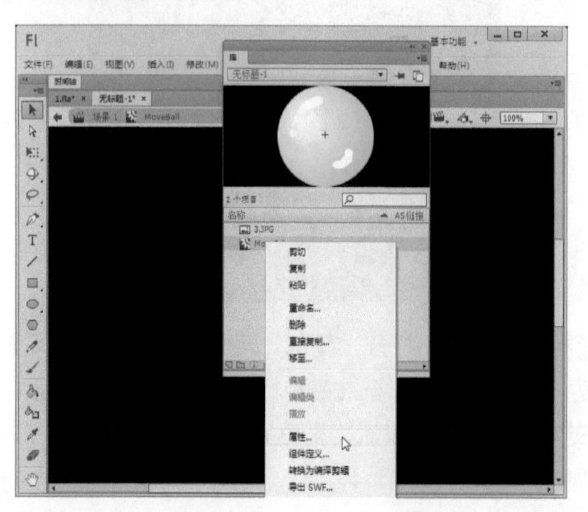

9 选择“为ActionScript导出”复选框。打开“元件属性”对话框，展开 高级 设置区域，选择“为ActionScript导出”复选框，完成后单击 确定 按钮。

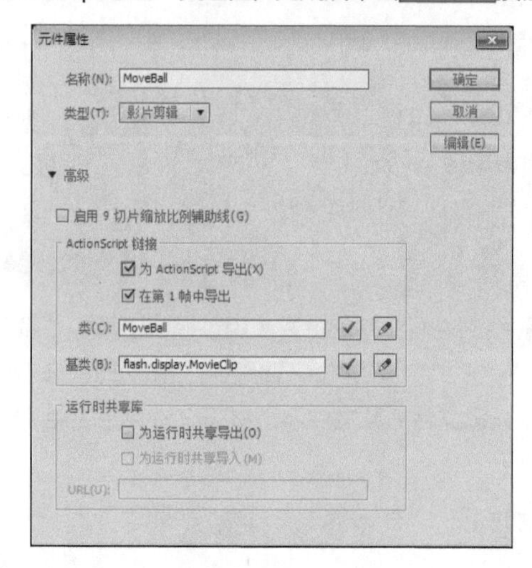

10 新建ActionScript文件。按下【Ctrl+N】组合键打开“新建文档”对话框，选择“ActionScript文件”选项，单击 确定 按钮。

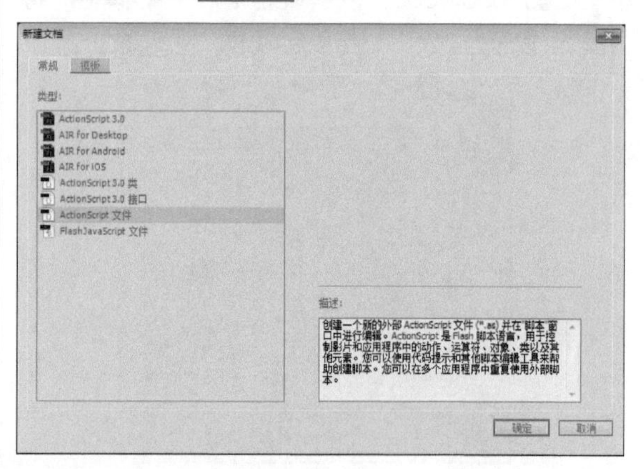

11 添加代码。这样即新建了一个ActionScript文件，并按【Ctrl+S】组合键将其保存为MoveBall.as，然后在MoveBall.as中输入如下代码：

```
package {
    import flash.display.Sprite;
    import flash.events.Event;
    public class MoveBall extends Sprite {
            private var yspeed:Number;
            private var W:Number;
            private var H:Number;
            private var space:uint = 10;
            public function MoveBall(y
speed:Number,w:Number,h:Number) {

                this.yspeed = yspeed;
```

```
                this.W = w;
                this.H = h;
                init();
            }
            private function init() {
                this.addEventListener
(Event.ENTER_FRAME,enterFrameHandler);
            }
            private function enterFrame
Handler (event:Event) {
                this.y -= this.
yspeed/2;
                if (this.y<-space) {
                    this.x = Math.
random()*this.W;
                    this.y = this.H
+ space;
                }
            }
        }
    }
```

```
MoveBall.as*
目标: 无标题-1
package {
    import flash.display.Sprite;
    import flash.events.Event;
    public class MoveBall extends Sprite {
        private var yspeed:Number;
        private var W:Number;
        private var H:Number;
        private var space:uint = 10;
        public function MoveBall(yspeed:Number,w:Number,h:Number) {

            this.yspeed = yspeed;
            this.W = w;
            this.H = h;
            init();
        }
        private function init() {
            this.addEventListener(Event.ENTER_FRAME,enterFrameHandler);
        }
        private function enterFrameHandler(event:Event) {
            this.y -= this.yspeed/2;
            if (this.y<-space) {
                this.x = Math.random()*this.W;
                this.y = this.H + space;
            }
        }
    }
}
第 27 行（共 27 行），第 2 列
```

12 添加代码。返回到主场景中，新建“图层2”，选择该图层的第1帧，按下【F9】键打开“动作”面板，输入如下代码:

```
var W = 560,H = 240,speed = 2;
var container:Sprite = new Sprite();
addChild(container);
var Num = 30;
for (var i:uint=0; i<Num; i++) {
        speed = Math.random()*speed+2;
        var boll:MoveBall = new
MoveBall(speed,W,H);
    boll.x=Math.random()*W;
    boll.y=Math.random()*H;
    boll.alpha  = .1+Math.random();
    boll.scaleX =boll.scaleY= Math.
random();
    container.addChild(boll);
}
```

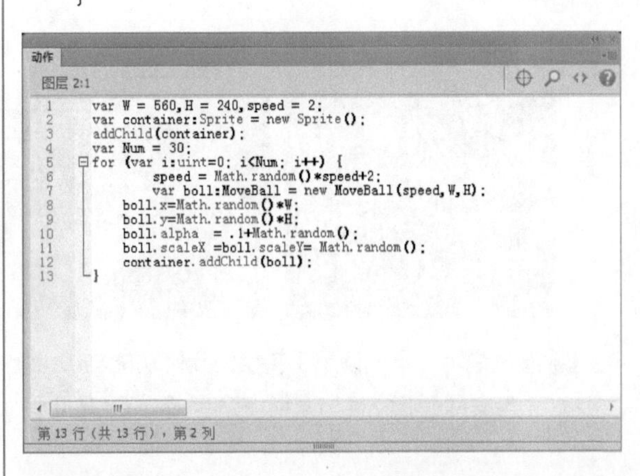

13 欣赏效果。执行“文件→保存”命令，保存文件，然后按下【Ctrl+Enter】组合键输出测试影片。

实例44 雪花

案例说明：本例使用了转换为元件功能与ActionScript技术来编辑制作。

光盘文件：源文件与素材\第7章\雪花\雪花.fla

操作步骤

1 设置文档。新建一个Flash文档，执行“修改→文档”命令，打开“文档设置”对话框，在对话框中将“舞台大小”设置为500像素（宽）×400像素（高），将“舞台颜色”设置为黑色，将“帧频”设置为“12”，完成后单击 确定 按钮。

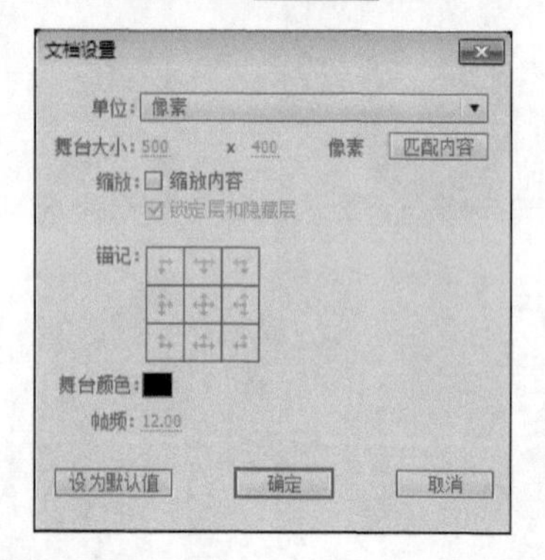

2 导入图片。执行“文件→导入→导入到舞台”命令，将一幅图片导入到舞台上。

3 转换元件。选中舞台上的背景图片，按下【F8】键将其转换为图形元件。

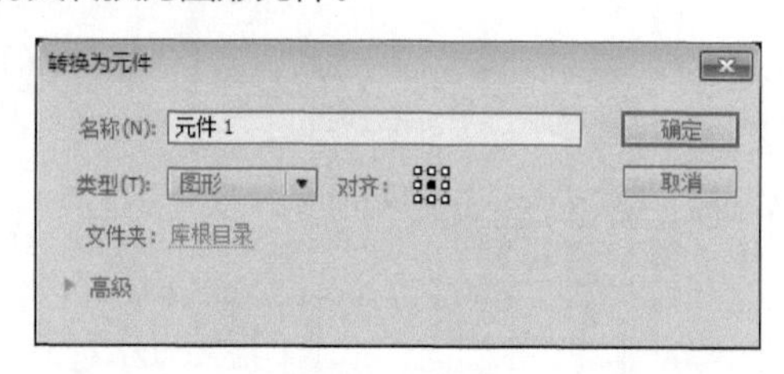

4 设置色调。打开“属性”面板，在“样式”下拉列表框中选择“色调”选项。然后将图片的“色调”设置为黑色，“不透明度”为16%。

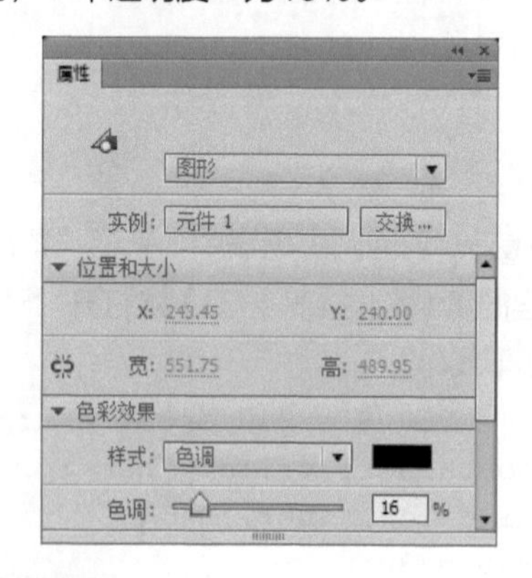

提示

调整背景图片的色调是为了表现下雪时天气十分寒冷的效果。

5 拖入元件。新建“图层2”，从“库”面板里将影片剪辑元件“snowing”拖入到舞台上方。

6 添加代码。新建“图层2”，选中该图层的第1帧，在“动作”面板中添加如下代码：

```
var 数组:Array = new Array();
var 序号:int = new int(0);
function 绘制雪球(对象:Sprite,透明度:Number) {
    对象.graphics.clear();
    对象.graphics.beginFill(0xFFFFFF,透明度);
    对象.graphics.drawRoundRectComplex(0,0,10,10,5,5,5,5);
}
stage.addEventListener(Event.ENTER_FRAME,创建雪球);
function 创建雪球(e:Event) {
    if (Math.ceil(Math.random() * 70) + 30 > 40) {
        数组[序号] = new MovieClip();
        绘制雪球(数组[序号], ((Math.ceil(Math.random() * 70)+30)/100));
        数组[序号].x = Math.ceil(Math.random() * stage.stageWidth)
        数组[序号].速度 = ((Math.ceil(Math.random() * 7)+3));
        数组[序号].序号 = 序号;
        addChild(数组[序号]);
        数组[序号].addEventListener(Event.ENTER_FRAME,移动);
        序号++;
    }
}
function 移动(e:Event) {
    e.target.y += e.target.速度;
    if (e.target.y >= stage.stageHeight) {
        数组[e.target.序号].removeEventListener(Event.ENTER_FRAME,移动);
        removeChild(数组[e.target.序号]);
    }
}
```

动作
图层 2:1
```
1  var 数组:Array = new Array();
2  var 序号:int = new int(0);
3  function 绘制雪球(对象:Sprite, 透明度:Number) {
4      对象.graphics.clear();
5      对象.graphics.beginFill(0xFFFFFF, 透明度);
6      对象.graphics.drawRoundRectComplex(0, 0, 10, 10, 5, 5, 5, 5);
7  }
8  stage.addEventListener(Event.ENTER_FRAME, 创建雪球);
9  function 创建雪球(e:Event) {
10     if (Math.ceil(Math.random() * 70) + 30 > 40) {
11         数组[序号] = new MovieClip();
12         绘制雪球(数组[序号], ((Math.ceil(Math.random() * 70)+30)/100));
13         数组[序号].x = Math.ceil(Math.random() * stage.stageWidth)
14         数组[序号].速度 = ((Math.ceil(Math.random() * 7)+3));
15         数组[序号].序号 = 序号;
16         addChild(数组[序号]);
17         数组[序号].addEventListener(Event.ENTER_FRAME, 移动);
18         序号++;
19     }
20 }
21 function 移动(e:Event) {
22     e.target.y += e.target.速度;
23     if (e.target.y >= stage.stageHeight) {
24         数组[e.target.序号].removeEventListener(Event.ENTER_FRAME, 移动);
25         removeChild(数组[e.target.序号]);
26     }
27 }
```
第 27 行（共 27 行），第 2 列

7 欣赏效果。执行“文件→保存”命令，保存文件，然后按下【Ctrl+Enter】组合键输出测试影片。

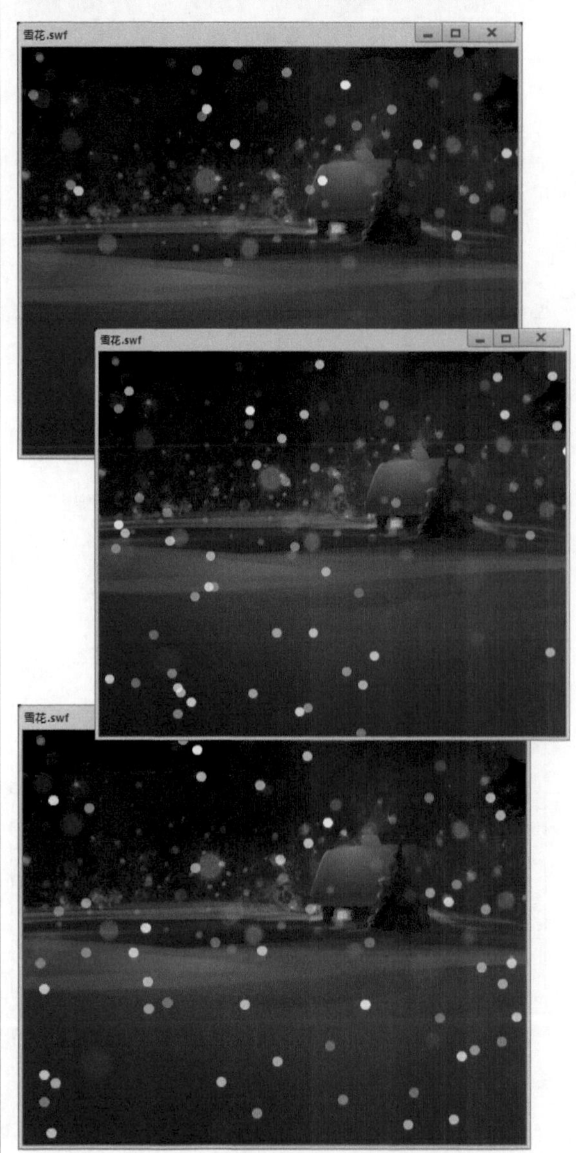

实例45 下雨天

案例说明：本例使用导入功能，将背景图片导入到舞台中；再使用线条工具，绘制出雨点的外形；最后使用ActionScript技术，编辑出雨点不断下落的效果。

光盘文件：源文件与素材\第7章\下雨天\下雨天.fla

操作步骤

1 设置文档。新建一个Flash文档，执行“修改→文档”命令，打开“文档设置”对话框，在对话框中将“舞台大小”设置为600×420，将“舞台颜色”设置为黑色，完成后单击 确定 按钮。

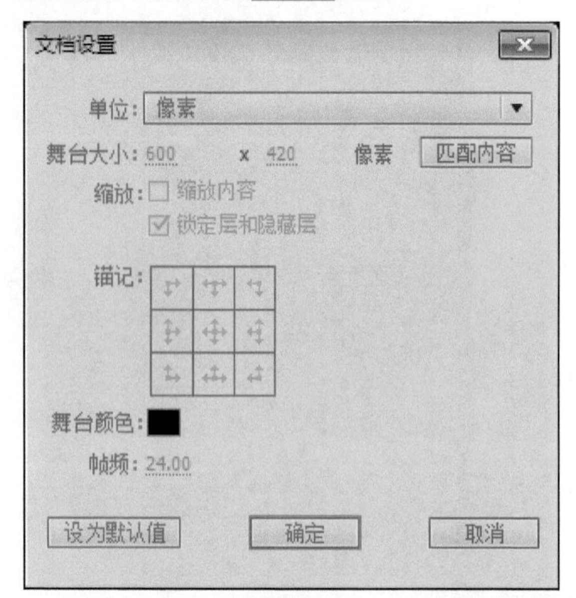

2 导入图像。执行“文件→导入→导入到舞台”命令，将一幅图像导入到舞台中。

3 绘制线段。新建一个影片剪辑元件“yd”，使用线条工具在舞台中绘制一条线段。

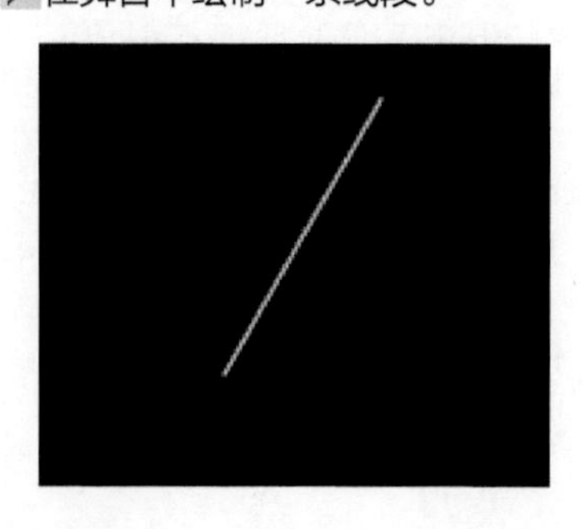

4 移动线条。在“图层1”面板的第24帧插入关键帧，然后选中该帧对应的舞台上的线条，将其向左下方移动一段距离。这里移动的距离就是雨点从天空落向地面的距离。最后在第1帧与第24帧之间创建补间动画。

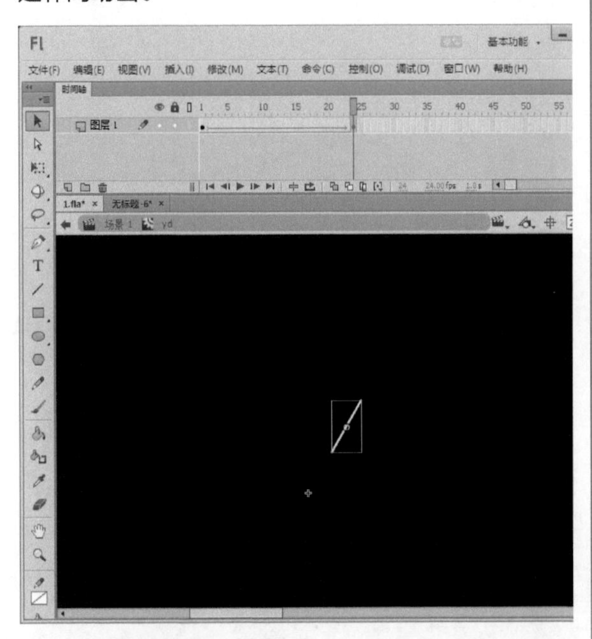

5 绘制椭圆。新建“图层2”，并把它拖到“图层1”的下方。然后在“图层2”的第24帧插入空白关键帧，使用椭圆工具在线条的下方绘制一个边框为白色、无填充色，且“宽”和“高”分别为57像素与7像素的椭圆。

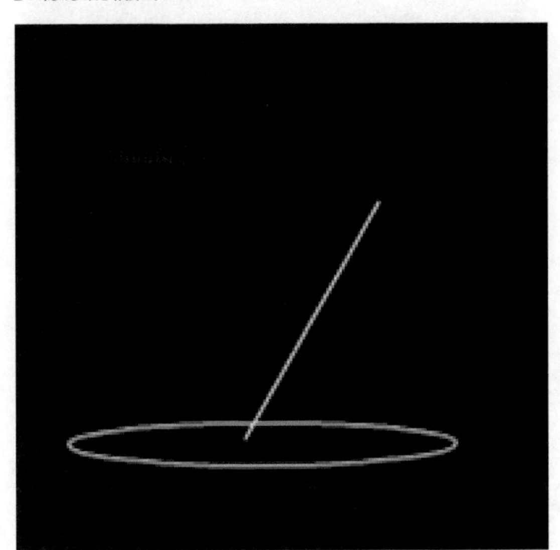

6 转换元件。选中“图层2”的第24帧，按住鼠标左键不放，将它向右移动一个帧的距离。也就是将“图层2”的第24帧移到第25帧处。然后选中第25帧的椭圆，按下【F8】键，将其转换为图形元件，在“名称”文本框中输入“水纹”。

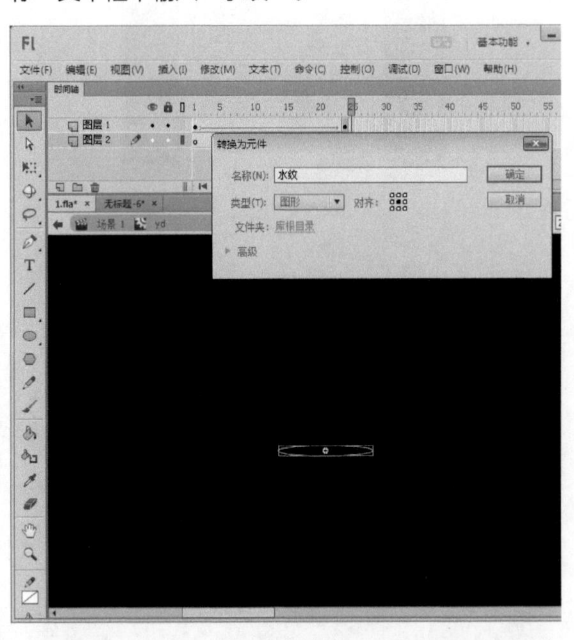

7 放大椭圆。在“图层2”的第40帧插入关键帧。选中该帧处的椭圆，使用任意变形工具将其宽和高分别放大至118像素与13像素。然后在“属性”面板中将它的Alpha值设置为0%。最后在“图层2”的第25帧与第40帧之间创建补间动画。

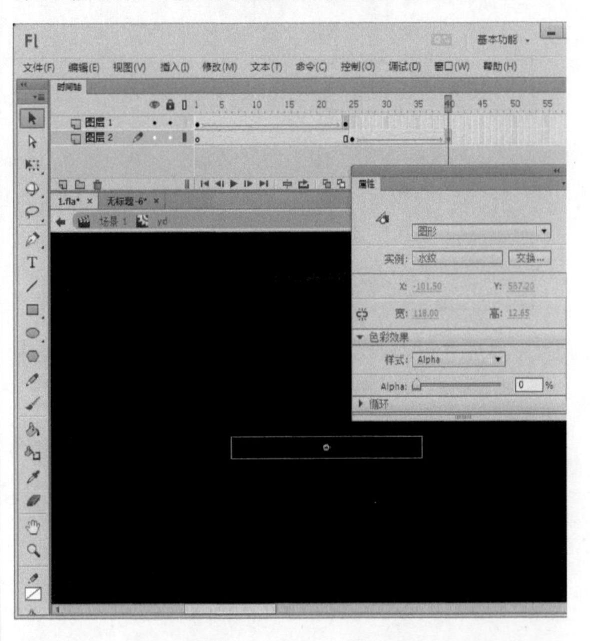

8 选择“属性”命令。打开“库”面板，在影片剪辑元件“yd”上单击鼠标右键，在弹出的快捷菜单中选择“属性”命令。

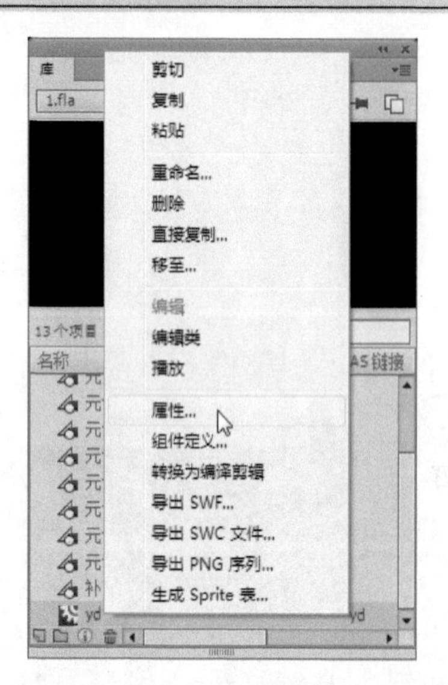

9 选择“为ActionScript导出”复选框。打开“元件属性”对话框，展开高级设置区域，选择“为ActionScript导出”复选框，完成后单击确定按钮。

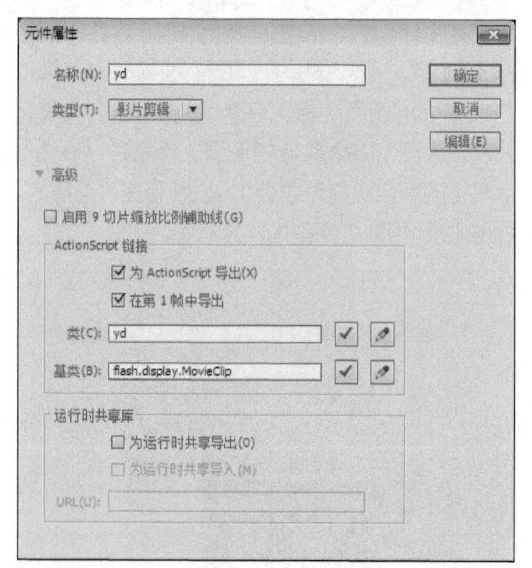

10 添加代码。返回主场景，新建“图层2”，选中该层的第1帧，在“动作”面板中添加如下代码：

```
for(var i=0;i<100;i++)
{
var yd_mc = new yd ();
yd_mc.x = Math.random()*650;
yd_mc.gotoAndPlay(int(Math.random()
*40)+1);

yd_mc.alpha = yd_mc.scaleX = yd_
   mc.scaleY = Math.random()*0.7+0.3;
stage.addChild(yd_mc);
}
```

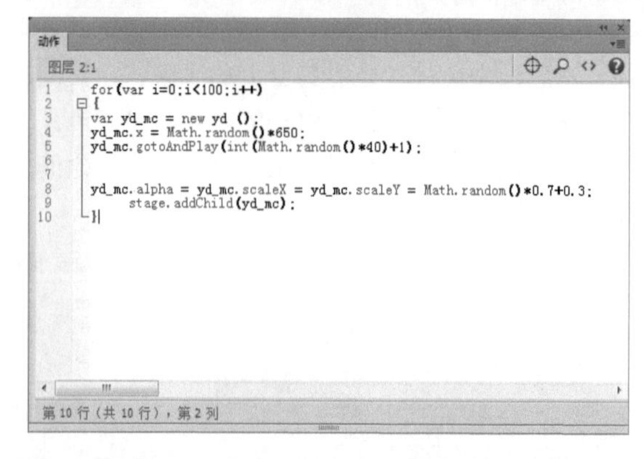

11 欣赏效果。执行“文件→保存”命令，保存文件，然后按下【Ctrl+Enter】组合键输出测试影片。

实例46 喷水池

案例说明：本例通过导入图像、创建影片剪辑元件与添加Action-Script代码来制作喷水池动画效果。

光盘文件：源文件与素材\第7章\喷水池\喷水池.fla

操作步骤

1 新建文档。新建一个Flash文档，执行“修改→文档”命令，打开“文档设置”对话框，在对话框中将“舞台大小”设置为500×380，将“舞台颜色”设置为黑色，完成后单击 确定 按钮。

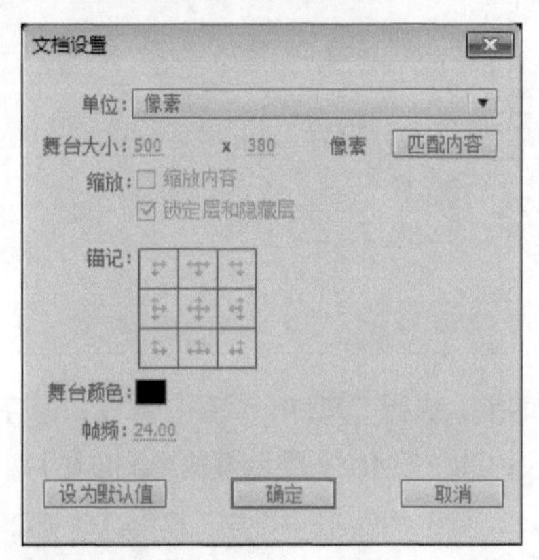

2 新建影片剪辑元件。执行“插入→新建元件”命令，打开“创建新元件”对话框。在“名称”文本框中输入“pall”，在“类型”下拉列表中选择“影片剪辑”选项，完成后单击 确定 按钮。

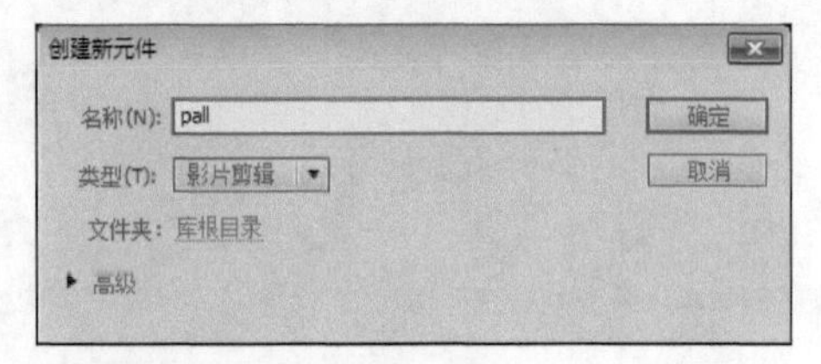

3 绘制椭圆。使用椭圆工具在影片剪辑元件编辑区中绘制一个无边框、填充色为白色，且“宽”和“高”分别为2像素和5像素的椭圆。

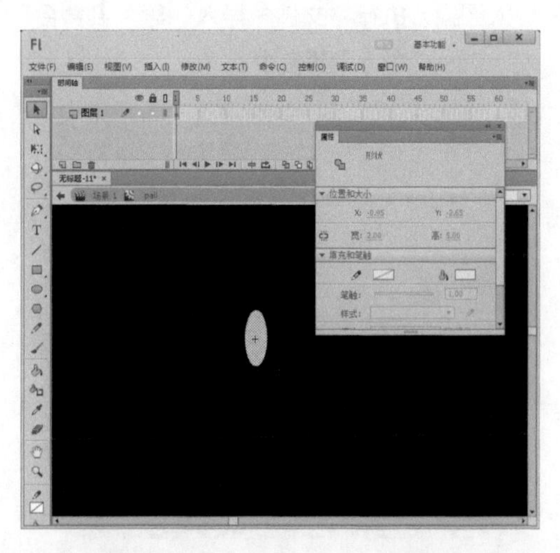

4 选择“属性”命令。打开“库”面板，在影片剪辑元件“pall”上单击鼠标右键，在弹出的快捷菜单中选择“属性”命令。

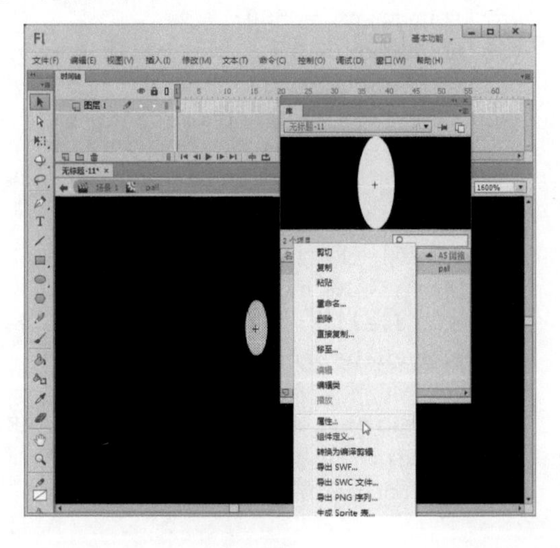

5 选择"为ActionScript导出"复选框。打开"元件属性"对话框，展开高级设置区域，选择"为ActionScript导出"复选框，完成后单击确定按钮。

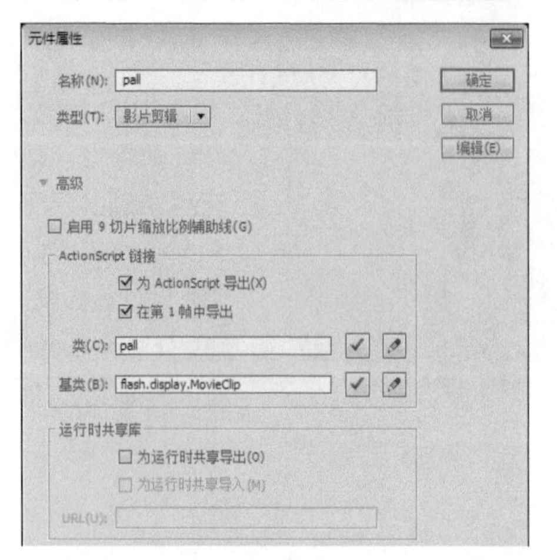

6 导入图像。执行"文件→导入→导入到舞台"命令，将一幅图像导入到舞台中。

7 添加代码。新建"图层2"，选择该图层的第1帧，打开"动作"面板，输入如下代码：

```
var count:int = 500;
var zl:Number = 0.5;。 var balls:Array;
balls = new Array();
for (var i:int = 0; i < count; i++) {
var ball:pall = new pall();
ball.x = 260;
ball.y = 200;
ball["vx"]= Math.random() * 2 - 1;
ball["vy"] = Math.random() * -10 - 10;
addChild(ball);
balls.push(ball);
}
addEventListener(Event.ENTER_FRAME,
onEnterFrame);
function onEnterFrame(event:Event):void {
for (var i:Number = 0; i < balls.
length; i++) {
var ball:pall = pall(balls[i]);
ball["vy"] += zl;
ball.x +=ball["vx"];
ball.y +=ball["vy"];
if (ball.x - ball.width/2> stage.
stageWidth ||
ball.x + ball.width/2 < 0 ||
ball.y - ball.width/2 > stage.
stageHeight ||
ball.y + ball.width/2 < 0) {
ball.x = 260;
ball.y = 200;
ball["vx"]= Math.random() * 2 - 1;
ball["vy"] = Math.random() * -10 - 10;
}
}
}
```

8 欣赏效果。执行"文件→保存"命令，保存文件，然后按下【Ctrl+Enter】组合键输出测试影片。

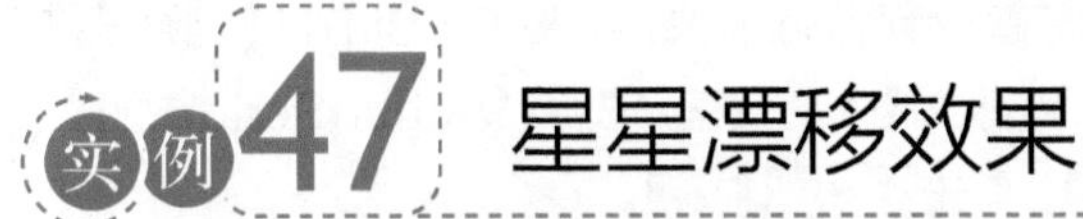

实例47 星星漂移效果

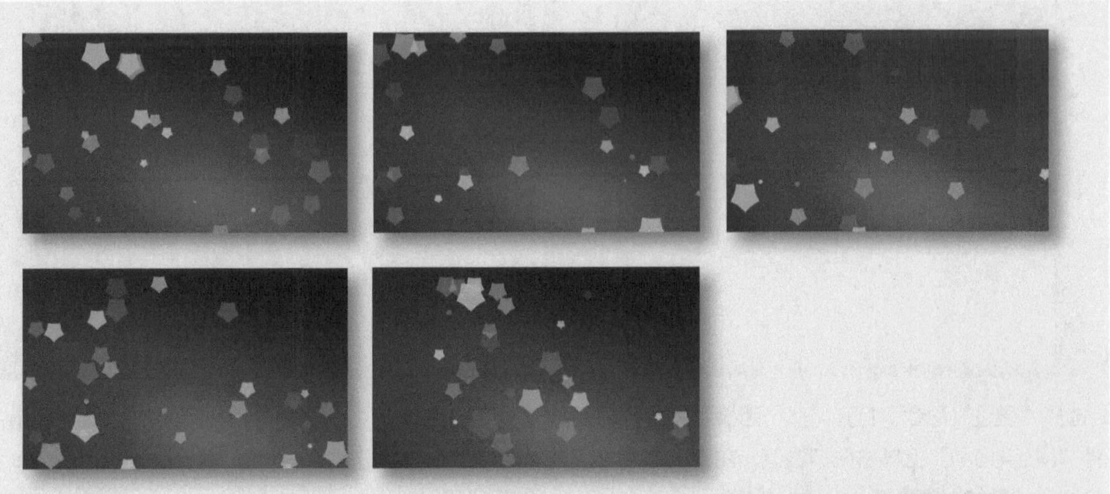

案例说明：本例通过创建ActionScript文件并添加ActionScript代码制作星星漂移的动画效果。

光盘文件：源文件与素材\第7章\星星漂移效果\星星漂移效果.fla

操作步骤

1 设置文档。执行“修改→文档”命令，打开“文档设置”对话框，将“舞台大小”设置为500×300，将“帧频”设置为“30”，完成后单击 确定 按钮。

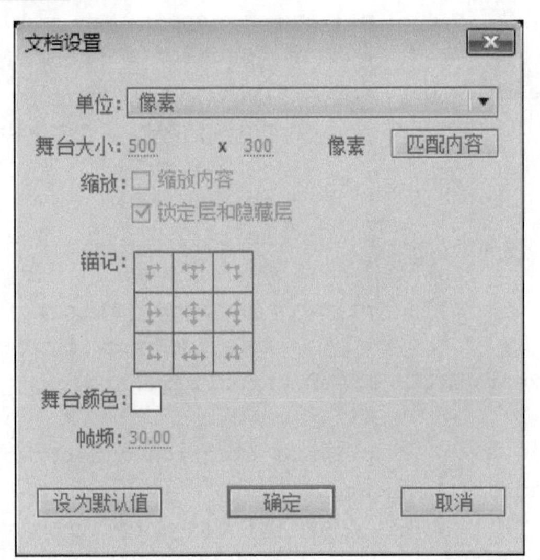

2 导入图像。执行“文件→导入→导入到舞台”命令，将一幅图像导入到舞台上。

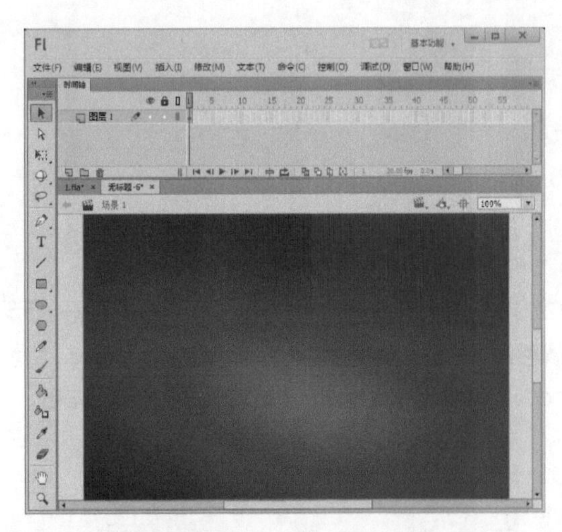

3 新建影片剪辑元件。执行“插入→新建元件”命令，打开“创建新元件”对话框。在“名称”文本框中输入“MoveBall”，在“类型”下拉列表中选择“影片剪辑”选项，完成后单击 确定 按钮。

4 绘制椭圆。使用多边形工具在工作区中绘制一个无边框、填充色为粉色的五边形。

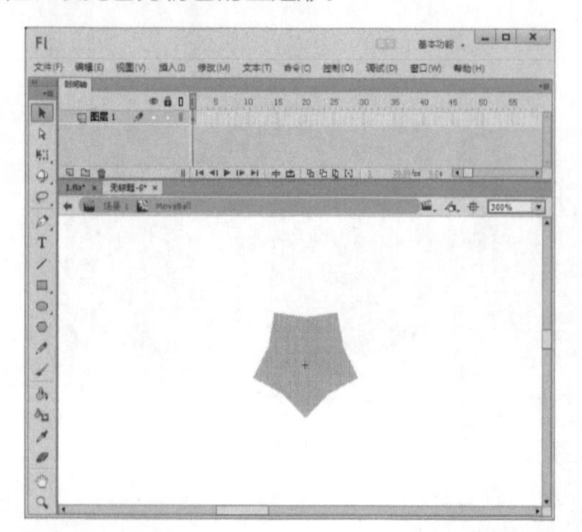

5 选择“属性”命令。打开“库”面板，在影片剪辑元件“MoveBall”上单击鼠标右键，在弹出的快捷菜单中选择“属性”命令。

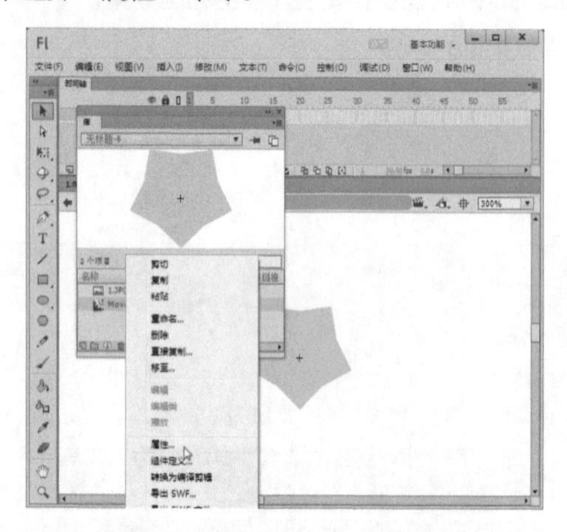

6 选择“为ActionScript导出”复选框。打开“元件属性”对话框，展开 高级 设置区域，选择“为ActionScript导出”复选框，完成后单击 确定 按钮。

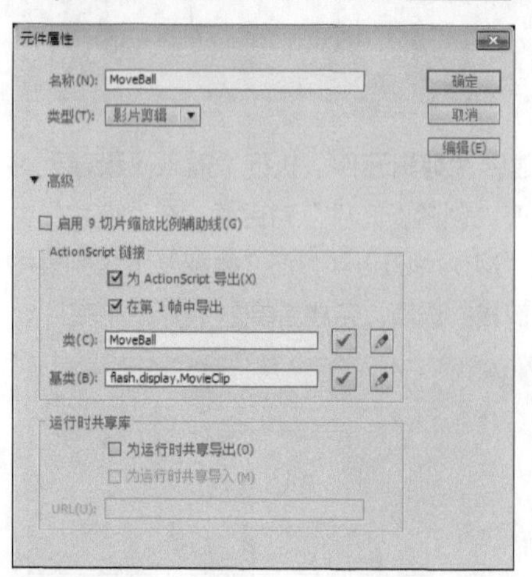

7 新建ActionScript文件。按下【Ctrl+N】组合键打开“新建文档”对话框，选择“ActionScript文件”选项，单击 确定 按钮。

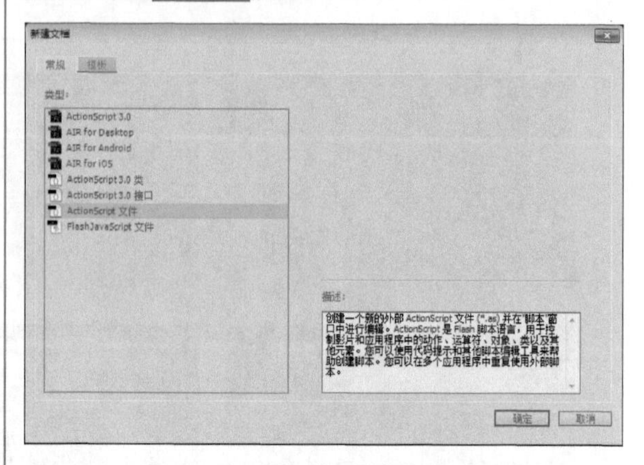

8 添加代码。按【Ctrl+S】组合键将ActionScript文件保存为MoveBall.as，然后在MoveBall.as中输入如下代码：

```
package {
    import flash.display.Sprite;
    import flash.events.Event;

    public class MoveBall extends Sprite {

        private var yspeed:Number;
        private var W:Number;
        private var H:Number;
        private var space:uint = 10;
        public function MoveBall(yspeed:Number,w:Number,h:Number) {
            this.yspeed = yspeed;
            this.W = w;
            this.H = h;
            init();
        }
        private function init() {
            this.addEvent Listener(Event.ENTER_FRAME,enterFrameHandler);
        }
        private function enterFrameHandler(event:Event) {
            this.y -= this.yspeed/2;
            this.x -= this.yspeed/2;
            if (this.y<-space) {
```

```
                    this.x = Math.
random()*this.W;
                    this.y = this.
H + space;
                }
            }
```

```
MoveBall.as*
1.fla* × 无标题-6* × MoveBall.as* ×
目标: 1.fla
1  package {
2      import flash.display.Sprite;
3      import flash.events.Event;
4
5      public class MoveBall extends Sprite {
6
7          private var yspeed:Number;
8          private var W:Number;
9          private var H:Number;
10         private var space:uint = 10;
11         public function MoveBall(yspeed:Number,w:Number,h:Number) {
12             this.yspeed = yspeed;
13             this.W = w;
14             this.H = h;
15             init();
16         }
17         private function init() {
18             this.addEventListener(Event.ENTER_FRAME,enterFrameHandler);
19         }
20         private function enterFrameHandler(event:Event) {
21             this.y -= this.yspeed/2;
22             this.x -= this.yspeed/2;
23             if (this.y<-space) {
24
25                 this.x = Math.random()*this.W;
26                 this.y = this.H + space;
27             }
28         }
29     }
30 }
第 24 行（共 30 行），第 1 列
```

9 添加代码。返回到主场景中，新建“图层2”，选择该图层的第1帧，按下【F9】键打开“动作”面板，输入如下代码：

```
   var W = 600,H = 300,Num = 40,speed
= 5;
   var container:Sprite = new Sprite();
   addChild(container);

   for (var i:uint=0; i<Num; i++) {
            speed = Math.random()
*speed+3;
            var boll:MoveBall=new
MoveBall(speed,W,H);

      boll.x=Math.random()*W;
      boll.y=Math.random()*H;

      boll.alpha  = .1+Math.random();
      boll.scaleX =boll.scaleY= Math.
random();

      container.addChild(boll);

   }
```

```
动作
图层2:1
1  var W = 600,H = 300,Num = 40,speed = 5;
2  var container:Sprite = new Sprite();
3  addChild(container);
4
5  for (var i:uint=0; i<Num; i++) {
6          speed = Math.random()*speed+3;
7          var boll:MoveBall=new MoveBall(speed,W,H);
8
9      boll.x=Math.random()*W;
10     boll.y=Math.random()*H;
11
12     boll.alpha  = .1+Math.random();
13     boll.scaleX =boll.scaleY= Math.random();
14
15     container.addChild(boll);
16
17 }
第 17 行（共 17 行），第 2 列
```

10 欣赏效果。保存文件，然后按下【Ctrl+Enter】组合键，导出动画并欣赏最终效果。

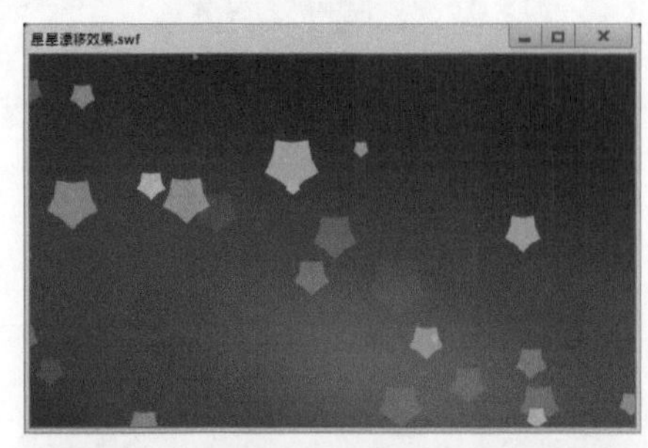

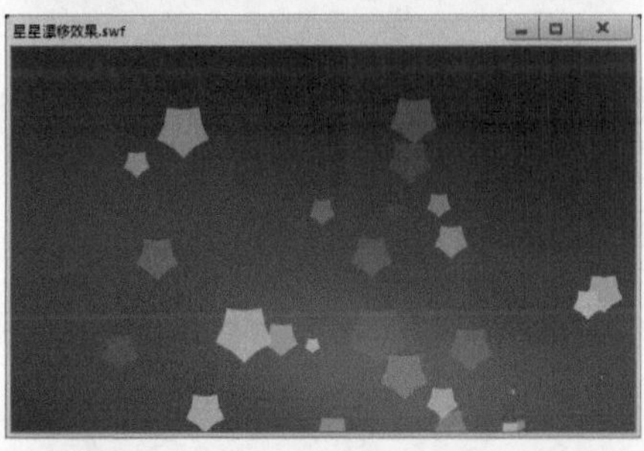

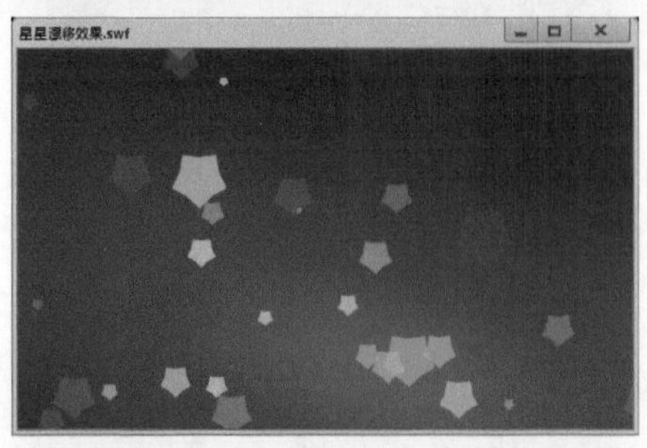

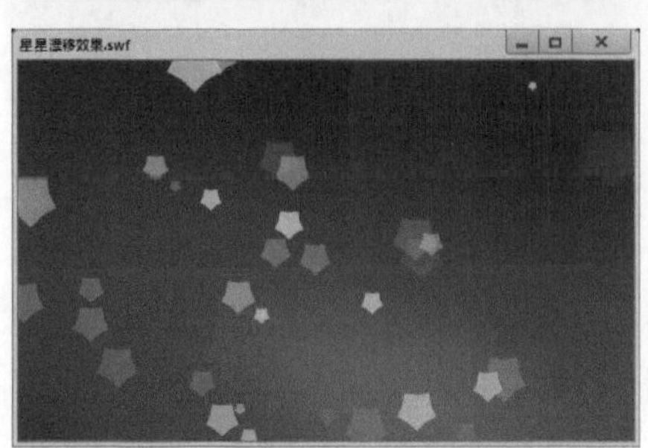

实例48 旋转的三角形

案例说明：本案例通过创建ActionScript文件与添加ActionScript代码来制作。

光盘文件：源文件与素材\第7章\旋转的三角形\旋转的三角形.fla

操作步骤

1 设置文档。执行“修改→文档”命令，打开“文档设置”对话框，将“舞台大小”设置为650×420，将“舞台颜色”设置为黑色，完成后单击[确定]按钮。

2 新建影片剪辑元件。执行“插入→新建元件”命令，打开“创建新元件”对话框。在“名称”文本框中输入“Star”，在“类型”下拉列表中选择“影片剪辑”选项，完成后单击[确定]按钮。

3 绘制三角形。使用多角星形工具在影片剪辑元件的编辑区中绘制一个无边框、填充色为任意色、宽和高随意的三角形。

4 选择“属性”命令。打开“库”面板，在影片剪辑元件“Star”上单击鼠标右键，在弹出的快捷菜单中选择“属性”命令。

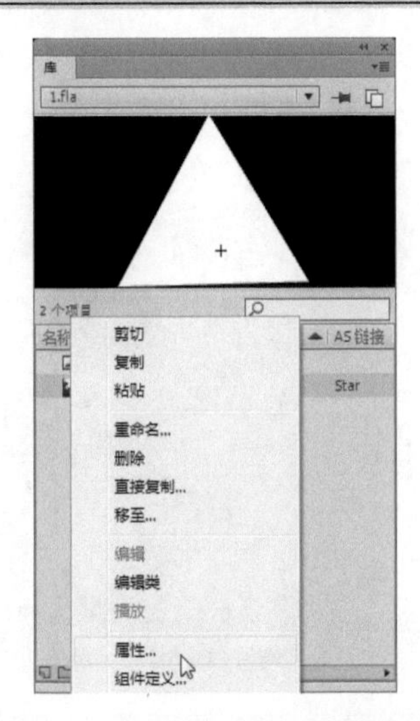

5 选择“为ActionScript导出”复选框。打开“元件属性”对话框，展开 高级 设置区域，选择“为ActionScript导出”复选框，完成后单击 确定 按钮。

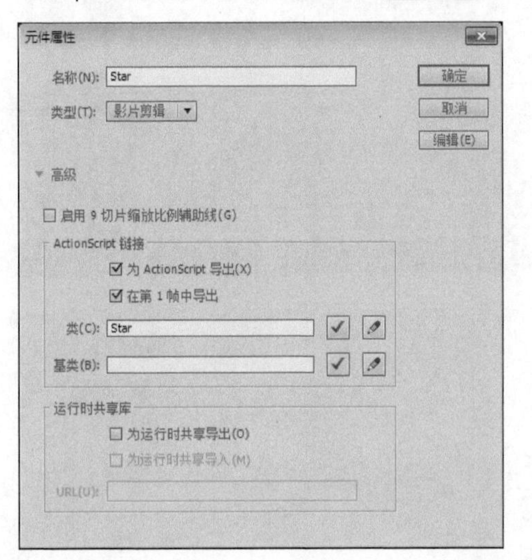

6 新建ActionScript文件。按下【Ctrl+N】组合键打开“新建文档”对话框，选择“ActionScript文件”选项，单击 确定 按钮。

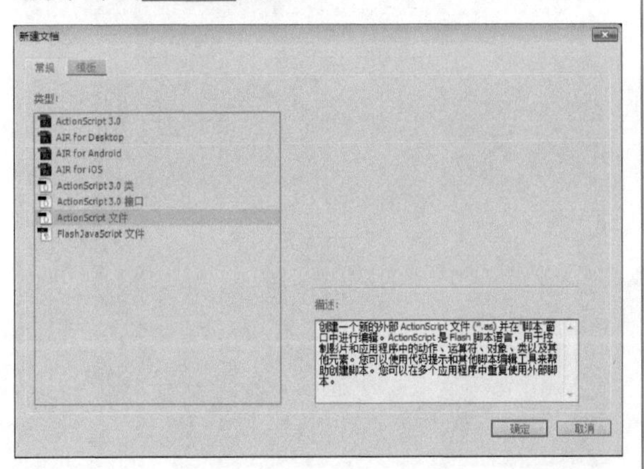

7 添加代码。按【Ctrl+S】组合键将ActionScript文件保存为Star.as，然后在Star.as中输入如下代码：

```
package {
    import flash.display.MovieClip;
    import flash.geom.ColorTransform;
    import flash.events.*;
    public class Star extends MovieClip {
        private var starColor:uint;
        private var starRotation:Number;
        public function Star () {
            this.starColor = Math.random() * 0xffffff;
            var colorInfo:ColorTransform = this.transform.colorTransform;
            colorInfo.color = this.starColor;
            this.transform.colorTransform = colorInfo;
            this.alpha = Math.random();
            this.starRotation =  Math.random() * 10 - 5;
            this.scaleX = Math.random();
            this.scaleY = this.scaleX;
            addEventListener(Event.ENTER_FRAME, rotateStar);
        }
        private function rotateStar(e:Event):void {
            this.rotation += this.starRotation;
        }
    }
}
```

```
Star.as*
目标: 无标题-2.fla
package {
        import flash.display.MovieClip;
        import flash.geom.ColorTransform;
        import flash.events.*;
        public class Star extends MovieClip {
                private var starColor:uint;
                private var starRotation:Number;
                public function Star () {
                        this.starColor = Math.random() * 0xffffff;
                        var colorInfo:ColorTransform = this.transform.colorTransform;
                        colorInfo.color = this.starColor;
                        this.transform.colorTransform = colorInfo;
                        this.alpha = Math.random();
                        this.starRotation =  Math.random() * 10 - 5;
                        this.scaleX = Math.random();
                        this.scaleY = this.scaleX;
                        addEventListener(Event.ENTER_FRAME, rotateStar);
                }
                private function rotateStar(e:Event):void {
                        this.rotation += this.starRotation;
                }
        }
}
第 12 行(共 44 行),第 50 列
```

8 添加代码。返回到主场景中，选择第1帧，按下【F9】键打开“动作”面板，输入如下代码：

```
    for (var i = 0; i < 100; i++) {
            var star:Star = new Star();
             star.x = stage.stageWidth *
Math.random();
            star.y = stage.stageHeight *
Math.random();
            addChild (star);
    }
```

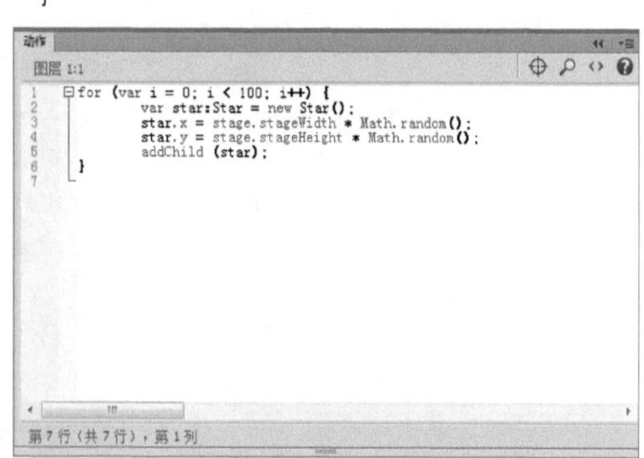

9 导入图像。新建“图层2”，执行“文件→导入→导入到舞台”命令，将一幅图像导入到舞台上，并将“图层2”拖动到“图层1”的下方。

10 欣赏效果。保存文件，然后按下【Ctrl+Enter】组合键，导出动画并欣赏最终效果。

实例49 灯笼

案例说明：本案例通过添加ActionScript代码来制作。

光盘文件：源文件与素材\第7章\灯笼\灯笼.fla

操作步骤

1 设置文档。执行“修改→文档”命令，打开“文档设置”对话框，将“舞台大小”设置为550×450，将“舞台颜色”设置为紫色，完成后单击 确定 按钮。

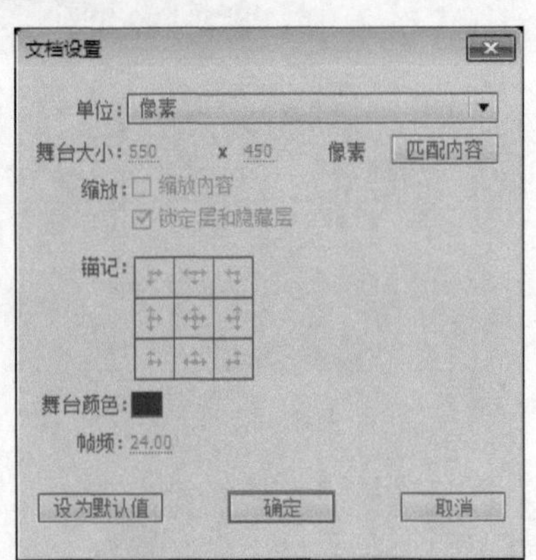

2 添加代码。选中第1帧，在“动作”面板中添加如下代码：

```
var denglong:MovieClip =new MovieClip();
addChild(denglong);
denglong.x=275;
denglong.y=0;
denglong.rotation=5;
var rota:Number=0;
denglong.addEventListener(Event.
ENTER_FRAME ,frame);
function frame(e) {
        var xs:Number=(0-denglong.
rotation)*0.01;
        rota+=xs;
        denglong.rotation+=rota;
}
var diaoxian:Shape =new Shape();
denglong.addChild(diaoxian);
diaoxian.graphics.lineStyle(6, 0xcc6600);
diaoxian.graphics.moveTo(0,0);
diaoxian.graphics.lineTo(0,50);
function Rect():Sprite {
        var sp:Sprite =new Sprite();
         sp.graphics.beginGradientFill
("linear",[0xffbe17,0xf8fd97,0xffbe17],[1,1,1],
[0,128,255]);
          sp.graphics.drawRoundRe
ct(-50,-10,100,20,15,13);
        var mc:Shape=new Shape();
        sp.addChild(mc);
          mc.graphics.lineStyle
(1.5,0x996633,1);
          mc.graphics.drawRoundRe
ct(-48,-9,96,18,13,12);
        return sp;
}
for (var c:int=0; c<4; c++) {
        var rect:Sprite=Rect();
        denglong.addChild(rect);
          c%2==0?[rect.scaleX=rect.
scaleY=0.7,rect.y=50+c*107]:rect.y=c*90-23;
}
function Huxian(n:int):Shape {
```

```
            var hu:Shape=new Shape();
                hu.graphics.beginFill
(0xffbe17,1);
            hu.graphics.moveTo(0,0);
                hu.graphics.curveTo
(n,80,0,160);
                hu.graphics.curveTo
(n+5,80,0,0);
            return hu;
    }
    var ellip:Sprite=new Sprite();
    denglong.addChildAt(ellip,0);
    ellip.y=158;
    ellip.graphics.beginGradientFill("radial",
[0xfea408,0xe20708],[1,1],[0,255]);
    ellip.graphics.drawEllipse(-120,-85,
240,170);
    for (var d:int=0; d<4; d++) {
            var n:int;
            var huxian:Shape=Huxian(d%4==0?
n=-80:d%4==1?n=-60:d%4==2?n=60:d%4
==3?n=80:0);
            ellip.addChild(huxian);
            huxian.x=-45+d*30;
            huxian.y=-80;
    }
    function line():Sprite {
            var sp:Sprite =new Sprite();
                sp.graphics.lineStyle
(0.5,0xffff00,1);
            sp.graphics.moveTo(0,0);
            sp.graphics.lineTo(0,60);
            return sp;
    }
    for (var a:int=0; a<15; a++) {
            var mc:Sprite=line();
            denglong.addChild(mc);
            mc.x=a*4-28;
            mc.y=270;
    }
```

```
var denglong:MovieClip =new MovieClip();
addChild(denglong);
denglong.x=275;
denglong.y=0;
denglong.rotation=5;
var rota:Number=0;
denglong.addEventListener(Event.ENTER_FRAME ,frame);
function frame(e) {
        var xs:Number=(0-denglong.rotation)*0.01;
        rota+=xs;
        denglong.rotation+=rota;
}
var diaoxian:Shape =new Shape();
denglong.addChild(diaoxian);
diaoxian.graphics.lineStyle(6, 0xcc6600);
diaoxian.graphics.moveTo(0,0);
diaoxian.graphics.lineTo(0,50);
function Rect():Sprite {
        var sp:Sprite =new Sprite();
        sp.graphics.beginGradientFill("linear" ,[0xffbe17,0xf8fd97,0xffbe17],[1,1,1],[0,128,255]);
        sp.graphics.drawRoundRect(-50,-10,100,20,15,13);
        var mc:Shape=new Shape();
        sp.addChild(mc);
        mc.graphics.lineStyle(1.5,0x996633,1);
```

第107行（共122行），第1列

3 欣赏效果。保存文件，然后按下【Ctrl+Enter】组合键，导出动画并欣赏最终效果。

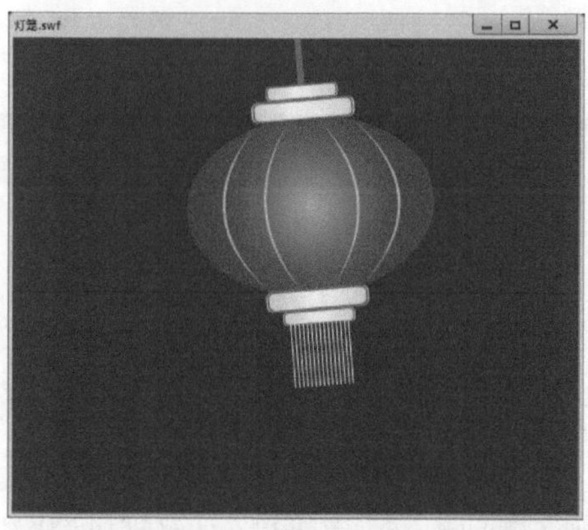

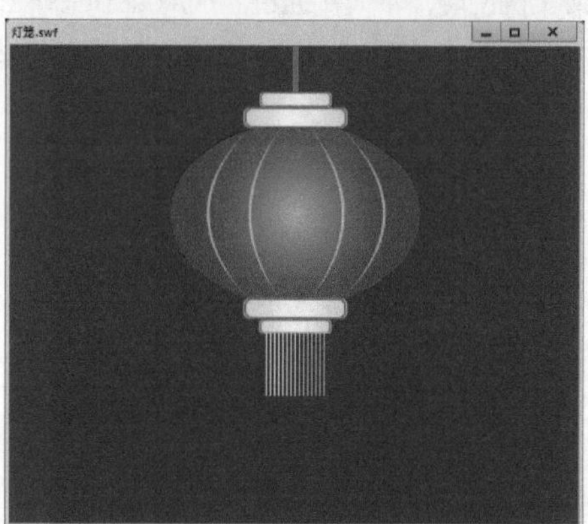

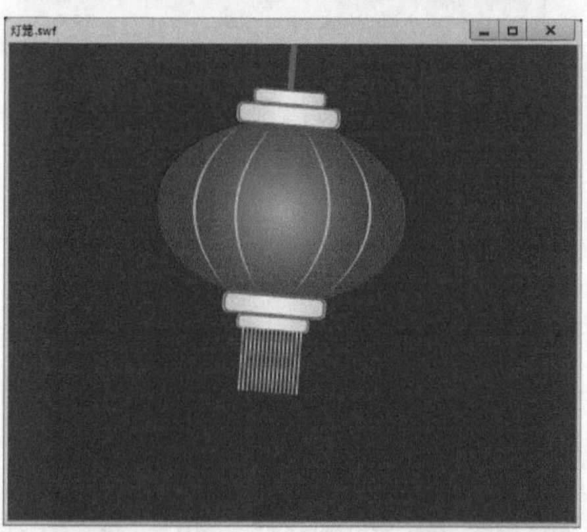

08 章 鼠标特效动画实例

- 擦出来的甜蜜
- 水纹特效
- 跟随鼠标的弹性文字
- 开花效果
- 跟随鼠标的箭头
- 烟花绽放
- 弹性小球

实例50 擦出来的甜蜜

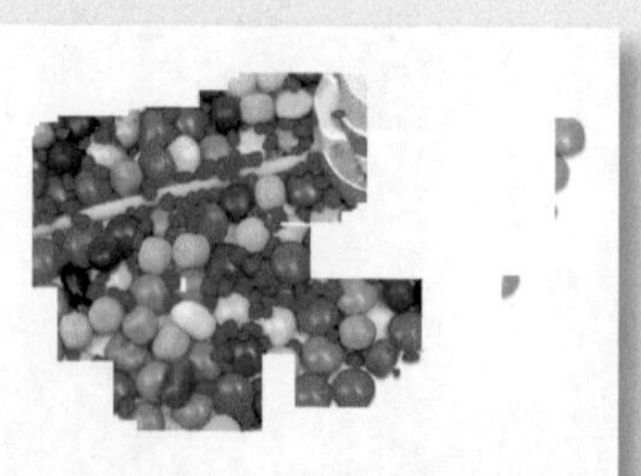

案例说明：本例利用ActionScript脚本制作一个使用鼠标在空白处擦出图像的效果。

光盘文件：源文件与素材\第8章\擦出来的甜蜜\擦出来的甜蜜.fla

操作步骤

1 设置文档。执行“修改→文档”命令，打开“文档设置”对话框，将“舞台大小”设置为620×460，将“帧频”设置为“40”，完成后单击 确定 按钮。

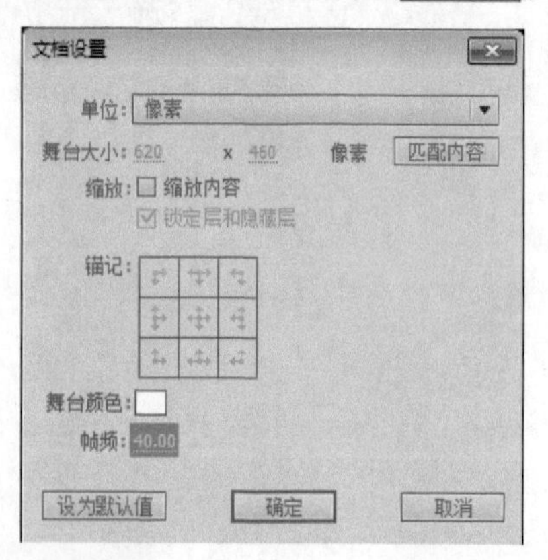

2 导入图像。将一幅素材图像导入到舞台上。

3 转换元件。选择导入的图片，按下【F8】键，打开“转换为元件”对话框，在“名称”文本框中输入元件的名称“pic”，在“类型”下拉列表中选择“影片剪辑”选项，设置完成后单击 确定 按钮。

4 设置实例名。保持元件的选中状态，打开“属性”面板，将其实例名称设置为“imageMC”。

5 添加代码。新建“图层2”，选中该图层的第1

帧，按下【F9】键打开“动作”面板，在“动作”面板中添加如下代码：

```
    var container:Sprite = new Sprite();
    addChild (container);
    imageMC.mask = container;
    container.graphics.moveTo (mouseX,
mouseY);
    addEventListener (Event.ENTER_FRAME,
enterFrameHandler);
    /*Draw a new rectangle in each frame
and add it onto the container
    NOTE: you can use all kinds of shapes,
not just rectangles! */
    function enterFrameHandler (e:Event):void {
        container.graphics.beginFill
(0xff0000);
        container.graphics.drawRect(mouseX
- 50, mouseY - 50, 100, 100);
        container.graphics.endFill();
    }
    Mouse.hide();
```

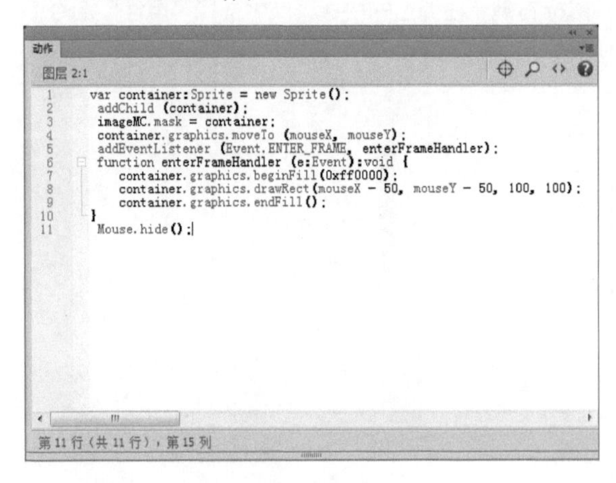

6 欣赏效果。保存文件，然后按下【Ctrl+Enter】组合键，导出动画并欣赏最终效果。

提示

鼠标特效是Flash动画中应用很广泛的一种动画特效。鼠标操作是制作互动影片的核心，根据鼠标的特性，可以实现很多鼠标的特殊效果，比较常见的有鼠标跟随、鼠标拖动等。

鼠标特效主要表现的对象是鼠标，通过和其他各种不同的动画元素及ActionScript代码进行配合，采用各种制作方法，并结合制作的创意，就可以制作出各种鼠标特效。特别是与ActionScript代码配合，可以使简单的动画具有绚丽的效果。

实例51 水纹特效

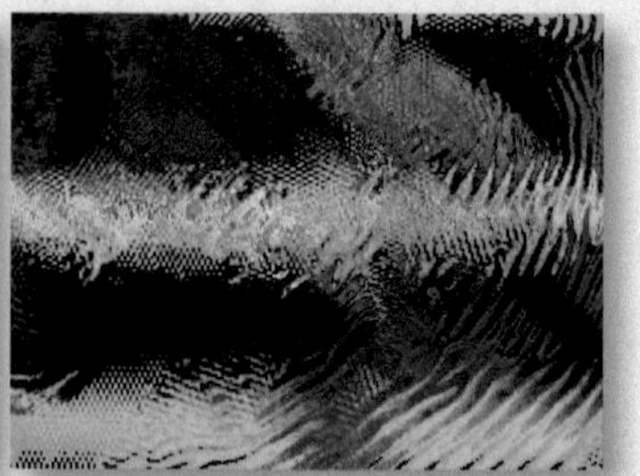

案例说明：本例利用ActionScript脚本制作一个鼠标经过图片时，图片上产生阵阵水纹的效果。

光盘文件：源文件与素材\第8章\水纹特效\水纹特效.fla

操作步骤

1 新建文档。新建一个Flash空白文档，执行“修改→文档”命令，打开“文档设置”对话框，在对话框中将“舞台大小”设置为400×300，将“帧频”设置为“30”，完成后单击确定按钮。

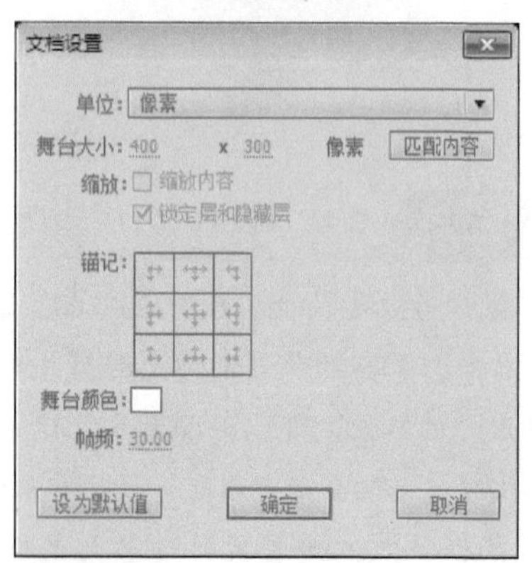

2 导入图像到库。执行“文件→导入→导入到库”菜单命令，将一幅图片导入到“库”面板中。

3 选择“属性”命令。在“库”面板中的图像上单击鼠标右键，在弹出的快捷菜单中选择“属性”命令。

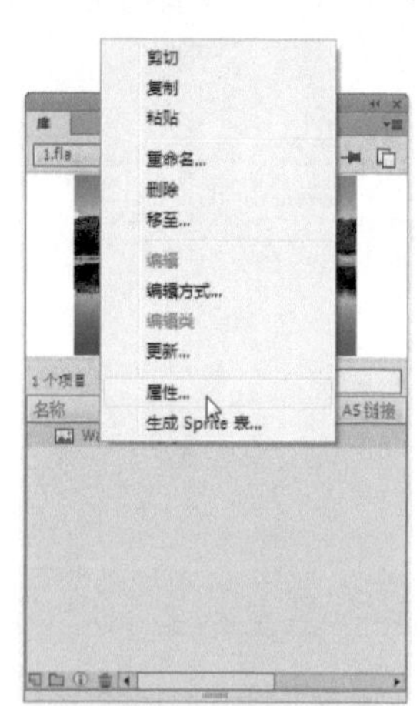

4 设置属性。打开“位图属性”对话框，选择“ActionScript”选项卡，选择“为ActionScript导出”，在“类”文本框中输入“pic00”，完成后单击确定按钮。

5 新建ActionScript文件。按【Ctrl+N】组合键打开"新建文档"对话框，选择"ActionScript文件"选项，单击 确定 按钮。

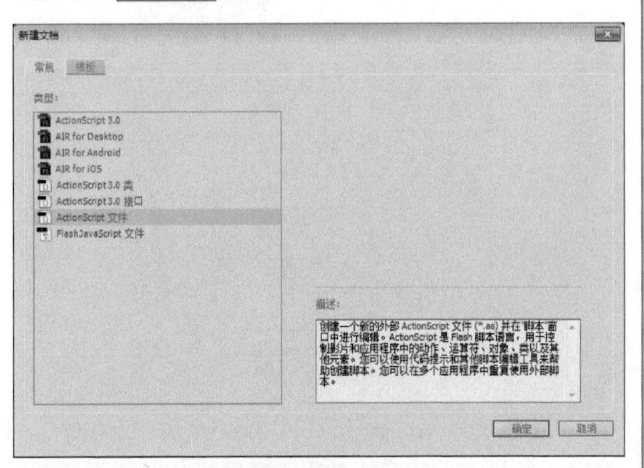

6 按【Ctrl+S】组合键将其保存为waveclass.as。在waveclass.as中输入如下代码：

```
package {
    import flash.display.*;
    import flash.events.*;
    import flash.filters.ConvolutionFilter;
    import flash.filters.DisplacementMapFilter;
    import flash.geom.*;
    import flash.net.URLRequest;
    public class waveclass extends Sprite {
        private var mouseDown:Boolean = false;
        private var damper,result,result2,source,buffer,output,surface:BitmapData;
        var pic:Bitmap;
        private var bounds:Rectangle;
        private var origin:Point;
        private var matrix,matrix2:Matrix;
        private var wave:C onvolutionFilter;
        private var damp: ColorTransform;
        private var water: DisplacementMapFilter;
        //
        private var imgW:Number = 400;
        private var imgH:Number = 300;

        public function waveclass () {
            super ();
            buildwave ();
        }
        private function buildwave () {
            damper = new BitmapData(imgW, imgH, false, 128);
            result = new BitmapData(imgW, imgH, false, 128);
            result2 = new BitmapData(imgW*2, imgH*2, false, 128);
            source = new BitmapData(imgW, imgH, false, 128);
            buffer = new BitmapData(imgW, imgH, false, 128);
            output = new BitmapData(imgW*2, imgH*2, true, 128);
            bounds = new Rectangle(0, 0, imgW, imgH);
            origin = new Point();
            matrix = new Matrix();
            matrix2 = new Matrix();
            matrix2.a = matrix2.d=2;。
            wave = new ConvolutionFilter(3, 3, [1, 1, 1, 1, 1, 1, 1, 1, 1], 9, 0);
            damp = new ColorTransform(0, 0, 9.960937E-001, 1, 0, 0, 2, 0);
            water = new DisplacementMapFilter(result2, origin, 4, 4, 48, 48);
            var _bg:Sprite = new Sprite();
            addChild (_bg);
            _bg.graphics.beginFill (0xFFFFFF,0);
            _bg.graphics.drawRect (0,0,imgW,imgH);
            _bg.graphics.endFill ();
            addChild (new Bitmap(output));
            buildImg ();
        }
        private function frameHandle(_e:Event):void {

            var _x:Number = mouseX/2;
            var _y:Number = mouseY/2;
            source.setPixel (_x+1, _y, 16777215);
```

```
                        source.setPixel (_
x-1, _y, 16777215);
                        source.setPixel (_
x, _y+1, 16777215);
                        source.setPixel (_
x, _y-1, 16777215);
                        source.setPixel (_
x, _y, 16777215);
                        result.applyFilter
(source, bounds, origin, wave);
                        result.draw(result,
matrix, null, BlendMode.ADD);
                        result.draw (buffer,
matrix, null, BlendMode.DIFFERENCE);
                        result.draw (result,
matrix, damp);
                        result2.draw (result,
matrix2, null, null, null, true);。
                output.applyFilter (surface,
new Rectangle(0, 0, imgW, imgH), origin,
water);
                        buffer = source;
                        source = result.clone();
                }
                private function buildImg
():void {
                        surface = new pic00
(10,10);
                        addEventListener
(Event.ENTER_FRAME,frameHandle);
                }
        }
    }
```

```
waveclass.as
目标: 1.fla
1  package {
2      import flash.display.*;
3      import flash.events.*;
4      import flash.filters.ConvolutionFilter;
5      import flash.filters.DisplacementMapFilter;
6      import flash.geom.*;
7      import flash.net.URLRequest;
8      public class waveclass extends Sprite {
9          private var mouseDown:Boolean = false;
10         private var damper,result,result2,source,buffer,output,surface:BitmapData;
11         var pic:Bitmap;
12         private var bounds:Rectangle;
13         private var origin:Point;
14         private var matrix,matrix2:Matrix;
15         private var wave:ConvolutionFilter;
16         private var damp:ColorTransform;
17         private var water:DisplacementMapFilter;
18         //
19         private var imgW:Number = 400;
20         private var imgH:Number = 300;
21
22         public function waveclass () {
23             super ();
24             buildwave ();
25         }
26         private function buildwave () {
27             damper = new BitmapData(imgW, imgH, false, 128);
28             result = new BitmapData(imgW, imgH, false, 128);
29             result2 = new BitmapData(imgW*2, imgH*2, false, 128);
30             source = new BitmapData(imgW, imgH, false, 128);
31             buffer = new BitmapData(imgW, imgH, false, 128);
32             output = new BitmapData(imgW*2, imgH*2, true, 128);
33             bounds = new Rectangle(0, 0, imgW, imgH);
34             origin = new Point();
35             matrix = new Matrix();
36             matrix2 = new Matrix();
37             matrix2.a = matrix2.d=2;
38             wave = new ConvolutionFilter(3, 3, [1, 1, 1, 1, 1, 1, 1, 1, 1], 9, 0);
39             damp = new ColorTransform(0, 0, 9.960937E-001, 1, 0, 0, 2, 0);
40             water = new DisplacementMapFilter(result2, origin, 4, 4, 48, 48);
41             var _bg:Sprite = new Sprite();
42             addChild (_bg);
43             _bg.graphics.beginFill (0xFFFFFF,0);
44             _bg.graphics.drawRect (0,0,imgW,imgH);
45             _bg.graphics.endFill ();
46             addChild (new Bitmap(output));
第 6 行（共 72 行），第 25 列
```

7 设置类名称。返回到主场景中，打开“属性”面板，在“类”文本框中输入“waveclass”。

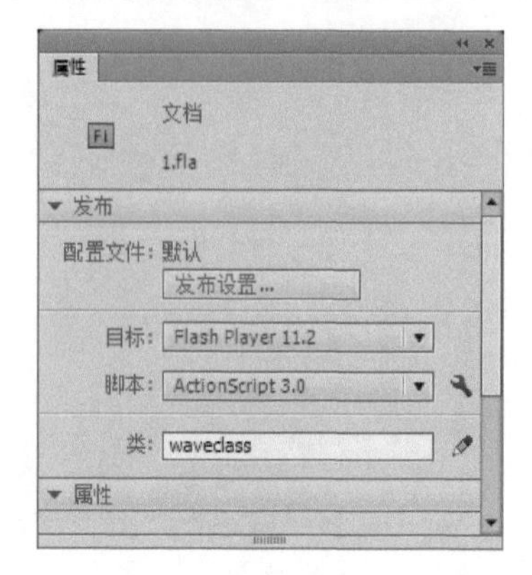

8 欣赏最终效果。保存文件，按下【Ctrl+Enter】组合键，欣赏本例的完成效果，将鼠标放置于图片上，图片上就产生了阵阵水纹。

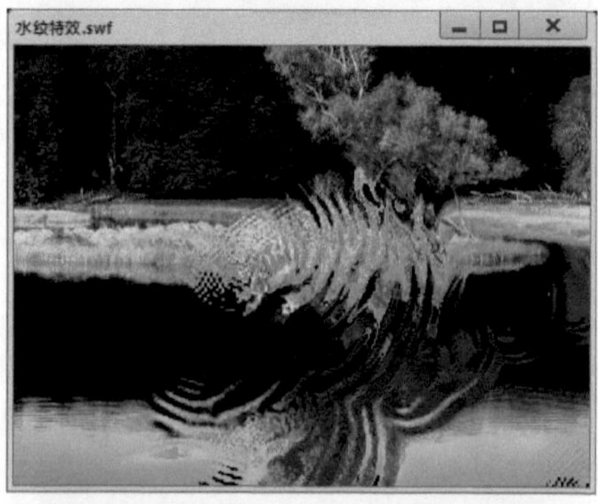

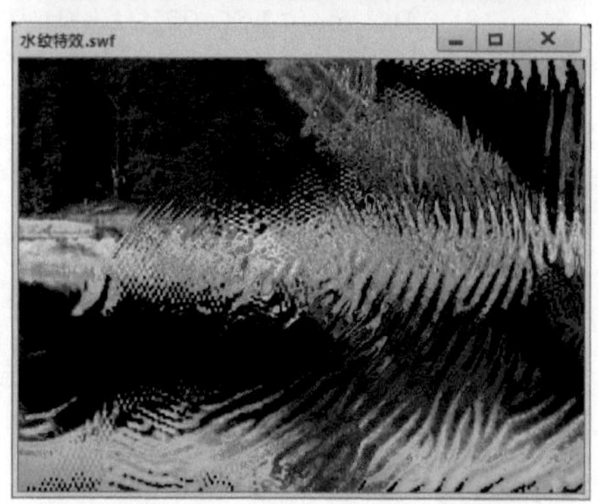

实例52 跟随鼠标的弹性文字

案例说明：本例利用ActionScript脚本制作一个跟随鼠标的弹性文字效果。

光盘文件：源文件与素材\第8章\跟随鼠标的弹性文字\跟随鼠标的弹性文字.fla

操作步骤

1 新建文档。新建一个Flash空白文档，执行“修改→文档”命令，打开“文档设置”对话框，在对话框中将“舞台大小”设置为560×420，将“帧频”设置为“30”，完成后单击 确定 按钮。

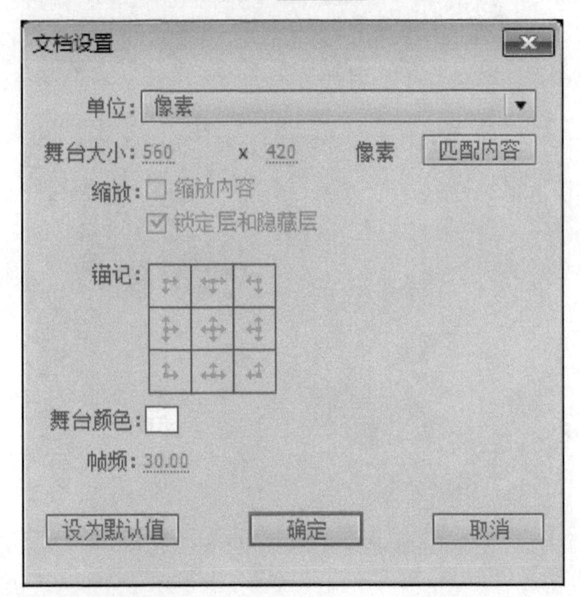

2 导入图像。执行“文件→导入→导入到舞台”命令，导入一幅图像到舞台上。

3 输入代码。新建“图层2”，选中该图层的第1帧，按下【F9】键打开“动作”面板，在“动作”面板中添加如下代码：

```
var str:String="荷塘月色";
var arr:Array =[];
var i:int;
var sp:Sprite=new Sprite();
addChild (sp);
for (i=0; i<str.length; i++)
{
 var mc:MovieClip =new MovieClip();
 sp.addChild (mc);
```

```
    mc.x=560 ;
    var txt:TextField =new TextField();
    txt.text=str.substr(i,1);
    mc.addChild (txt);
    mc.filters=[new DropShadowFilter(4,45,
0x00000,1,4,4,1,1)];
    var F:TextFormat = new TextFormat();
    F.size=30;
    F.color=0xFFFF00;
    txt.setTextFormat (F);
    arr.push (mc);
   }
   addEventListener (Event.ENTER_FRAME,f);
   function f (e:Event)
   {
    arr[0].x+=(mouseX-10-arr[0].x)/10;
    arr[0].y+=(mouseY-10-arr[0].y)/10;
    for (i=1; i < arr.length; i++)
    {
      arr[i].x+=(arr[i-1].x-arr[i].x)/10;
      arr[i].y+=(arr[i-1].y-arr[i].y)/10;
     }
   }
```

动作

图层 1:1

```
1   var str:String="荷塘月色";
2   var arr:Array =[];
3   var i:int;
4   var sp:Sprite=new Sprite();
5   addChild (sp);
6   for (i=0; i<str.length; i++)
7   {
8    var mc:MovieClip =new MovieClip();
9    sp.addChild (mc);
10   mc.x=560 ;
11   var txt:TextField =new TextField();
12   txt.text=str.substr(i,1);
13   mc.addChild (txt);
14   mc.filters=[new DropShadowFilter(4,45, 0x00000,1,4,4,1,1)];
15   var F:TextFormat = new TextFormat();
16   F.size=30;
17   F.color=0xFFFF00;
18   txt.setTextFormat (F);
19   arr.push (mc);
20  }
21  addEventListener (Event.ENTER_FRAME,f);
22  function f (e:Event)
23  {
24   arr[0].x+=(mouseX-10-arr[0].x)/10;
25   arr[0].y+=(mouseY-10-arr[0].y)/10;
26   for (i=1; i < arr.length; i++)
27   {
28    arr[i].x+=(arr[i-1].x-arr[i].x)/10;
29    arr[i].y+=(arr[i-1].y-arr[i].y)/10;
30   }
31  }
```

第 17 行（共 31 行），第 12 列

4 欣赏最终效果。保存文件，按下【Ctrl+Enter】组合键，欣赏本例的完成效果。

实例53 开花效果

案例说明：本例使用了ActionScript技术来制作鼠标控制开花的效果。

光盘文件：源文件与素材\第8章\开花效果\开花效果.fla

操作步骤

1 设置文档。新建一个Flash文档，执行“修改→文档”命令，打开“文档设置”对话框，在对话框中将“舞台颜色”设置黄色，将“帧频”设置为“30”，完成后单击 确定 按钮。

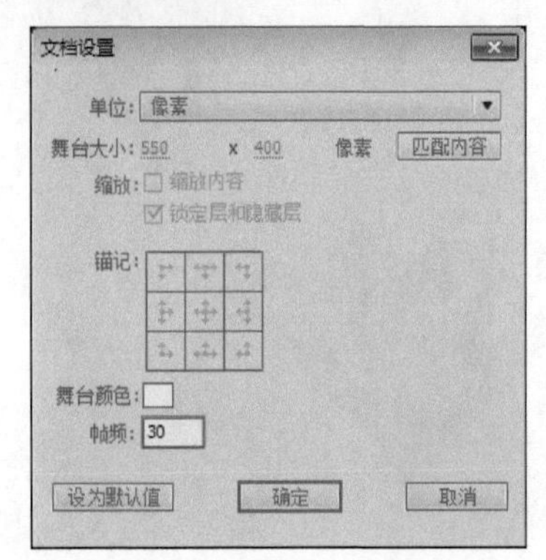

2 添加代码。选中“图层1”的第1帧，按下【F9】键打开“动作”面板，在“动作”面板中添加如下代码：

```
var pX:Array=new Array();
var pY:Array=new Array();
var pZ:Array=new Array();
var plan:Array=new Array();
var f:Number=700,dt:Number,mm:Number,mn:Number,m:Number,k1:Number=16.2,du:Number;。var t:uint=0,k:uint=0,i:uint,j:uint,l:uint;
for (i=0; i<450; i++) {
    plan[i]=new MovieClip();
    addChild(plan[i]);
}
addEventListener(Event.ENTER_FRAME,frame);
function frame(e:Event) {
    k=(k+1)%180;
    (mouseY>250)?du=1:(mouseY<50?du=0:du=(mouseY-50)/200);
    for (i=0; i<15; i++) {
        for (l=0; l<4; l++) {
            pX[i*4+l]=[];
            pY[i*4+l]=[];
            pZ[i*4+l]=[];
            mm=2.5;
    mn=290+1.5*(i%3);
for (j=0; j<11; j++) {
        m=(19+(i%3)*4)*Math.cos
```

```
(j*Math.PI/9)+du*(1+i%3)*j*6;
                        pX[i*4+l][j]=mm*Math.cos(i*Math.PI/7.5+k*Math.PI/90+(l-1.5)*k1*(Math.sin(j*Math.PI/10)+0.05)/mm);
                        pZ[i*4+l][j]=mm*Math.sin(i*Math.PI/7.5+k*Math.PI/90+(l-1.5)*k1*(Math.sin(j*Math.PI/10)+0.05)/mm);
                        pY[i*4+l][j]=mn-Math.abs(l-1.5)*Math.sin(j*Math.PI/10)*du;。
                        mm=mm+25*Math.sin(m*Math.PI/180);
                        mn=mn-25*Math.cos(m*Math.PI/180)*(1+(i%3)/20);
                }
        }
    }

    t=0;
    for (i=0; i<15; i++) {
        for (l=0; l<3; l++) {
            for (j=0; j<10; j++) {
                plan[t].graphics.clear();
                plan[t].di=pZ[i*4+l][j]+pZ[i*4+l][j+1]+pZ[i*4+l+1][j]+pZ[i*4+l+1][j+1];
                plan[t].graphics.beginFill(12*(11+j)<<16|0<<8|70*(2-i%3));;
                plan[t].graphics.moveTo(pX[i*4+l][j]*f/(f+pZ[i*4+l][j])+275,pY[i*4+l][j]*f/(f+pZ[i*4+l][j]));
                plan[t].graphics.lineTo(pX[i*4+l][j+1]*f/(f+pZ[i*4+l][j+1])+275,pY[i*4+l][j+1]*f/(f+pZ[i*4+l][j+1]));
                plan[t].graphics.lineTo(pX[i*4+l+1][j+1]*f/(f+pZ[i*4+l+1][j+1])+275,pY[i*4+l+1][j+1]*f/(f+pZ[i*4+l+1][j+1]));
                plan[t].graphics.lineTo(pX[i*4+l+1][j]*f/(f+pZ[i*4+l+1][j])+275,pY[i*4+l+1][j]*f/(f+pZ[i*4+l+1][j]));
                plan[t].graphics.lineTo(pX[i*4+l][j]*f/(f+pZ[i*4+l][j])+275,pY[i*4+l][j]*f/(f+pZ[i*4+l][j]));
                plan[t].graphics.endFill();
                t++;
            }
        }
    }
    plan.sortOn( "di" ,Array.NUMERIC);
    for (j=0; j<450; j++) {
        setChildIndex(plan[j],449-j);
    }
}
```

3 欣赏最终效果。保存文件，按下【Ctrl+Enter】组合键，欣赏本例的完成效果。

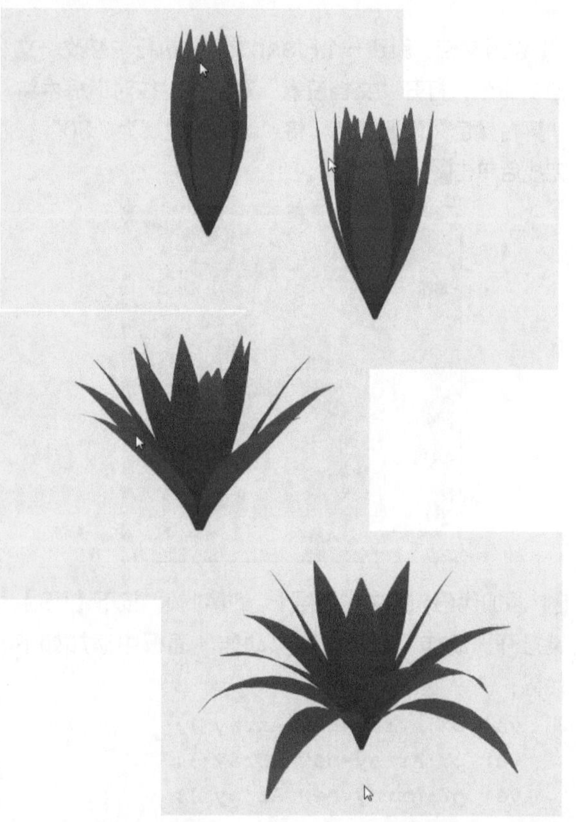

跟随鼠标的箭头

案例说明：本例主要通过ActionScript技术与文档类来编辑制作跟随鼠标的箭头效果。

光盘文件：源文件与素材\第8章\跟随鼠标的箭头\跟随鼠标的箭头.fla

操作步骤

1 设置文档。新建一个Flash文档，执行“修改→文档”命令，打开“文档设置”对话框，在对话框中将“舞台大小”设置为580×400，将“舞台颜色”设置为黑色，“帧频”设置为“30”，完成后单击 确定 按钮。

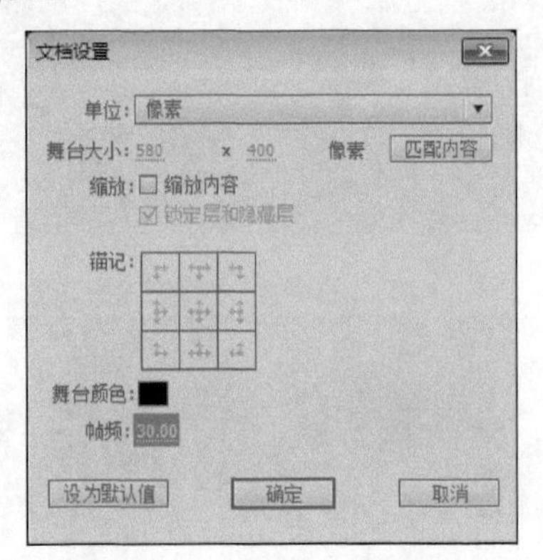

2 新建文档类。按【Ctrl+N】组合键打开“新建文档”对话框，选择“ActionScript 3.0类”选项，在“类名称”文本框中输入“Rotation”，完成后单击 确定 按钮。

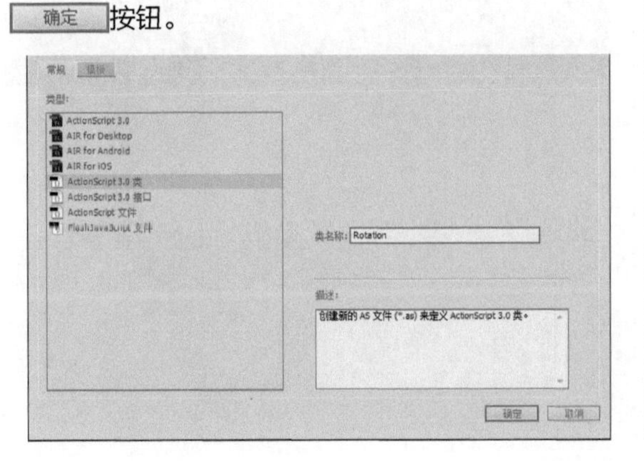

3 输入代码。按【Ctrl+S】组合键将其保存为Rotations.as。在Rotation.as中输入如下代码：

```
package  {
import flash.display.Sprite;
import flash.events.Event;
public class Rotation extends Sprite
{
private var arrow:Sprite;
public function Rotation() {
arrow=Arrow();
addChild(arrow);
arrow.x=50;
arrow.y=50;
arrow.addEventListener(Event.ENTER_
FRAME,moveArrow);
}
private function Arrow():Sprite{
var sp:Sprite=new Sprite;
sp.graphics.beginFill(0xffff00);
sp.graphics.moveTo(-30,-10);
sp.graphics.lineTo(0,-10);
sp.graphics.lineTo(0,-30);
sp.graphics.lineTo(30,0);
sp.graphics.lineTo(0,30);
sp.graphics.lineTo(0,10);
sp.graphics.lineTo(-30,10);
sp.graphics.lineTo(-30,-10);
sp.graphics.endFill();
return sp;
}
public function  moveArrow(evt:Event)
```

```
:void{
    var dx:Number=mouseX-arrow.x;
    var dy:Number=mouseY-arrow.y;
    var angle:Number=Math.atan2(dy,dx);
    arrow.rotation=angle*180/Math.PI;
    var vx:Number=dx/10;
    var vy:Number=dy/10;
    arrow.x+=vx;
    arrow.y+=vy;
    }


    }


    }
```

```
Rotation.as
目标: 无标题-6.fla
1  package  {
2  import flash.display.Sprite;
3  import flash.events.Event;
4  public class Rotation extends Sprite {
5  private var arrow:Sprite;
6  public function Rotation() {
7  arrow=Arrow();
8  addChild(arrow);
9  arrow.x=50;
10 arrow.y=50;
11 arrow.addEventListener(Event.ENTER_FRAME,moveArrow);
12 }
13 private function Arrow():Sprite{
14 var sp:Sprite=new Sprite;
15 sp.graphics.beginFill(0xffff00);
16 sp.graphics.moveTo(-30,-10);
17 sp.graphics.lineTo(0,-10);
18 sp.graphics.lineTo(0,-30);
19 sp.graphics.lineTo(30,0);
20 sp.graphics.lineTo(0,30);
21 sp.graphics.lineTo(0,10);
22 sp.graphics.lineTo(-30,10);
23 sp.graphics.lineTo(-30,-10);
24 sp.graphics.endFill();
25 return sp;
26 }
27 public function moveArrow(evt:Event):void{
28 var dx:Number=mouseX-arrow.x;
29 var dy:Number=mouseY-arrow.y;
30 var angle:Number=Math.atan2(dy,dx);
31 arrow.rotation=angle*180/Math.PI;
32 var vx:Number=dx/10;
33 var vy:Number=dy/10;
34 arrow.x+=vx;
35 arrow.y+=vy;
36 }
37
38 }
39
40 }
第 16 行 (共 41 行), 第 29 列
```

4 设置类名称。返回到主场景中，打开“属性”面板，在“类”文本框中输入“Rotation”。

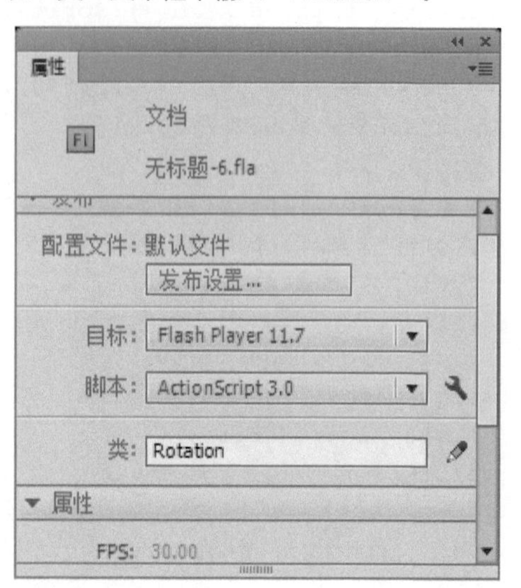

5 欣赏效果。执行“文件→保存”命令，保存文件，然后按下【Ctrl+Enter】组合键输出测试影片。

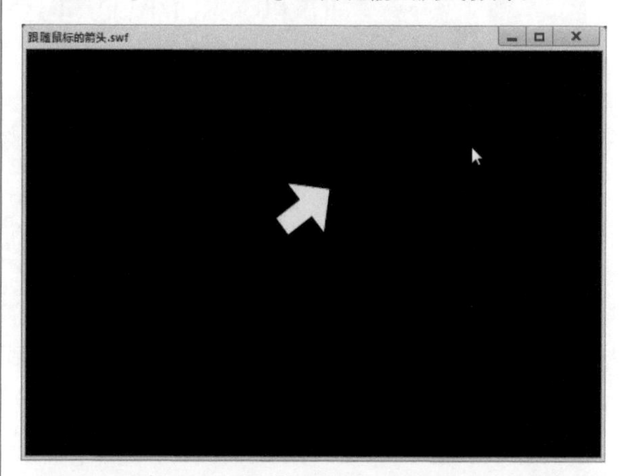

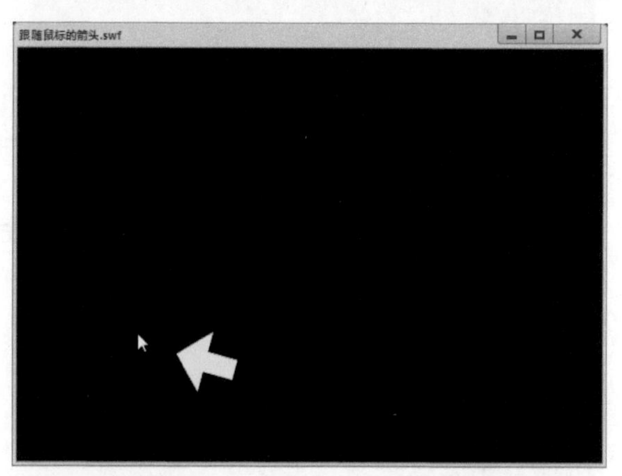

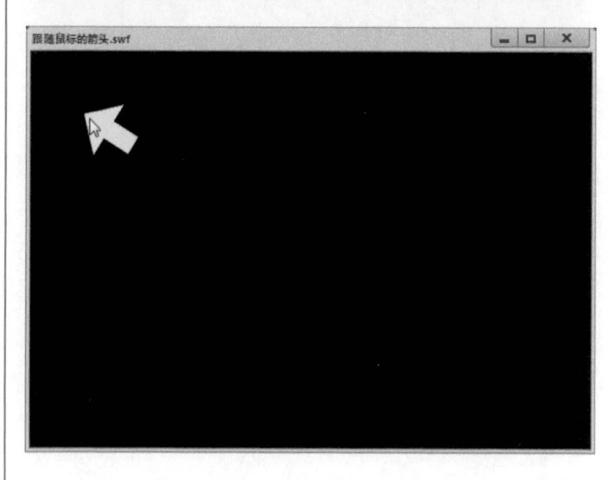

实例55 烟花绽放

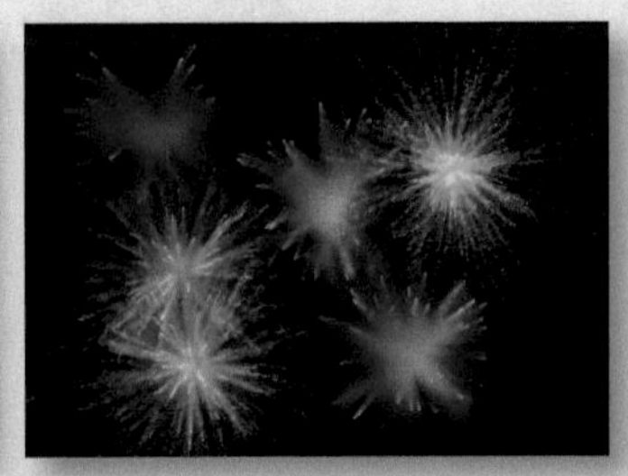

案例说明：本例使用Action Script技术制作当鼠标单击画面时，烟花绽放的效果。

光盘文件：源文件与素材\第8章\烟花绽放\烟花绽放.fla

操作步骤

1 设置文档。新建一个Flash文档，执行“修改→文档”命令，打开“文档设置”对话框，在对话框中将“舞台颜色”设置为黑色，将“帧频”设置为“30”，完成后单击 确定 按钮。

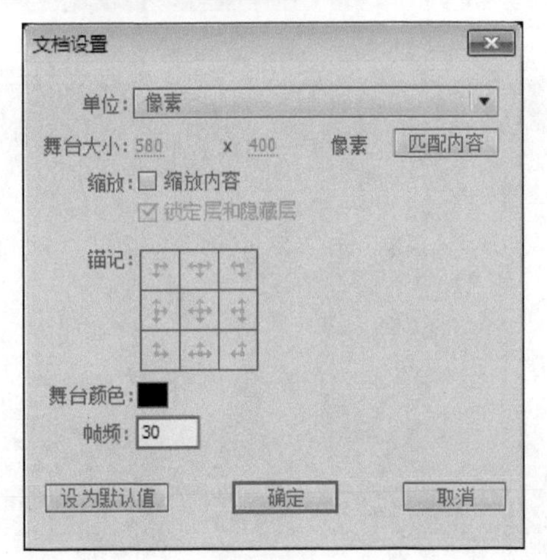

2 添加代码。选中“图层1”的第1帧，按下【F9】键打开“动作”面板，在“动作”面板中添加如下代码：

```
var BitmapData0:BitmapData = new BitmapData(550, 400, false, 0x0);
var Bitmap0:Bitmap = new Bitmap(BitmapData0);
addChild(Bitmap0);
var dotArr:Array = new Array();
stage.addEventListener(MouseEvent.MOUSE_DOWN,mouse_down);
function mouse_down(evt:MouseEvent) {
        var color:Number = 0xff000000+int(Math.random()*0xffffff);
      for (var i:Number = 0; i<500; i++) {
            var v:Number = Math.random()*10;
            var a:Number =Math.random()*Math.PI*2;
           var xx:Number = v*Math.cos(a)+stage.mouseX;
           var yy:Number = v*Math.sin(a)+stage.mouseY;
            var mouseP:Point=new Point(stage.mouseX,stage.mouseY);
        if (Math.random()>0.6) {
                var cc:Number = 0xffffffff;
        } else {
            cc= color;
```

```
        }
        dotArr.push([xx, yy, v*Math.
cos(a), v*Math.sin(a), cc,mouseP]);
    }
}
var cf:ConvolutionFilter = new
ConvolutionFilter(3, 3, [1, 1, 1, 1, 32,
1, 1, 1, 1], 40,0);
stage.addEventListener(Event.ENTER_
FRAME,enter_frame);
function enter_frame(evt:Event) {
    for (var i:Number = 0;
i<dotArr.length; i++) {
            BitmapData0.
setPixel32(dotArr[i][0],dotArr[i]
[1],dotArr[i][4]);
        dotArr[i][0] += dotArr[i]
[2]*Math.random();
        dotArr[i][1] += dotArr[i]
[3]*Math.random();
            var dotP:Point=new
Point(dotArr[i][0],dotArr[i][1]);
            var b1:Boolean=Point.
distance(dotP,dotArr[i][5])>80;
            var b2:Boolean=Math.
abs(dotArr[i][2])+Math.abs(dotArr[i]
[3])<0.5;
        if ((b1 || b2) && Math.
random()>0.9) {
            dotArr.splice(i,1);
        }
    }
    BitmapData0.applyFilter(BitmapData0.
clone(),BitmapData0. rect,new Point(0,
0),cf);
}
```

动作

图层 1:1

```
1   var BitmapData0:BitmapData = new BitmapData(550, 400, false, 0x0);
2   var Bitmap0:Bitmap = new Bitmap(BitmapData0);
3   addChild(Bitmap0);
4   var dotArr:Array = new Array();
5   stage.addEventListener(MouseEvent.MOUSE_DOWN,mouse_down);
6   function mouse_down(evt:MouseEvent) {
7       var color:Number = 0xff000000+int(Math.random()*0xffffff);
8       for (var i:Number = 0; i<500; i++) {
9           var v:Number = Math.random()*10;
10          var a:Number =Math.random()*Math.PI*2;
11          var xx:Number = v*Math.cos(a)+stage.mouseX;
12          var yy:Number = v*Math.sin(a)+stage.mouseY;
13          var mouseP:Point=new Point(stage.mouseX,stage.mouseY);
14          if (Math.random()>0.6) {
15              var cc:Number = 0xffffffff;
16          } else {
17              cc= color;
18          }
19          dotArr.push([xx, yy, v*Math.cos(a), v*Math.sin(a), cc,mouseP]);
20      }
21  }
22  var cf:ConvolutionFilter = new ConvolutionFilter(3, 3, [1, 1, 1, 1, 32, 1, 1, 1, 1], 40,0);
23  stage.addEventListener(Event.ENTER_FRAME,enter_frame);
24  function enter_frame(evt:Event) {
25      for (var i:Number = 0; i<dotArr.length; i++) {
26          BitmapData0.setPixel32(dotArr[i][0],dotArr[i][1],dotArr[i][4]);
27          dotArr[i][0] += dotArr[i][2]*Math.random();
28          dotArr[i][1] += dotArr[i][3]*Math.random();
29          var dotP:Point=new Point(dotArr[i][0],dotArr[i][1]);
30          var b1:Boolean=Point.distance(dotP,dotArr[i][5])>80;
31          var b2:Boolean=Math.abs(dotArr[i][2])+Math.abs(dotArr[i][3])<0.5;
32          if ((b1 || b2) && Math.random()>0.9) {
33           dotArr.splice(i,1);
34          }
35      }
36      BitmapData0.applyFilter(BitmapData0.clone(),BitmapData0.rect,new Point(0, 0),cf);
37  }
38
```

第 17 行（共 38 行），第 24 列

3 欣赏最终效果。保存文件，按下【Ctrl+Enter】组合键，欣赏本例的完成效果。

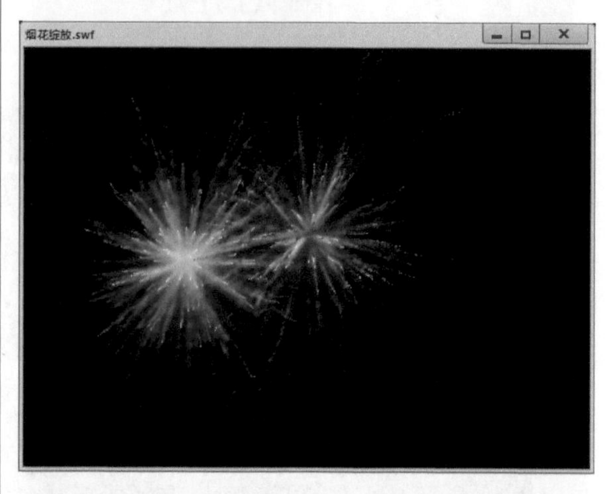

实例56 弹性小球

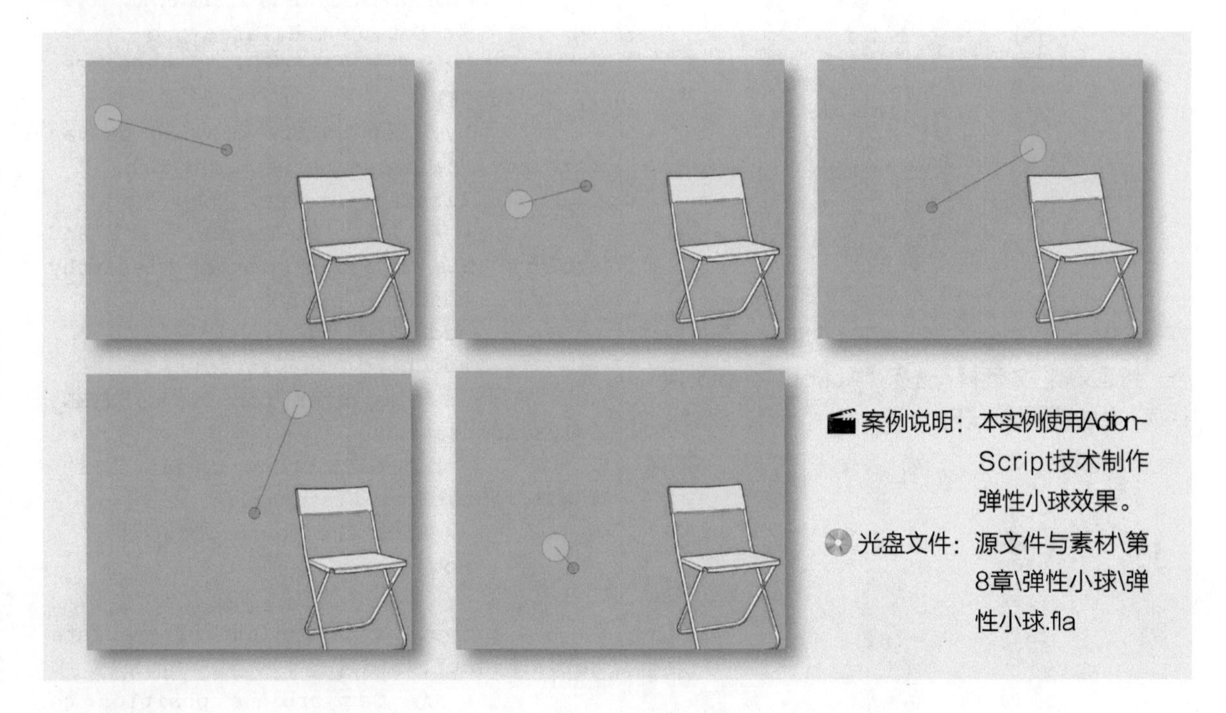

案例说明：本实例使用ActionScript技术制作弹性小球效果。

光盘文件：源文件与素材\第8章\弹性小球\弹性小球.fla

操作步骤

1 设置文档。在Flash CC中新建一个Flash空白文档。执行“修改→文档”命令，打开“文档设置”对话框，将“舞台大小”设置为600×500，将“帧频”设置为“36”，设置完成后单击确定按钮。

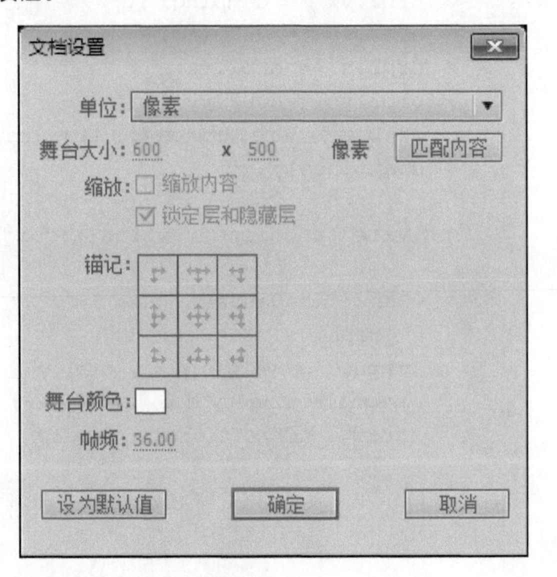

2 导入图像。执行“文件→导入→导入到舞台”命令，将一幅背景图像导入到舞台上。

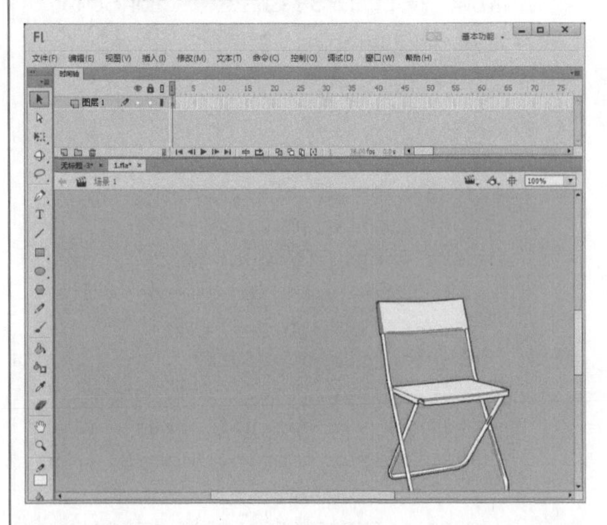

3 设置类名称。打开“属性”面板，在“类”文本框中输入“SproingDemo”。

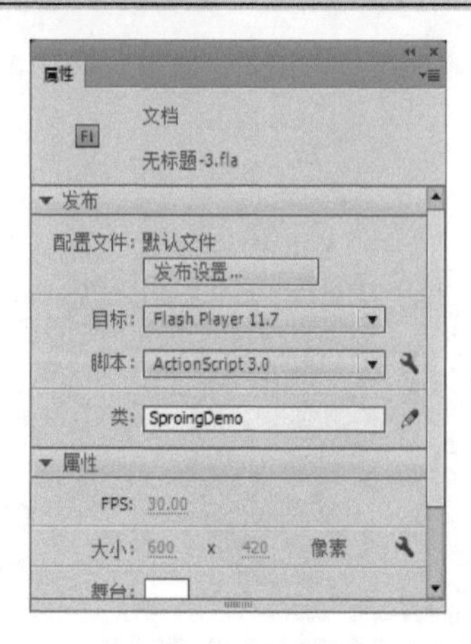

4 新建ActionScript文件。按下【Ctrl+N】组合键打开“新建文档”对话框，选择“ActionScript文件”选项，单击 确定 按钮。

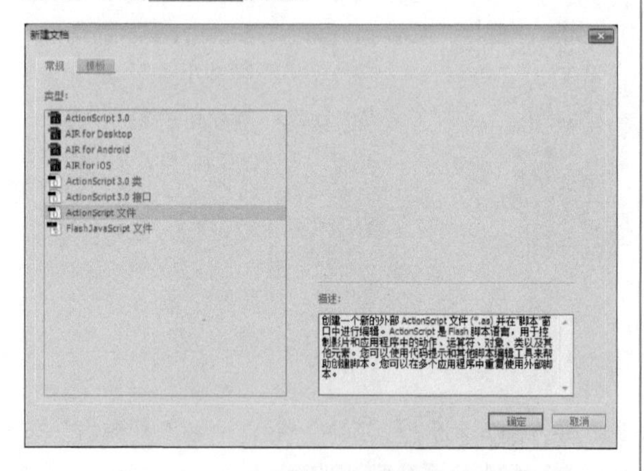

5 添加代码。按【Ctrl+S】组合键将ActionScript文件保存为SproingDemo.as，然后在SproingDemo.as中添加如下代码：

```
package {
  import flash.display.Shape;
  import flash.display.Sprite;
  import flash.events.Event;
  import flash.ui.Mouse;
  public class SproingDemo extends Sprite {
    private var orb1:Shape;
    private var orb2:Orb;
    private var lineCanvas:Shape;
    private var spring:Number = .1;
    private var damping:Number = .9;
    // Constructor
    public function SproingDemo() {
      init();
    }
    private function init():void {
      // Set up the small orb
      orb1 = new Shape();
          orb1.graphics.lineStyle(1, 0x6633CC);
          orb1.graphics.beginFill(0x6699CC);
          orb1.graphics.drawCircle(0, 0, 10);
          // Set up the large orb
          orb2 = new Orb(25, 0x00CCFF, 1, 0x0066FF);
          // Set up the drawing canvas for the line drawn between the orbs
          lineCanvas = new Shape();
          // Add lineCanvas, orb1 and arb2 to this object’s display hierarchy
          addChild(orb2);
          addChild(orb1);
          addChild(lineCanvas);
          // Register for Event.ENTER_FRAME events
          addEventListener(Event.ENTER_FRAME, enterFrameListener);
          // Hide the mouse pointer
          Mouse.hide();
        }
        private function enterFrameListener(e:Event):void {
          // Set orb1’s position to current mouse position
          orb1.x = mouseX;
          orb1.y = mouseY;
          // Spring orb2 to orb1
          orb2.vx += (orb1.x - orb2.x) * spring;
          orb2.vy += (orb1.y - orb2.y) * spring;
          orb2.vx *= damping;
          orb2.vy *= damping;
          orb2.x += orb2.vx;
          orb2.y += orb2.vy;
          // Draw a line between the two orbs
          drawLine();
        }
        private function drawLine():void {
          with (lineCanvas) {
            graphics.clear();
            graphics.moveTo(orb1.x, orb1.y);
            graphics.lineStyle(1, 0x4C59D8);
            graphics.lineTo(orb2.x, orb2.y);
          }
        }
      }
    }
```

```
SproingDemo.as
目标: 无标题-3.fla
1  package {
2    import flash.display.Shape;
3    import flash.display.Sprite;
4    import flash.events.Event;
5    import flash.ui.Mouse;
6
7    public class SproingDemo extends Sprite {
8      private var orb1:Shape;
9      private var orb2:Orb;
10     private var lineCanvas:Shape;
11     private var spring:Number = .1;
12     private var damping:Number = .9;
13
14     // Constructor
15     public function SproingDemo() {
16       init();
17     }
18
19     private function init():void {
20       // Set up the small orb
21       orb1 = new Shape();
22       orb1.graphics.lineStyle(1, 0x6633CC);
23       orb1.graphics.beginFill(0x6699CC);
24       orb1.graphics.drawCircle(0, 0, 10);
25
26       // Set up the large orb
27       orb2 = new Orb(25, 0x00CCFF, 1, 0x0066FF);
28
29       // Set up the drawing canvas for the line drawn between the orbs
30       lineCanvas = new Shape();
31
32       // Add lineCanvas, orb1 and arb2 to this object's display hierarchy
33       addChild(orb2);
34       addChild(orb1);
35       addChild(lineCanvas);
36
37       // Register for Event.ENTER_FRAME events
38       addEventListener(Event.ENTER_FRAME, enterFrameListener);
39
40       // Hide the mouse pointer
41       Mouse.hide();
42     }
43
44     private function enterFrameListener(e:Event):void {
45       // Set orb1's position to current mouse position
46       orb1.x = mouseX;
47       orb1.y = mouseY;
第41行(共70行)，第20列
```

6 添加代码。按照同样的方法新建一个Orb.as文件，然后在Orb.as中添加如下代码：

```
package {
  import flash.display.Shape;
  public class Orb extends Shape {
    internal var radius:int;
    internal var vx:Number = 0;
    internal var vy:Number = 0;
    // Constructor
    public function Orb(radius:int = 20, fillColor:int = 0x00FF00,
      lineThickness:int = 1, lineColor:int = 0) {
      this.radius = radius;
      graphics.lineStyle(lineThickness, lineColor);
      graphics.beginFill(fillColor);
      graphics.drawCircle(0, 0, radius);
    }
  }
}
```

```
Orb.as*
SproingDemo.as × | Orb.as* ×
目标: 无标题-3.fla
1  package {
2    import flash.display.Shape;
3
4    public class Orb extends Shape {
5      internal var radius:int;
6      internal var vx:Number = 0;
7      internal var vy:Number = 0;
8
9      // Constructor
10     public function Orb(radius:int = 20, fillColor:int = 0x00FF00,
11       lineThickness:int = 1, lineColor:int = 0) {
12       this.radius = radius;
13       graphics.lineStyle(lineThickness, lineColor);
14       graphics.beginFill(fillColor);
15       graphics.drawCircle(0, 0, radius);
16     }
17   }
18 }
第18行(共18行)，第2列
```

7 欣赏最终效果。保存文件，按下【Ctrl+Enter】组合键，欣赏本例的完成效果。

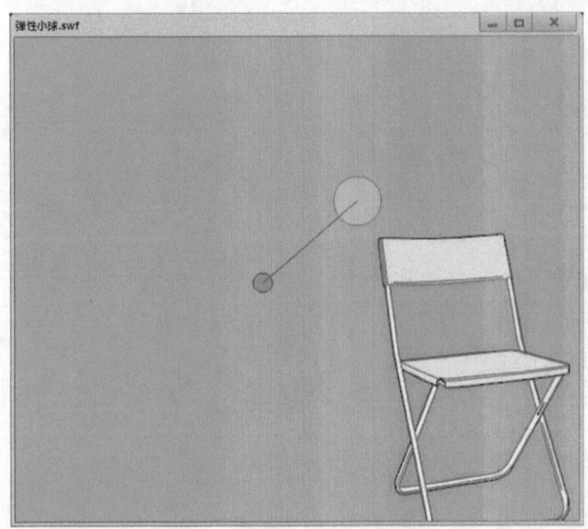

读书笔记

09章 按钮与菜单动画实例

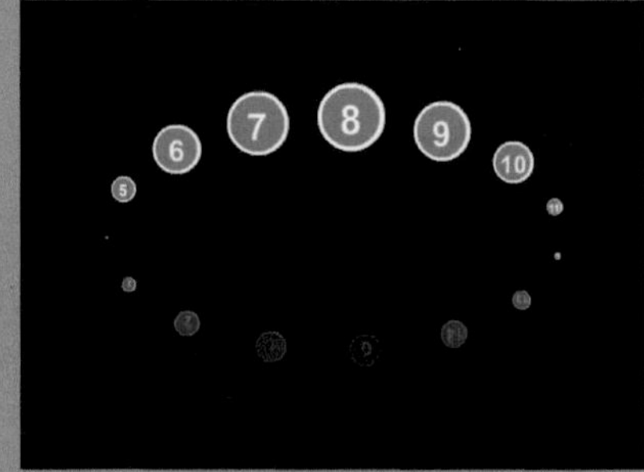

- 控制白鹤飞翔
- 切换图片的大小
- 3D旋转菜单
- 右键弹出菜单
- 网页菜单
- 登录窗口

实例57 控制白鹤飞翔

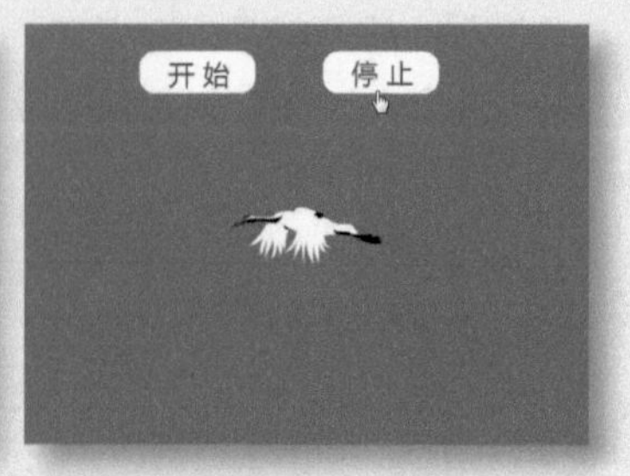

案例说明：本例通过ActionScript技术来制作当单击开始按钮时，白鹤立刻飞翔起来；当单击“停止”按钮时，白鹤停止飞翔的效果。

光盘文件：源文件与素材\第9章\控制白鹤飞翔\控制白鹤飞翔.fla

操作步骤

1 设置文档。执行“修改→文档”命令，打开“文档设置”对话框，将“舞台颜色”设置为灰色（#666666），将“帧频”设置为“12”，完成后单击 确定 按钮。

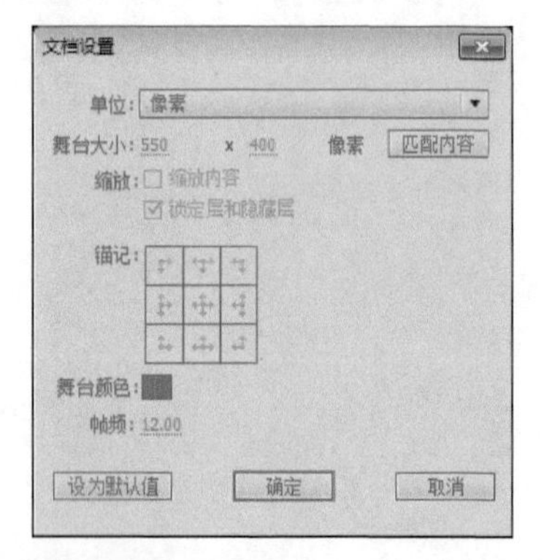

2 插入空白关键帧。分别选中“图层1”的第2帧～第10帧，插入空白关键帧。

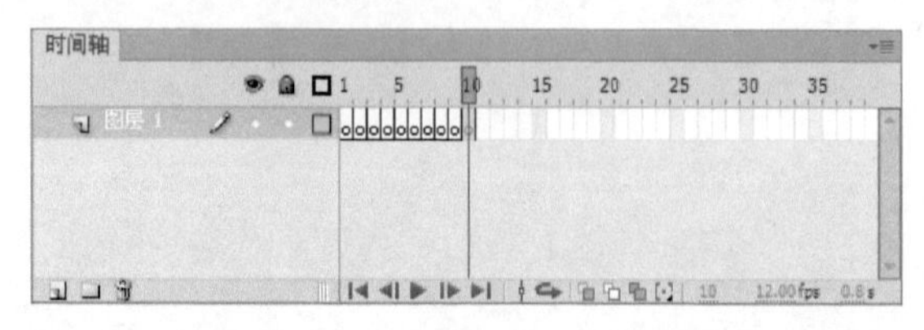

3 导入图像。选中第1帧，执行“文件→导入→导入到舞台”命令，将一幅白鹤图像导入到舞台中。并按下【Ctrl+K】组合键打开“对齐”面板，单击“水平中齐”按钮 与“底部分布”按钮 。

4 导入图像。选中第2帧，执行“文件→导入→导入到舞台”命令，将一幅白鹤图像导入到舞台中。然后在“对齐”面板中单击“水平中齐”按钮 与“底部分布”按钮 。

5 导入图像。选中第3帧，执行“文件→导入→导入到舞台”命令，将一幅白鹤图像导入到舞台中。然后在“对齐”面板中单击“水平中齐”按钮与“底部分布”按钮。

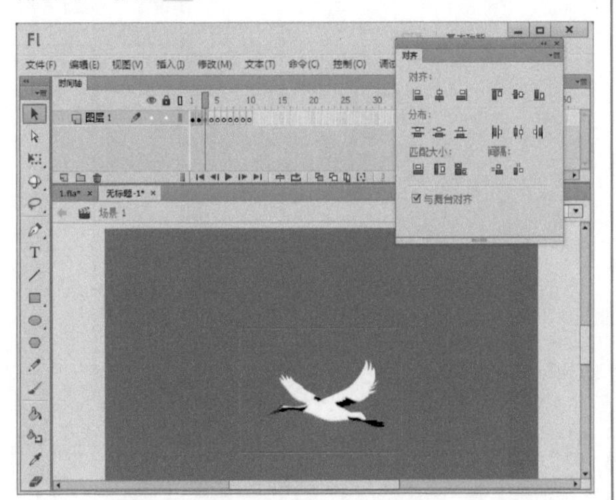

6 导入图像。按照同样的方法，再导入7幅图像到剩余的空白关键帧所在的舞台上。并在“对齐”面板中设置图像相对于舞台水平居中和底部分布。

7 新建按钮元件。执行“插入→新建元件”命令，打开“创建新元件”对话框，在“名称”文本框中输入元件的名称“开始”，在“类型”下拉列表中选择“按钮”选项，完成后单击确定按钮。

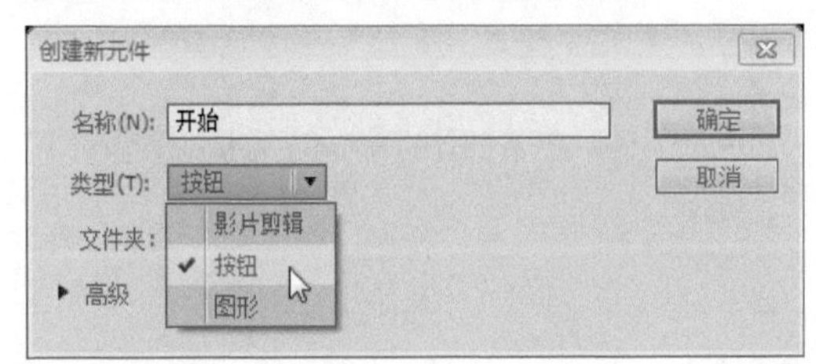

8 设置边角半径。在按钮元件的编辑状态下，选择矩形工具，在“属性”面板中的边角半径文本框中将边角半径设置为15。

9 绘制圆角矩形。在工作区中绘制一个无边框、填充为白色的圆角矩形。

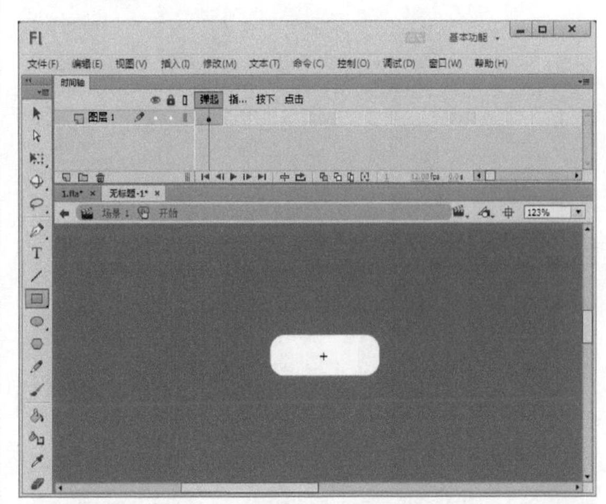

10 输入文字。选择文本工具T，在圆角矩形上输入“开始”两个字，字体选择“微软雅黑”，字号为“26”，字体颜色为“深灰色”。

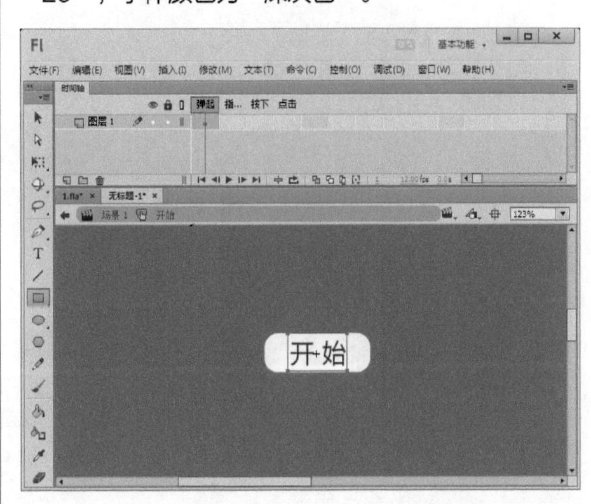

11 新建按钮元件。执行“插入→新建元件”命令，打开“创建新元件”对话框，在“名称”文本框中输入元件的名称“停止”，在“类型”下拉列表中选择“按钮”选项。完成后单击 确定 按钮。

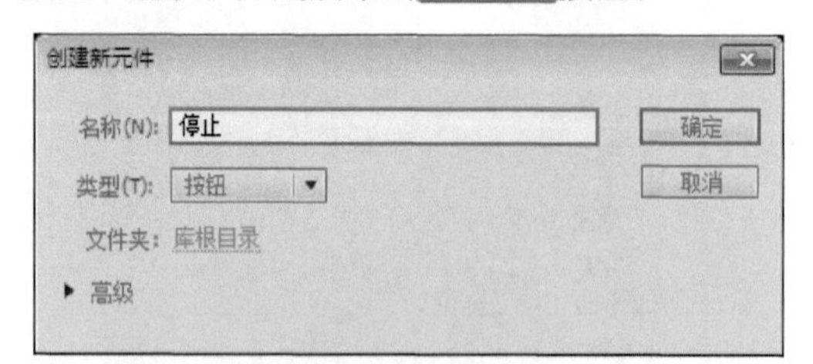

12 输入文字。在按钮元件的编辑状态下，选择矩形工具，绘制一个边角半径为15、无边框、填充为白色的圆角矩形，然后使用文本工具T在圆角矩形上输入“停止”两个字，字体选择“微软雅黑”，字号为“26”，字体颜色为“深灰色”。

13 拖入按钮元件。回到主场景中，新建“图层2”。将“开始”按钮与“停止”按钮从“库”面板中拖入到舞台上。

14 设置实例名。选中舞台上的“开始”按钮，在“属性”面板上将它的实例名设置为“play_btn”。

15 设置实例名。选中舞台上的“停止”按钮，在“属性”面板上将它的实例名设置为“play_btn”。

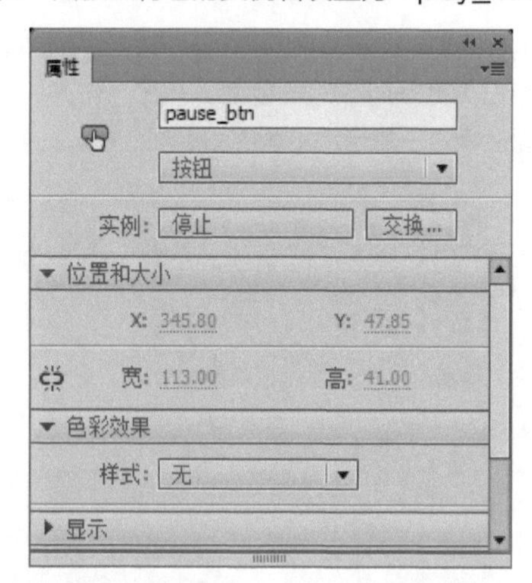

16 添加代码。新建“图层3”，选择该图层的第1帧，在“动作”面板中添加如下代码：

```
play_btn.addEventListener(MouseEvent.
CLICK, playMovie);
pause_btn.addEventListener(MouseEvent.
CLICK, pauseMovie);
function playMovie(evt:MouseEvent)
:void{
play();
}
function pauseMovie(evt:MouseEvent):
void{
stop();
}
```

17 欣赏最终效果。保存文件，按下【Ctrl+Enter】组合键，欣赏本例的完成效果。

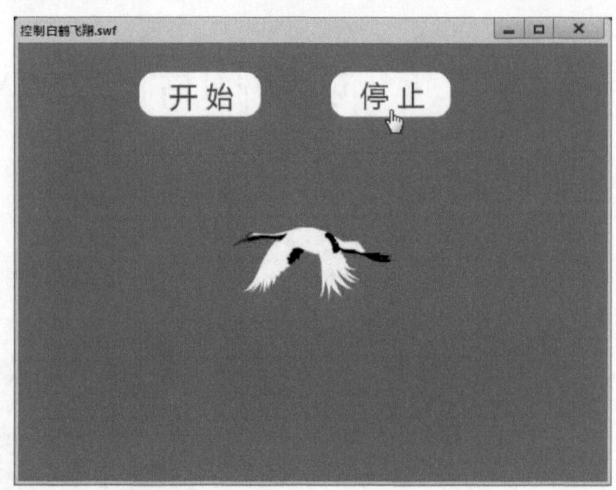

提示

本例是一个播放控制的动画。播放控制的实质，是指对电影时间轴中播放头的运动状态进行控制，以产生包括Play（播放）、Stop（停止）、Stop All Sound（声音的关闭）等动作，其控制作用可以作用于电影中的所有对象，是Flash互动影片最常见的命令语句。

实例58 切换图片的大小

案例说明：本例运用了Action-Script技术来切换控制图像大小的效果。

光盘文件：源文件与素材\第9章\切换图像的大小\切换图像的大小.fla

操作步骤

1 新建文档。执行“修改→文档”命令，打开“文档设置”对话框，将“舞台大小”设置为600×450，将“帧频”设置为“12”，完成后单击 确定 按钮。

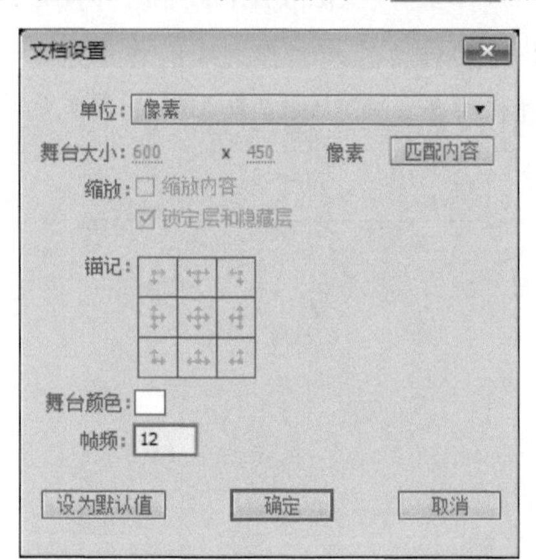

2 导入图像。执行“文件→导入→导入到舞台”命令，将一幅图像导入到舞台中。

3 导入图像。新建“图层2”，执行“文件→导入→导入到舞台”命令，将一幅比较小的女孩图像导入到舞台中。

4 转换为元件。选择“图层2”中的图像，按下【F8】键，打开“转换为元件”对话框，在“名称”文本框中输入元件的名称“_picA”，在“类型”下拉列表中选择“影片剪辑”选项，设置完成后单击 确定 按钮。

5 设置实例名。保持元件的选中状态，打开“属性”面板，将其实例名称设置为“_picA”。

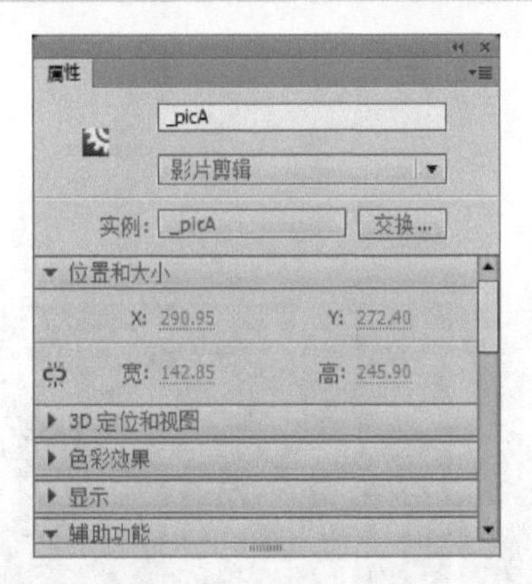

6 导入图像。执行“文件→导入→导入到舞台”命令，将一幅大一些的女孩图像导入到舞台中。

7 转换为元件。选择刚导入的图像，按下【F8】键，打开“转换为元件”对话框，在“名称”文本框中输入元件的名称“_picB”，在“类型”下拉列表中选择“影片剪辑”选项，设置完成后单击 确定 按钮。

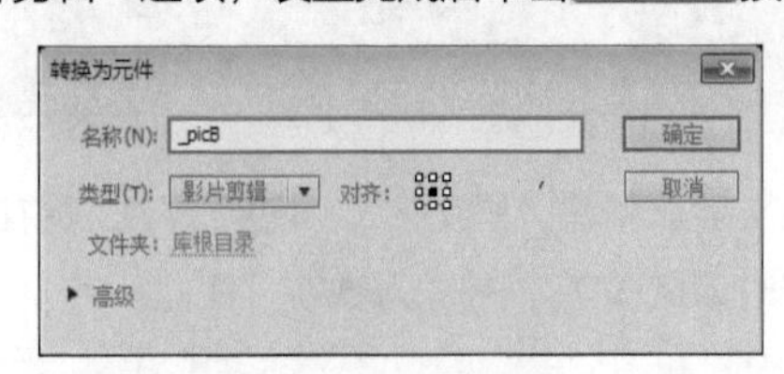

8 设置实例名。保持元件的选中状态，打开“属性”面板，将其实例名称设置为“_picB”。

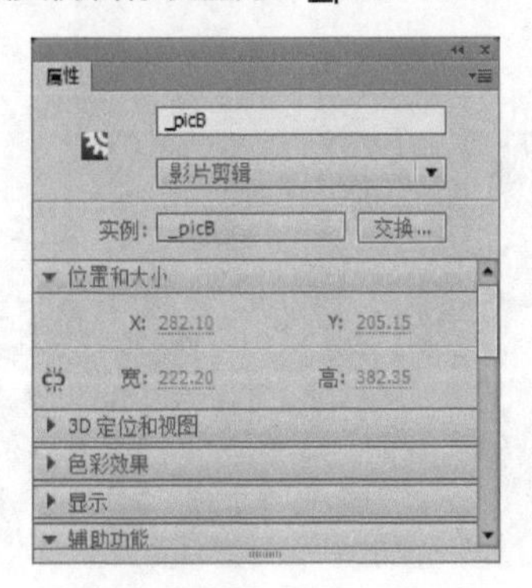

9 添加代码。新建“图层3”，选中该图层的第1帧，按下【F9】键打开“动作”面板，在“动作”面板中添加如下代码：

```
stop();
var bool:Boolean = false;
_picA.visible = true;
_picB.visible = false;
function clickHandle(e:MouseEvent):void{
bool = !bool;
if(bool){
_picA.visible = false;
_picB.visible = true;
}else{
_picA.visible = true;
_picB.visible = false;
}
}
addEventListener(MouseEvent.CLICK,
clickHandle);
```

10 欣赏最终效果。保存文件，按下【Ctrl+Enter】组合键，欣赏本例的完成效果。

实例59 3D旋转菜单

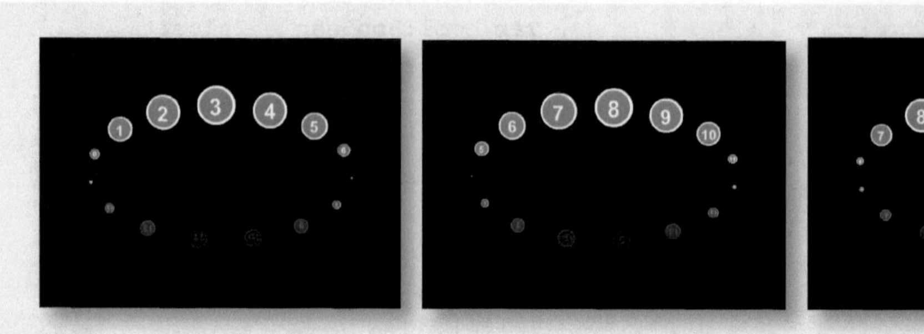

案例说明：本例通过使用ActionScript技术与创建ActionScript文件来制作3D旋转菜单特效。

光盘文件：源文件与素材\第9章\3D旋转菜单\3D旋转菜单.fla

操作步骤

1 新建文档。执行“修改→文档”命令，打开“文档设置”对话框，将“舞台颜色”设置为黑色，将“帧频”设置为30，完成后单击确定按钮。

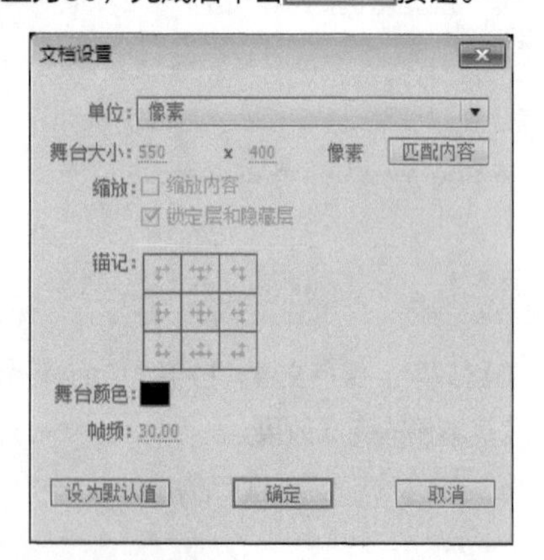

2 新建影片剪辑元件。执行“插入→新建元件”命令，打开“创建新元件”对话框，在“名称”文本框中输入元件的名称“Item”，在“类型”下拉列表中选择“影片剪辑”选项，完成后单击确定按钮。

3 绘制椭圆。使用椭圆工具在编辑区中绘制一个边框为白色、填充色为橙黄色的椭圆。

4 输入文字。新建“图层2”，使用文字工具在椭圆上创建一个动态文本，并输入数字“9”。

5 设置实例名。打开“属性”面板，为动态文本设置实例名“itemText”。

6 选择“属性”命令。打开“库”面板，在影片剪辑元件“Item”上单击鼠标右键，在弹出的快捷菜单中选择“属性”命令。

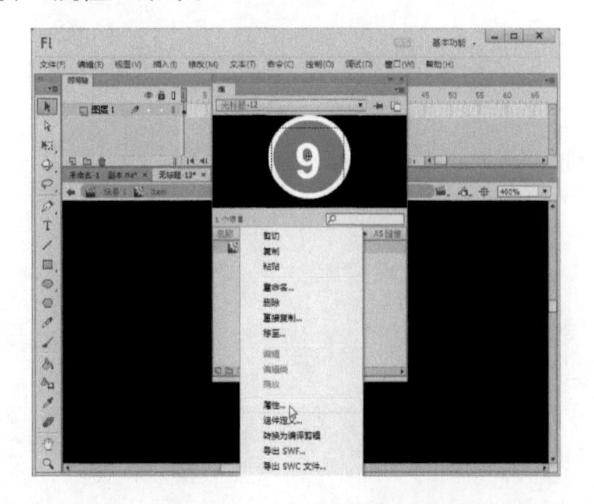

7 选择“为ActionScript导出”复选框。打开“元件属性”对话框，展开 高级 设置区域，选择“为ActionScript”复选框，完成后单击 确定 按钮。

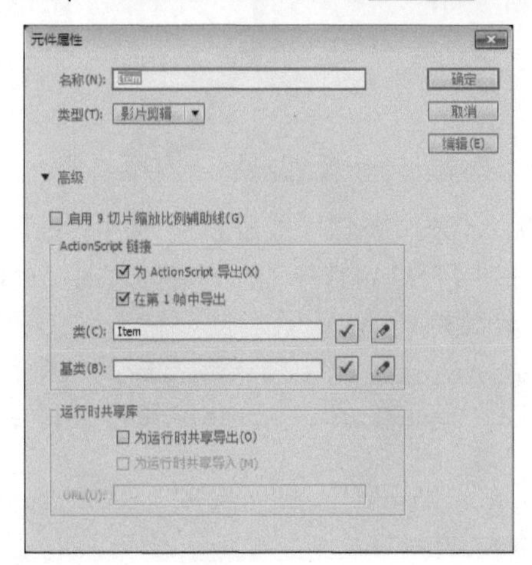

8 新建ActionScript文件。按下【Ctrl+N】组合键打开“新建文档”对话框，选择“ActionScript文件”选项，单击 确定 按钮。

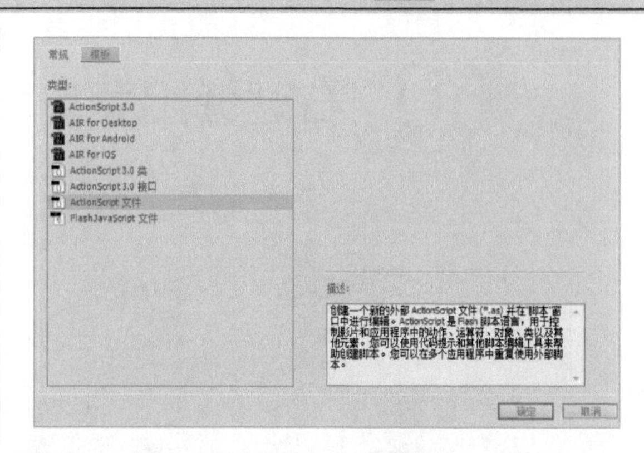

9 添加代码。新建ActionScript文件后，按【Ctrl+S】组合键将其保存为Item.as，然后在Item.as中添加如下代码：

```
package {
    import flash.display.MovieClip;
    public dynamic class Item extends MovieClip {
            public function Item() {
            }
    }
}
```

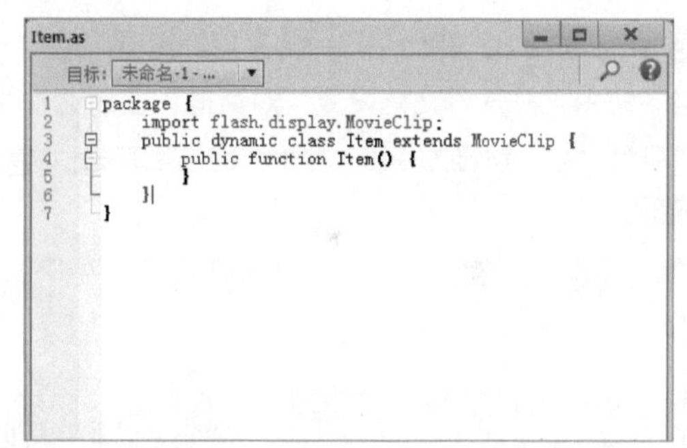

10 欣赏最终效果。保存文件，按下【Ctrl+Enter】组合键，欣赏本例的完成效果。

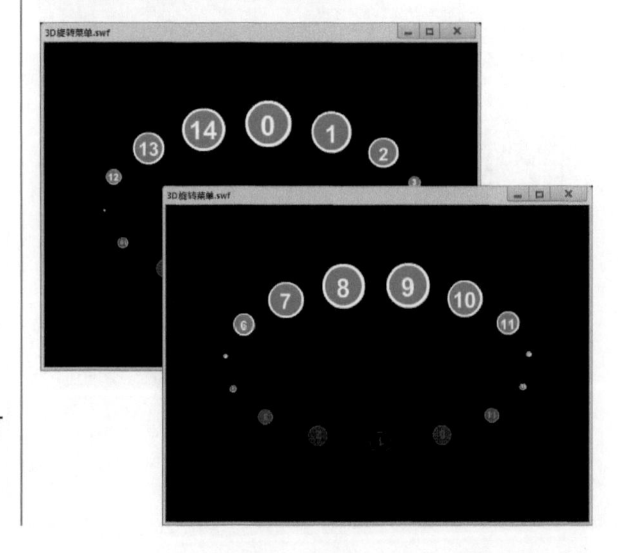

实例60 右键弹出菜单

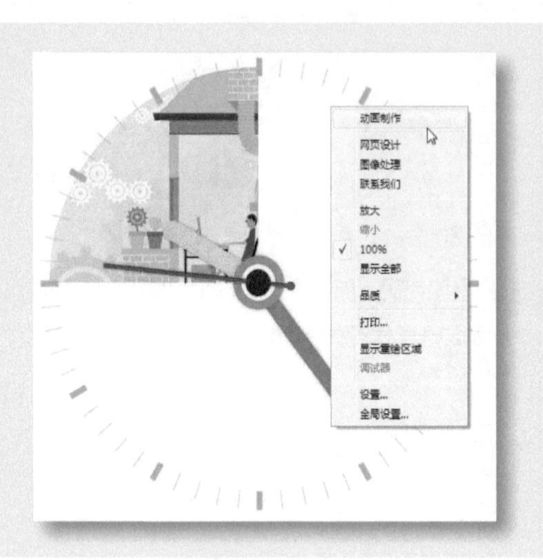

案例说明：本例使用ActionScript技术编辑制作个性化的右键弹出菜单。

光盘文件：源文件与素材\第9章\右键弹出菜单\右键弹出菜单.fla

操作步骤

1 设置文档。新建一个Flash文档，执行“修改→文档”命令，打开“文档设置”对话框，在对话框中将“舞台大小”设置为540×530，完成后单击 确定 按钮。

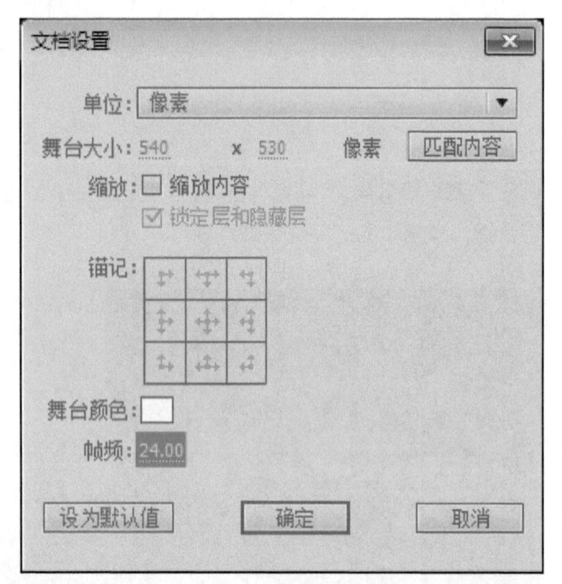

2 导入图像。执行“文件→导入→导入到舞台”命令，导入一幅图像到舞台上。

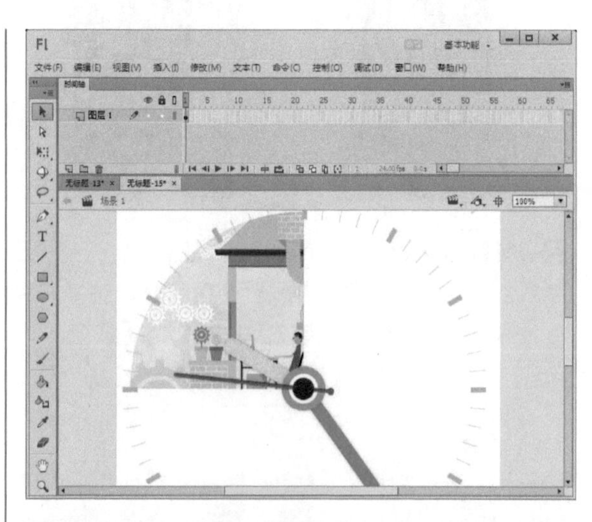

3 输入代码。新建“图层2”，选中该图层的第1帧，按下【F9】键打开“动作”面板，在“动作”面板中添加如下代码：

```
var bl:Array=new Array();
var myurl:URLRequest=new URLRequest("bl");
var zcdl:ContextMenu=new ContextMenu();
var nzcd:ContextMenuBuiltInItems=new ContextMenuBuiltInItems();
var wz:ContextMenuItem=new ContextMenuItem("动画制作");
```

```
var wz1:ContextMenuItem=new ContextMenuItem("网页设计");
var wz2:ContextMenuItem=new ContextMenuItem("图像处理");
var wz3:ContextMenuItem=new ContextMenuItem("联系我们");
zcdl.builtInItems=nzcd;
zcdl.customItems.push(wz);
zcdl.customItems.push(wz1);
zcdl.customItems.push(wz2);
zcdl.customItems.push(wz3);
wz1.separatorBefore=true;
this.contextMenu=zcdl;
wz.addEventListener(ContextMenuEvent.MENU_ITEM_SELECT,j);
wz1.addEventListener(ContextMenuEvent.MENU_ITEM_SELECT,jj);
function j(e) {
 myurl.url=bl[1];
 navigateToURL(myurl,"_blank");
}
function jj(e) {
 myurl.url=bl[2];
 navigateToURL(myurl,"_blank");
}
```

动作

图层 2:1

```
1  var bl:Array=new Array();
2  var myurl:URLRequest=new URLRequest("bl");
3  var zcdl:ContextMenu=new ContextMenu();
4  var nzcd:ContextMenuBuiltInItems=new ContextMenuBuiltInItems();
5  var wz:ContextMenuItem=new ContextMenuItem("动画制作");
6  var wz1:ContextMenuItem=new ContextMenuItem("网页设计");
7  var wz2:ContextMenuItem=new ContextMenuItem("图像处理");
8  var wz3:ContextMenuItem=new ContextMenuItem("联系我们");
9  zcdl.builtInItems=nzcd;
10 zcdl.customItems.push(wz);
11 zcdl.customItems.push(wz1);
12 zcdl.customItems.push(wz2);
13 zcdl.customItems.push(wz3);
14 wz1.separatorBefore=true;
15 this.contextMenu=zcdl;
16 wz.addEventListener(ContextMenuEvent.MENU_ITEM_SELECT,j);
17 wz1.addEventListener(ContextMenuEvent.MENU_ITEM_SELECT,jj);
18 function j(e) {
19  myurl.url=bl[1];
20  navigateToURL(myurl,"_blank");
21 }
22 function jj(e) {
23  myurl.url=bl[2];
24  navigateToURL(myurl,"_blank");
25 }
```

第 25 行（共 25 行），第 2 列

4 欣赏最终效果。保存文件，按下【Ctrl+Enter】组合键，欣赏本例的完成效果。

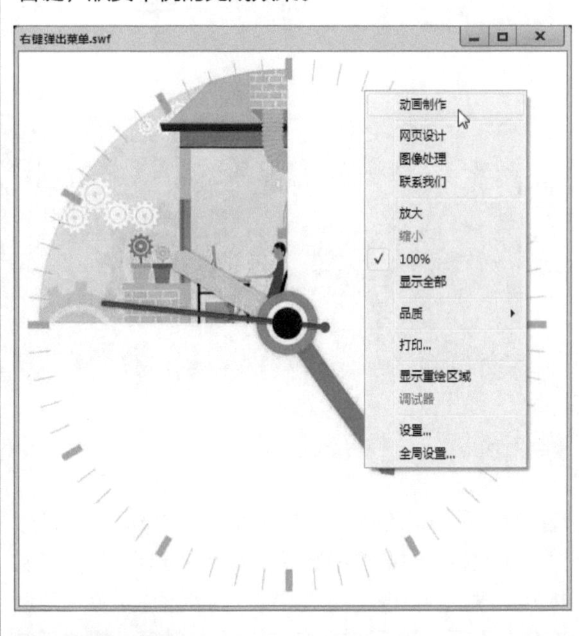

提示

如果读者需要自行设置右键弹出菜单中的选项，可以在下列代码中将括号内的选项更改为自己需要的即可，也可以继续增加选项。

```
var wz:ContextMenuItem=new ContextMenuItem("动画制作");
var wz1:ContextMenuItem=new ContextMenuItem("网页设计");
var wz2:ContextMenuItem=new ContextMenuItem("图像处理");
var wz3:ContextMenuItem=new ContextMenuItem("联系我们");
```

实例61 网页菜单

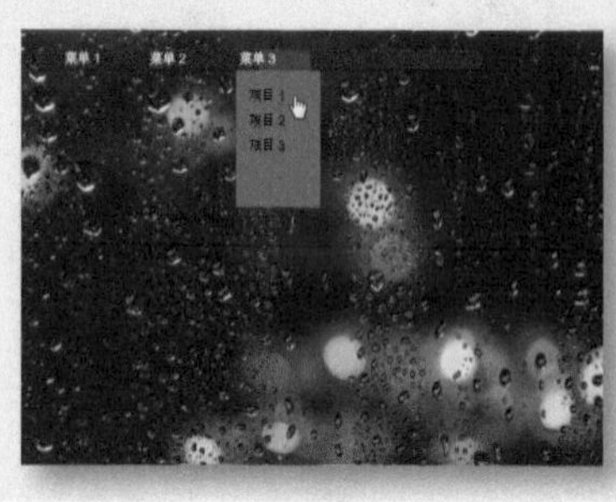

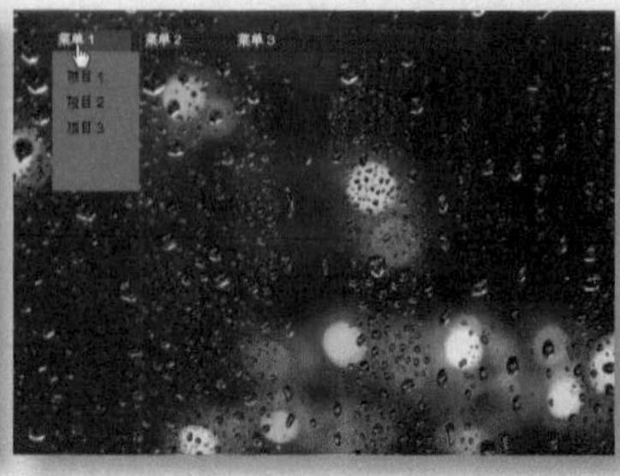

案例说明：本实例使用Flash CC中内置的模板来编辑制作网页菜单。

光盘文件：源文件与素材\第9章\网页菜单\网页菜单.fla

操作步骤

1 新建模板。执行“文件→新建”命令，在打开的“新建文档”对话框中选择“模板”选项，打开“从模板新建”对话框，在“类别”列表框中选择“范例文件”选项。然后选择“菜单范例”选项，完成后单击 确定 按钮。

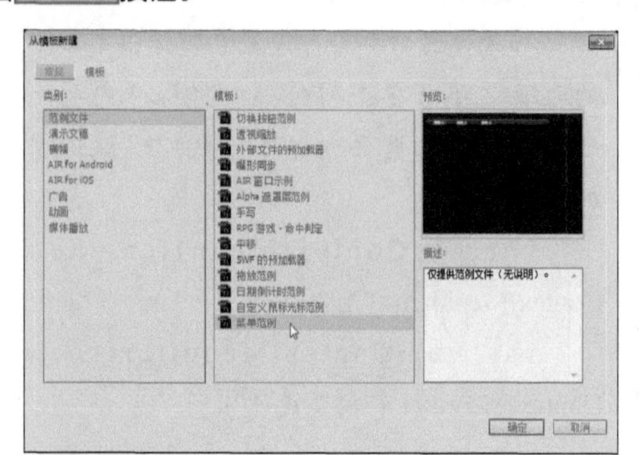

提示

模板实际上是已经编辑完成、具有完整影片构架的文件，并拥有强大的互动扩充功能。使用模板创建新的影片文件，只需要根据原有的构架对影片中的可编辑元件进行修改或更换，就可以便捷、快速地创作出精彩的互动动画影片。

2 新建图层。打开“菜单范例”模板，新建一个图层，将其拖动到“菜单”图层的下方。

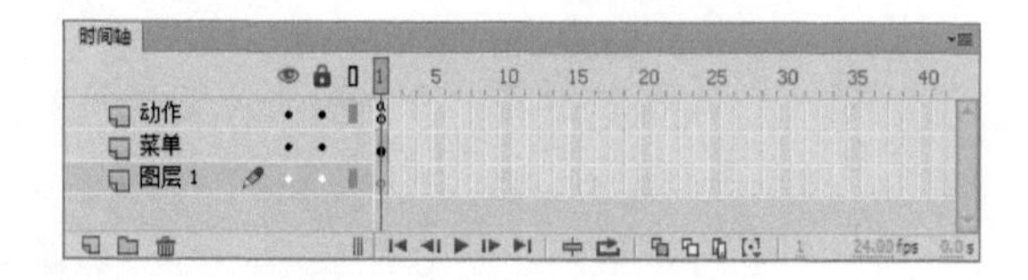

3 导入图像。执行“文件→导入→导入到舞台”命令，将一幅背景图像导入到舞台中。

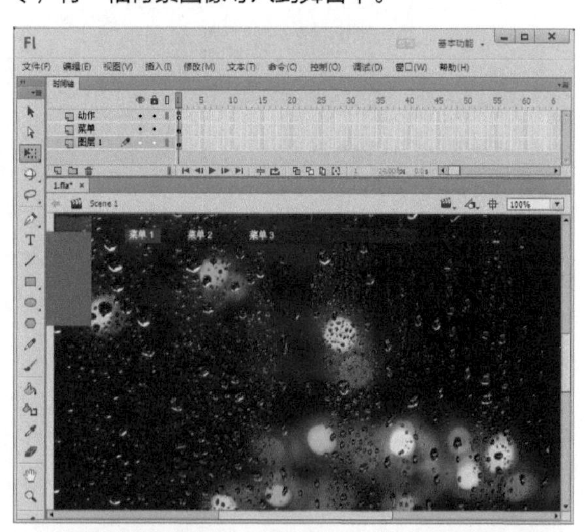

4 欣赏最终效果。保存文件，按下【Ctrl+Enter】组合键，欣赏本例的完成效果。

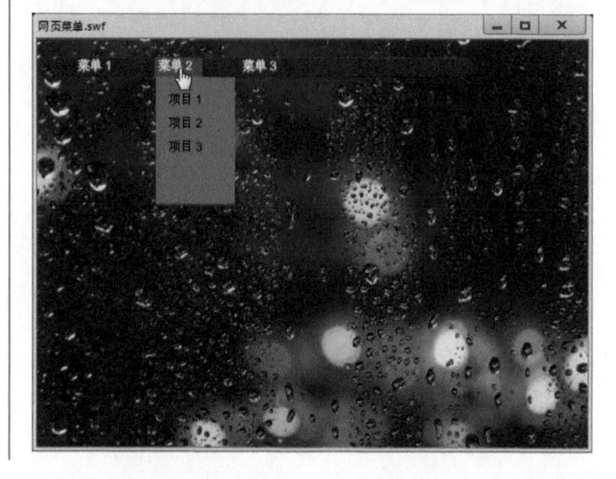

实例62 登录窗口

案例说明：本实例使用Flash CC中内置的组件来编辑制作登录窗口效果。

光盘文件：源文件与素材\第9章\登录窗口\登录窗口.fla

操作步骤

1 设置文档。新建一个Flash空白文档，执行“修改→文档”命令，打开“文档设置”对话框，在对话框中将“舞台大小”设置为600×450，完成后单击 确定 按钮。然后执行“文件→导入→导入到舞台”命令，将一幅图像导入到舞台上。

2 拖入组件。新建“图层2”，执行“窗口→组件”命令，打开“组件”面板，将“Label”组件从“组件”面板中拖到舞台上。然后设置属性。并在“属性”面板中将其实例名设置为“pwdLabel”，在“text”文本框中输入“用户名：”。

3 拖入组件。再一次将“Label”组件从“组件”面板中拖到舞台上，并在“属性”面板中将其实例名设置为“pwdLabel”，在“text”文本框中输入“密码：”。

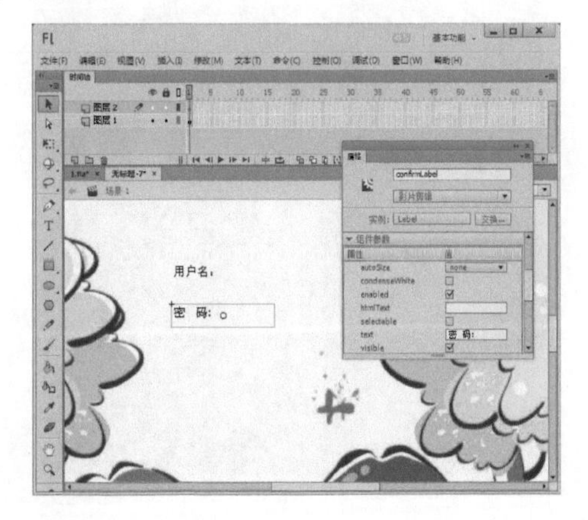

4 拖入组件。将“TextInput”组件从“组件”面板中拖到“用户名：”的右侧，并在“属性”面板中将其实例名设置为“pwdTi”。

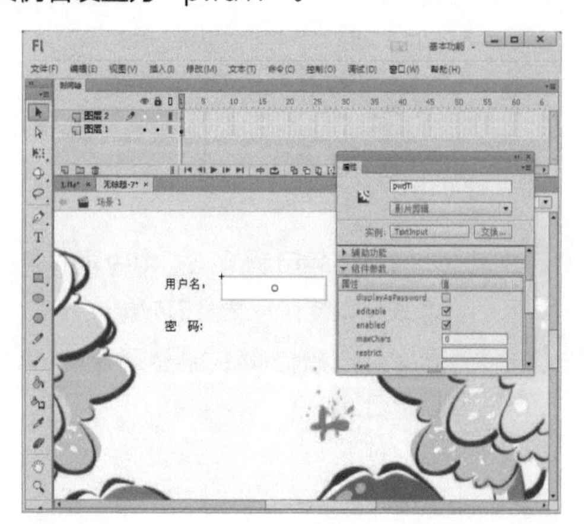

5 设置属性。将“TextInput”组件从“组件”面板中拖到“密码：”的右侧，并在“属性”面板中将其实例名设置为“confirmTi”，然后选择“displayAdPassword”复选框。

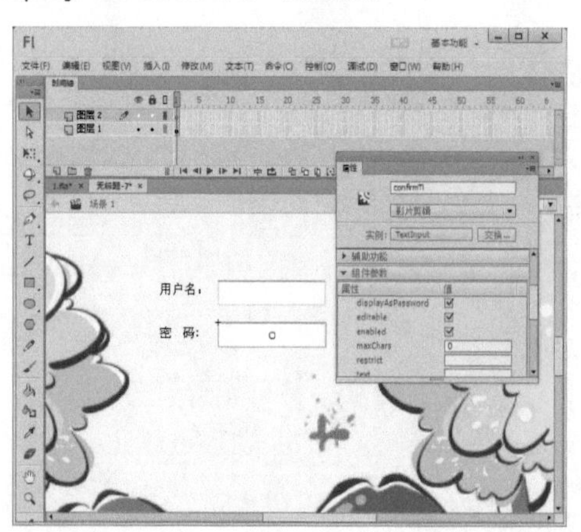

6 设置属性。在“组件”面板中将“Button”组件拖到舞台上，在“属性”面板上的“label”文本框中输入“登录”。

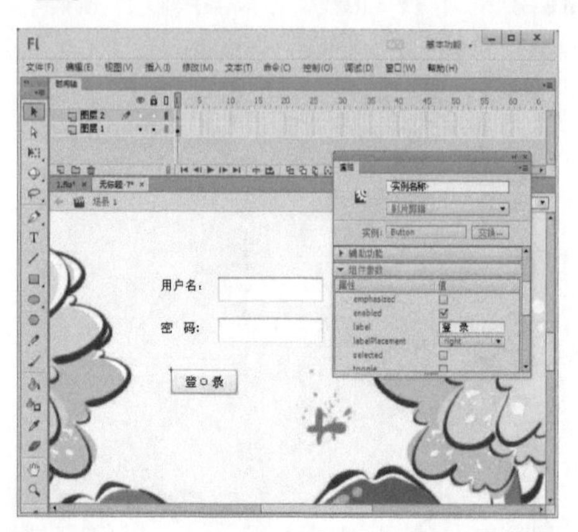

7 设置属性。再一次在“组件”面板中将“Button”组件拖到舞台上，在“属性”面板上的“label”文本框中输入“取消”。

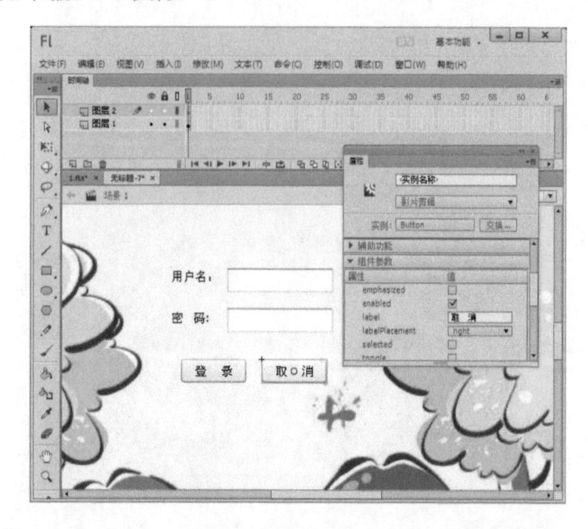

8 输入代码。新建“图层3”，选中该图层的第1帧，在“动作”面板中输入代码。

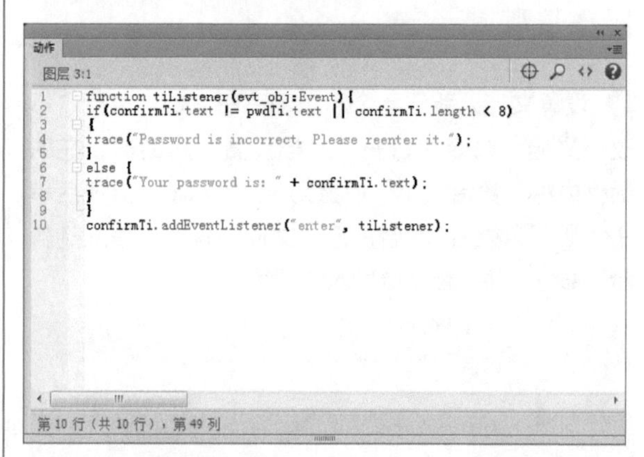

9 欣赏最终效果。保存文件，按下【Ctrl+Enter】组合键，欣赏本例的完成效果。

第10章 交互动画实例

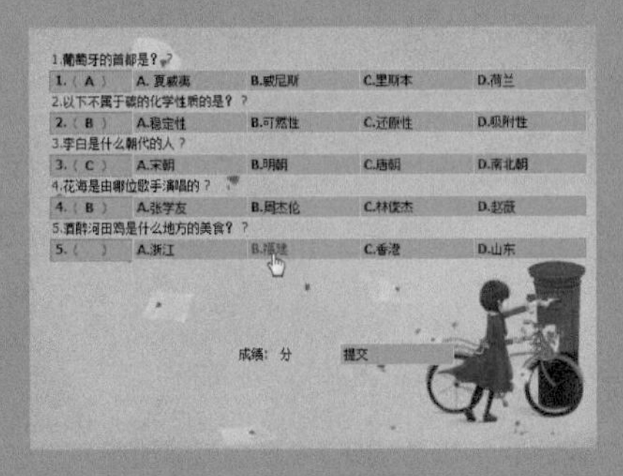

- 选择题
- 视频播放器
- 图片浏览器
- 制作课件

实例63 选择题

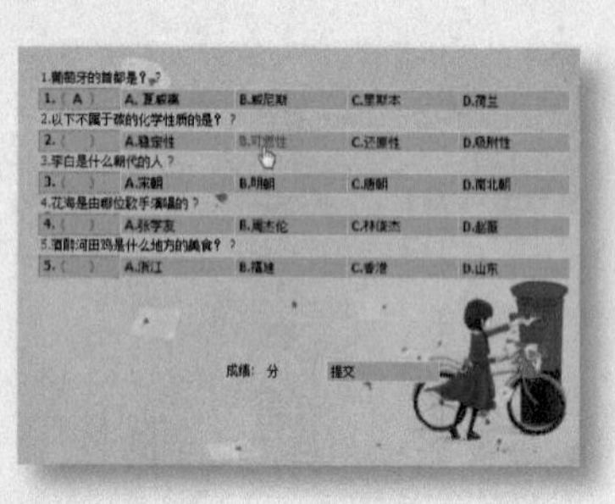

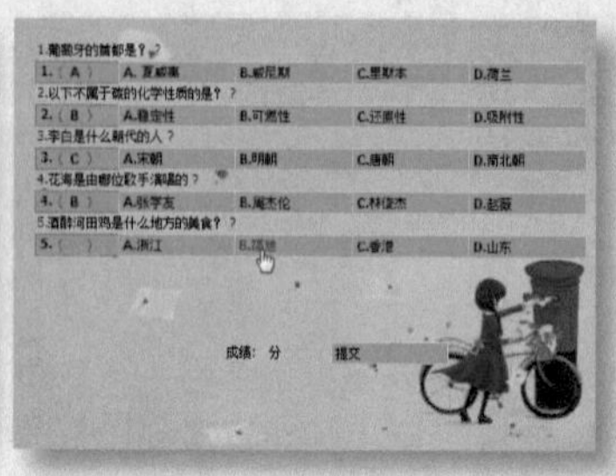

案例说明：本例使用动态文本与设置影片剪辑的元件属性来完成制作。

光盘文件：源文件与素材\第10章\选择题\选择题.fla

视频文件：视频\第10章\选择题.avi

操作步骤

1 新建影片剪辑元件。新建一个Flash空白文档，按下【Ctrl+F8】组合键，打开“创建新元件”对话框，在“名称”文本框中输入元件的名称“show”，在“类型”下拉列表中选择“影片剪辑”选项，设置完成后单击 确定 按钮。

2 绘制矩形。使用矩形工具绘制一个边框为灰色、填充色为绿色的矩形。

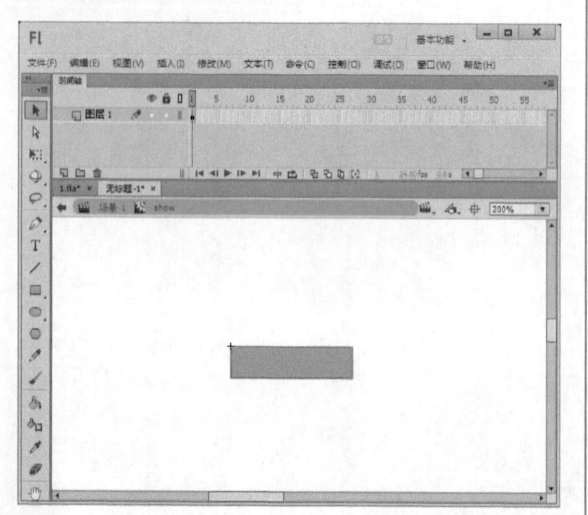

3 输入括号。新建“图层2”，选择文本工具T，在矩形上输入括号。

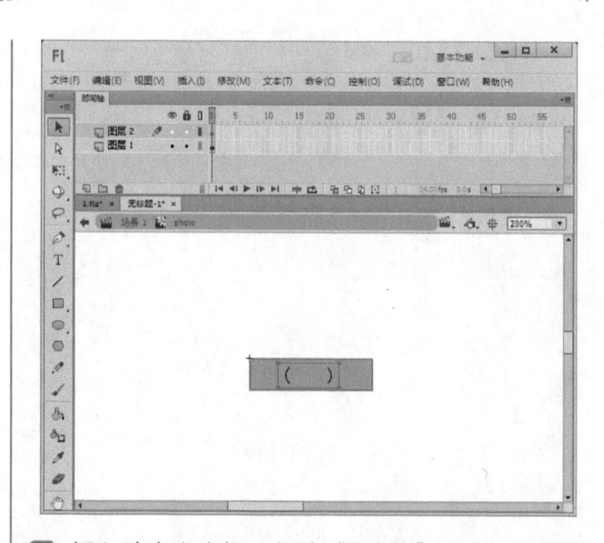

4 插入动态文本框。新建“图层3”，在括号里插入一个动态文本框，然后在“属性”面板上将其“实例”名设置为“showText”。

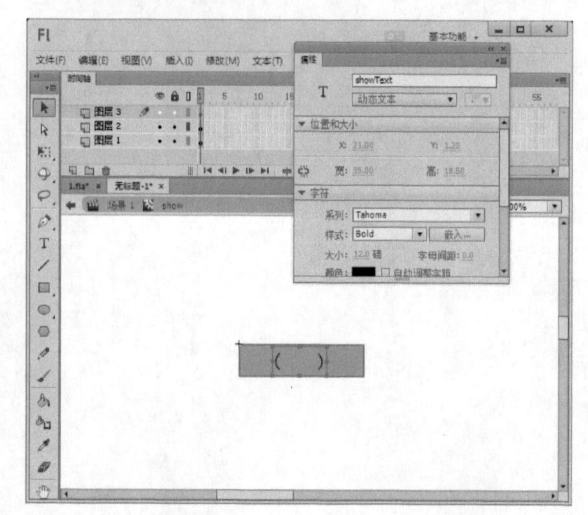

5 插入动态文本框。新建“图层4”，在括号的右侧插入一个动态文本框，然后在“属性”面板上将其“实例”名设置为“judgeText”。

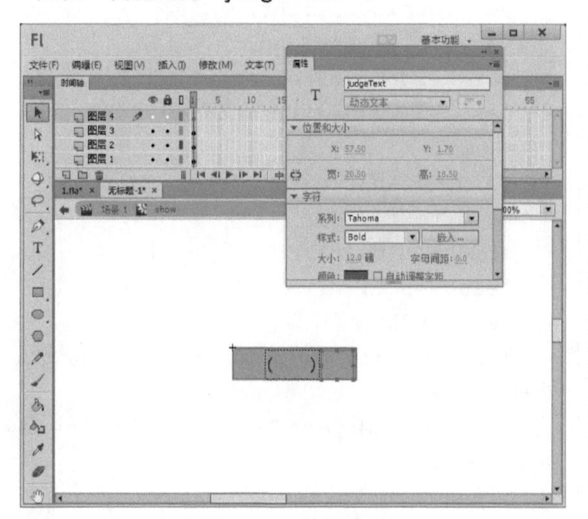

6 插入动态文本框。新建“图层5”，在括号的左侧插入一个动态文本框，然后在“属性”面板上将其“实例”名设置为“indexText”。

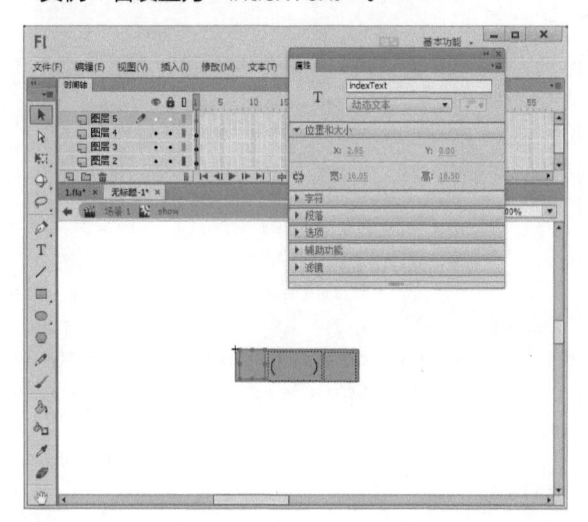

7 新建影片剪辑元件。按下【Ctrl+F8】组合键，打开“创建新元件”对话框，在“名称”文本框中输入元件的名称“button”，在“类型”下拉列表中选择“影片剪辑”选项，设置完成后单击 确定 按钮。

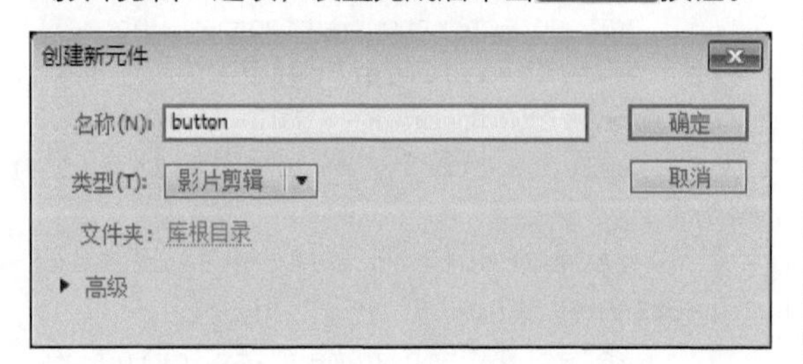

8 绘制矩形。使用矩形工具绘制一个边框为灰色、填充色为绿色的矩形。

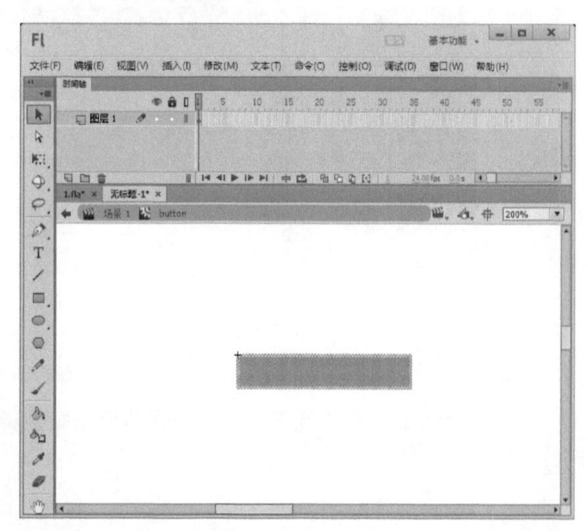

9 插入动态文本框。新建“图层2”，在矩形上插入一个动态文本框，然后在“属性”面板上将其“实例”名设置为“buttonText”。

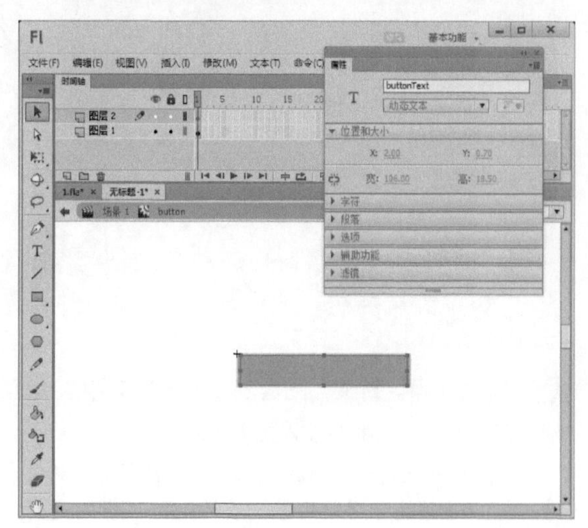

10 添加代码。新建“图层3”，选中该图层的第1帧，在“动作”面板中输入如下代码：

```
    this.addEventListener(MouseEvent.
MOUSE_OVER,mouseOver);
    function mouseOver(event:MouseEvent) {
        buttonText.textColor=0xff0000;
    }
    this.addEventListener(MouseEvent.
MOUSE_OUT,mouseOut);
    function  mouseOut(event:MouseEvent)
{
        buttonText.textColor=0x000000;
    }
```

```
buttonText.mouseEnabled=false;
this.buttonMode=true;
```

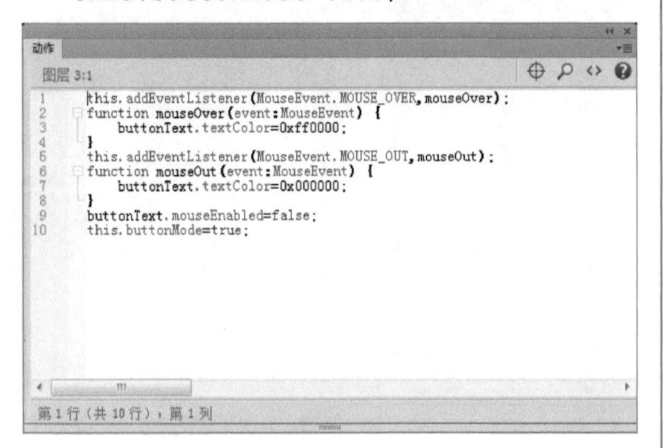

```
this.addEventListener(MouseEvent.MOUSE_OVER,mouseOver);
function mouseOver(event:MouseEvent) {
    buttonText.textColor=0xff0000;
}
this.addEventListener(MouseEvent.MOUSE_OUT,mouseOut);
function mouseOut(event:MouseEvent) {
    buttonText.textColor=0x000000;
}
buttonText.mouseEnabled=false;
this.buttonMode=true;
```

11 导入图像。回到主场景，导入一幅背景图像到舞台上。

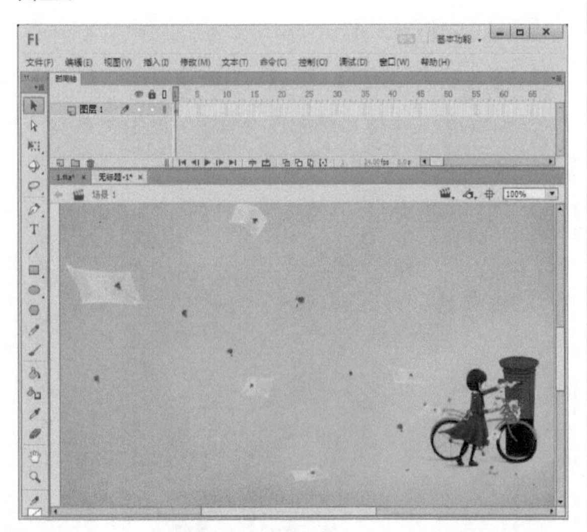

12 添加代码。新建“图层2”，选中该图层的第1帧，在“动作”面板中输入如下代码：

```
var subjectArray:Array=new Array("葡萄牙的首都是？","以下不属于碳的化学性质的是？","李白是什么朝代的人",
"花海是由哪位歌手演唱的","酒醉河田鸡是什么地方的美食？");
var selectArray:Array=new Array("A.夏威夷","B.威尼斯","C.里斯本","D.荷兰","A.稳定性","B.可燃性","C.还原性","D.吸附性",
"A.宋朝","B.明朝","C.唐朝","D.南北朝","A.张学友","B.周杰伦","C.林俊杰","D.赵薇","A.浙江","B.福建","C.香港","D.山东");
var answerArray:Array=new Array("C","D","C","B","B");
var showArray:Array=new Array();
var nameArray:Array=new Array();
var scoreArray:Array=new Array();
var scoreNum:Number=100/subjectArray.length;
var score:int;
var totalScore:int;
var isplay:Boolean;
var field:TextField=new TextField();
var format:TextFormat=new TextFormat("Tahoma");
field.defaultTextFormat=format;
field.text="成绩： "+"  "+"分";
addChild(field);
field.y=300;
field.x=200;
for (var j:int=0; j<subjectArray.length; j++) {
    var subjectText:TextField=new TextField();
    subjectText.x=20;
    subjectText.y=40*j+20;
    subjectText.width=300;
    subjectText.mouseEnabled=false;
    subjectText.defaultTextFormat=format;
    subjectText.text=(j+1)+"."+subjectArray[j]+" ? ";
    addChild(subjectText);

    var show:Show=new Show();
    show.y=40+j*40;
    show.x=20;
    show.showText.mouseEnabled=false;
    show.indexText.text=(j+1)+".";
    show.indexText.mouseEnabled=false;
    show.judgeText.mouseEnabled=false;
    showArray.push(show);
    addChild(show);
}
for (var i:uint=0; i<selectArray.length; i++) {
    var selectButton:Button=new Button();
    addChild(selectButton);
    selectButton.x = 100+i%4*110;
    selectButton.y = 40+Math.floor(i/4)*40;
    selectButton.buttonText.text=selectArray[i];
    selectButton.name=i.toString();
```

```
        nameArray.push(selectArray[i].
charAt(0));
        selectButton.addEventListener
(MouseEvent.CLICK,selectButtonClick);

    }
    function selectButtonClick(event:Mou
seEvent) {
        var id:int=int(event.target.name);
        if (!isplay) {
            //--------------------
            if (id<4) {
                showArray[0].showText.
text=nameArray[id];
            }
            if (id>=4 && id<8) {
                showArray[1].
showText.text=nameArray[id];
            }
            if (id>=8 && id<12) {
                showArray[2].
showText.text=nameArray[id];
            }
            if (id>=12 && id<16) {
                showArray[3].
showText.text=nameArray[id];
            }
            if (id>=16 && id<20) {
                showArray[4].
showText.text=nameArray[id];
            }

        }
    }


    var button:Button=new Button();
    addChild(button);
    button.x=300;
    button.y=300;
    button.buttonText.text="提交";
    button.addEventListener(MouseEvent.
CLICK,buttonClick);
    function buttonClick(event:MouseEvent) {
        isplay=!isplay;
        if (isplay) {
            button.buttonText.text="清除";
            for (var ii:uint=0; ii
<subjectArray.length; ii++) {
                scoreArray.push
(score);
                if (showArray[ii].
showText.text==answerArray[ii]) {
                    showArray
[ii].judgeText.text="√";
                    scoreArray
[ii]=scoreNum;

                } else {
                    showArray
[ii].judgeText.text=" × " ;
                    scoreArray
[ii]=0;

                }
                totalScore+
=scoreArray[ii];
            }
            field.text="成绩: "+totalScore.
toString()+" 分";

        } else {
            totalScore=0;
            button.buttonText.text="提交";
            field.text="成绩: "+"  "+"分";
            for (var jj:uint=0;
jj<subjectArray.length; jj++) {
                showArray[jj].
showText.text=" ;
                showArray[jj].
judgeText.text=" ;
            }

        }
    }
```

```
动作
图层 2:1
1  var subjectArray:Array=new Array("葡萄牙的首都是？","以下不属于碳的化学性质的是？","李白是什么朝代的人",
2   "花海是由哪位歌手演唱的","酒醉河田鸡是什么地方的美食？");
3  var selectArray:Array=new Array("A. 夏威夷","B.威尼斯","C.里斯本","D.荷兰","A.稳定性","B.可燃性","C.还
4  "A.宋朝","B.明朝","C.唐朝","D.南北朝","A.张学友","B.周杰伦","C.林俊杰","D.赵薇","A.浙江","B.福建","C.香
5  var answerArray:Array=new Array("C","D","C","B","B");
6  var showArray:Array=new Array();
7  var nameArray:Array=new Array();
8  var scoreArray:Array=new Array();
9  var scoreNum:Number=100/subjectArray.length;
10 var score:int;
11 var totalScore:int;
12 var isplay:Boolean;
13 var field:TextField=new TextField();
14 var format:TextFormat=new TextFormat("Tahoma");
15 field.defaultTextFormat=format;
16 field.text="成绩: "+"  "+"分";
17 addChild(field);
18 field.y=300;
19 field.x=200;
20 for (var j:int=0; j<subjectArray.length; j++) {
21     var subjectText:TextField=new TextField();
22     subjectText.x=20;
23     subjectText.y=40*j+20;
24     subjectText.width=300;
25     subjectText.mouseEnabled=false;
26     subjectText.defaultTextFormat=format;
27     subjectText.text=(j+1)+"."+subjectArray[j]+" ? ";
28     addChild(subjectText);
29
30     var show:Show=new Show();
31     show.y=40+j*40;
32     show.x=20;
33     show.showText.mouseEnabled=false;
34     show.indexText.text=(j+1)+".";
35     show.indexText.mouseEnabled=false;
36     show.judgeText.mouseEnabled=false;
37     showArray.push(show);
38     addChild(show);
39
40
41 }
42
第1行(共112行)，第1列
```

13 选择“属性”命令。打开“库”面板，在影片剪辑元件“show”上单击鼠标右键，在弹出的快捷菜单中选择“属性”命令。

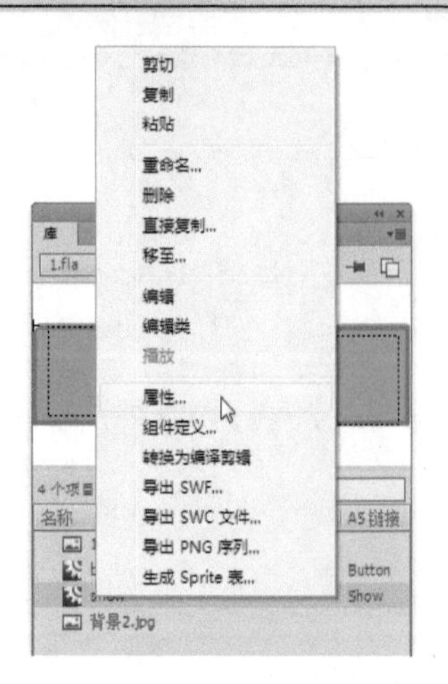

14 设置属性。打开“元件属性”对话框，展开高级设置区域，选择“为ActionScript导出”复选框和“在第1帧中导出”复选框，在“类”文本框中输入“Show”，完成后单击 确定 按钮。

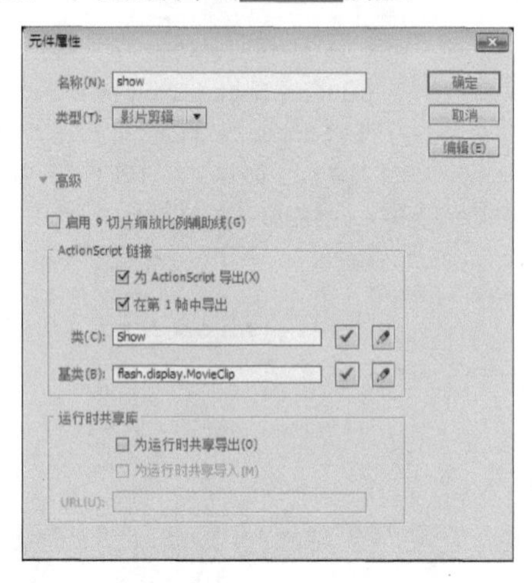

15 选择“属性”命令。打开“库”面板，在影片剪辑元件“button”上单击鼠标右键，在弹出的快捷菜单中选择“属性”命令。

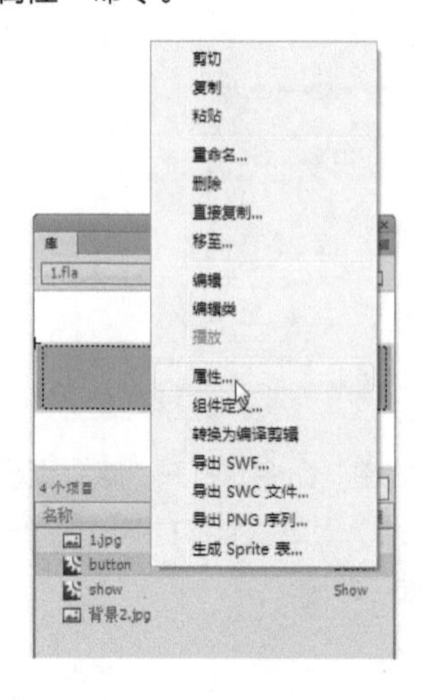

16 设置属性。打开“元件属性”对话框，展开高级设置区域，选择“为ActionScript导出”复选框和“在第1帧中导出”复选框，在“类”文本框中输入“Button”，完成后单击 确定 按钮。

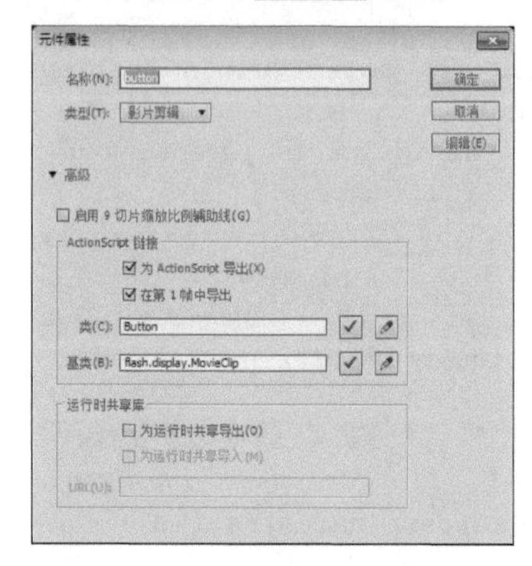

17 欣赏动画。执行“文件→保存”命令，保存文件，然后按下【Ctrl+Enter】组合键输出测试影片。

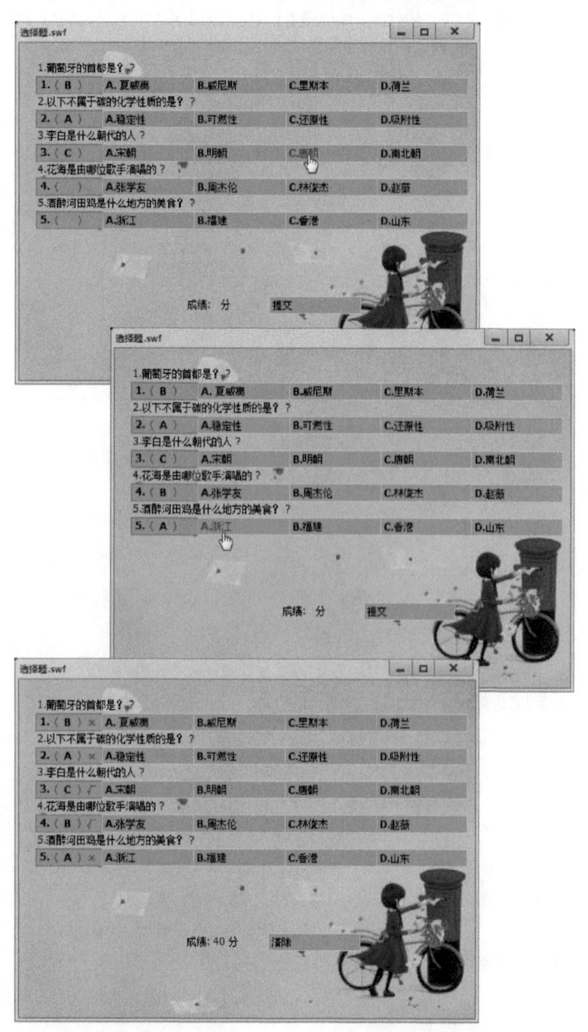

视频播放器

案例说明：本例使用导入视频功能来制作一个视频播放器。

光盘文件：源文件与素材\第10章\视频播放器\视频播放器.fla

视频文件：视频\第10章\视频播放器.avi

操作步骤

1 打开“导入视频”对话框。新建一个Flash空白文档，执行“文件→导入→导入视频”命令，打开“导入视频”对话框。

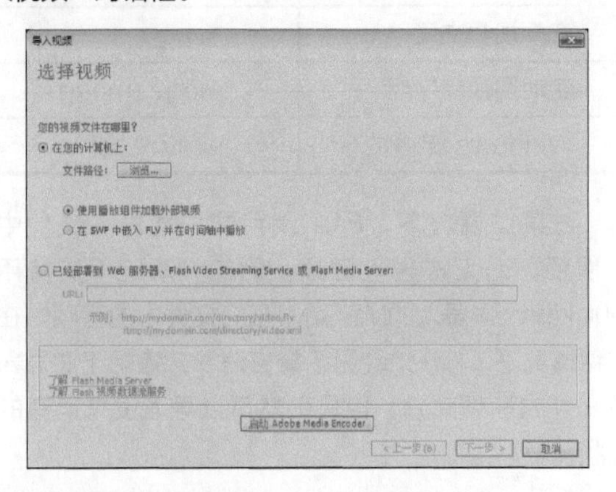

2 选择视频。单击对话框中的 浏览... 按钮，在弹出的“打开”对话框中选择一个视频文件。

3 选择播放器外观。单击 下一步 > 按钮，进入“设定外观”界面，在“外观”下拉列表中选择一种播放器的外观。

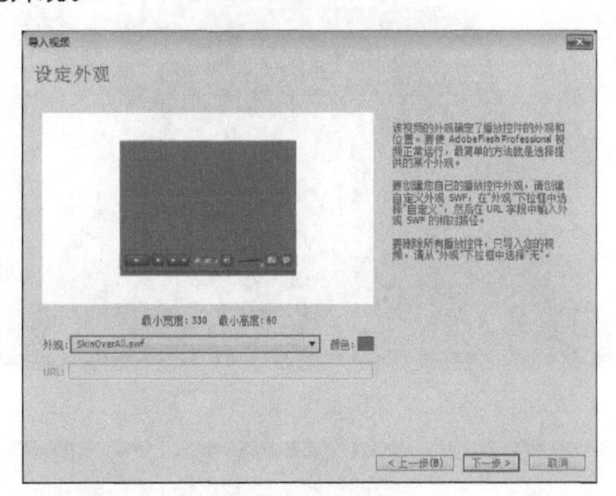

4 导入视频。单击 下一步 > 按钮，完成视频的导入，然后单击 完成 按钮。

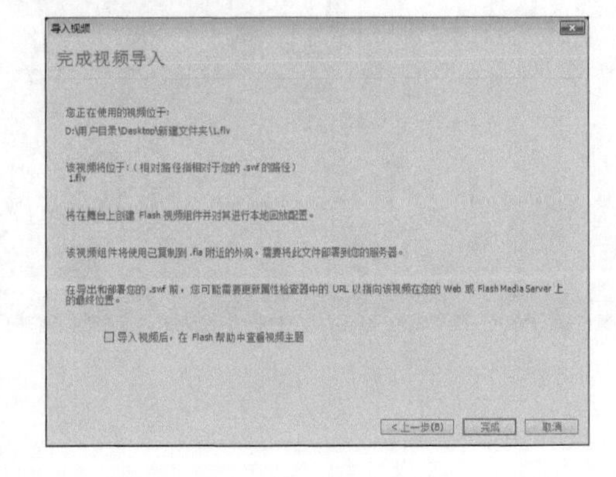

5 导入视频到舞台。经过上述操作，视频文件已经成功导入到舞台中了。

6 欣赏效果。执行“文件→保存”命令，保存文件，然后按下【Ctrl+Enter】组合键输出测试影片。

在Flash CC中，并不是所有的视频都能导入到库中，如果用户的计算机，操作系统安装了QuickTime 4（或更高版本）或安装了DirectX 7（或更高版本）插件，则可以导入各种文件格式视频剪辑。主要格式包括AVI（音频视频交叉文件）、MOV（QuickTime影片）和MPG/MPEG（运动图像专家组文件），还可以将带有嵌入视频的Flash文档发布为SWF文件。

如果系统中安装了QuickTime 4，则在导入嵌入视频时支持以下视频文件格式：

文件类型	扩展名
音频视频交叉	.avi
数字视频	.dv
运动图像专家组	.mpg、.mpeg
QuickTime 影片	.mov

如果系统安装了DirectX 7或更高版本，则在导入嵌入视频时支持以下视频文件格式：

文件类型	扩展名
音频视频交叉	.avi
运动图像专家组	.mpg、.mpeg
Windows 媒体文件	.wmv、.asf

在某些情况下，Flash可能只能导入文件中的视频，而无法导入音频。例如，系统不支持用QuickTime 4导入的MPG/MPEG文件中的音频。在这种情况下，Flash会显示警告消息，指明无法导入该文件的音频部分，但是仍然可以导入没有声音的视频。

实例65 图片浏览器

案例说明：本实例主要使用“媒体播放”模板与导入功能来制作。

光盘文件：源文件与素材\第10章\图片浏览器\图片浏览器.fla

视频文件：视频\第10章\图片浏览器.avi

操作步骤

1 新建模板。执行“文件→新建”命令，在打开的“新建文档”对话框中选择“模板”选项，进入“从模板新建”对话框，在“类别”列表框中选择“媒体播放”选项，然后选择“简单相册”选项，完成后单击 确定 按钮。

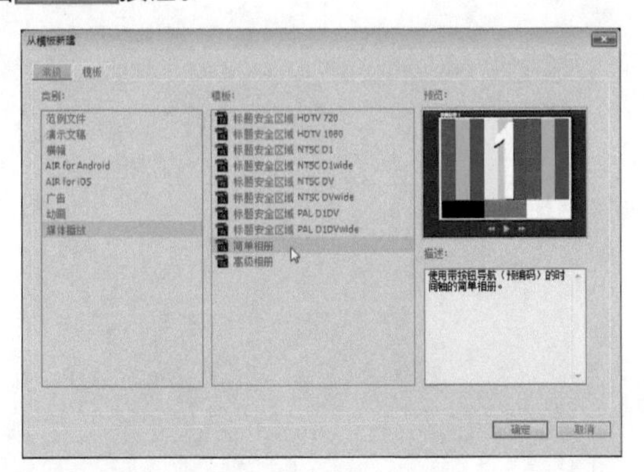

2 删除内容。打开“简单相册”模板，将“图像/标题”图层的4个关键帧中的内容删除，使它们成为空白关键帧。

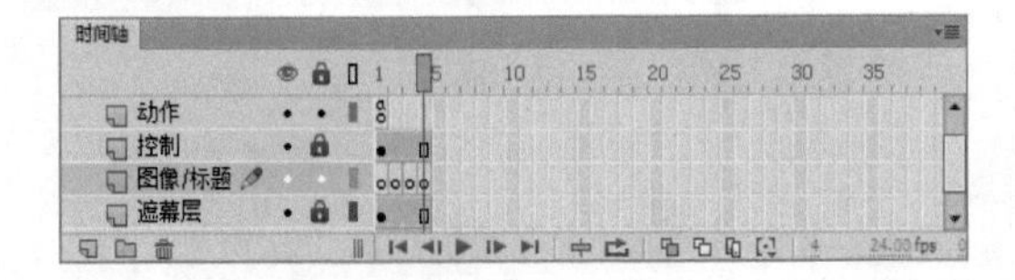

3 导入图像。选择“图像/标题”图层的第1帧，执行“文件→导入→导入到舞台”命令，将一幅图像导入到舞台中。

4 导入图像。选择“图像/标题”图层的第2帧，执行“文件→导入→导入到舞台”命令，将一幅图像导入到舞台中。

5 导入图像。选择“图像/标题”图层的第3帧，执行“文件→导入→导入到舞台”命令，将一幅图像导入到舞台中。

6 导入图像。选择“图像/标题”层的第4帧，执行“文件→导入→导入到舞台”命令，将一幅图像导入到舞台中。

7 欣赏效果。保存动画文件，然后按下【Ctrl+Enter】组合键，欣赏本例的完成效果。

实例66 制作课件

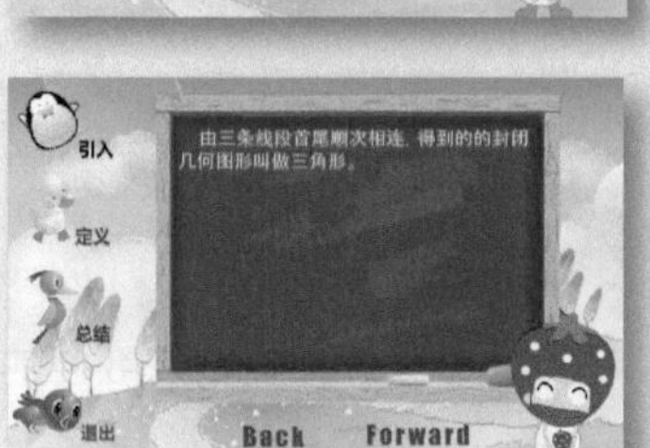

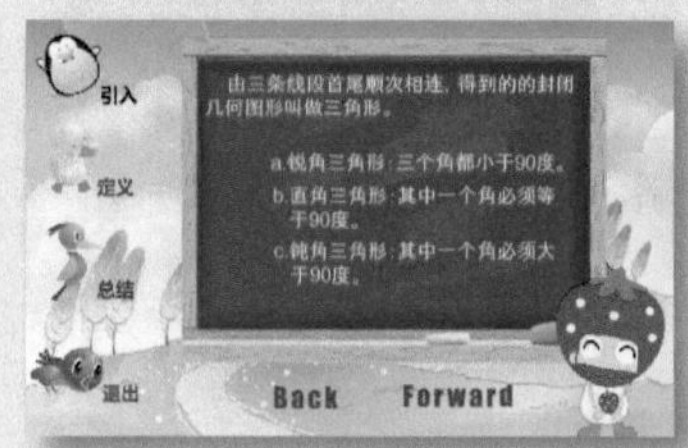

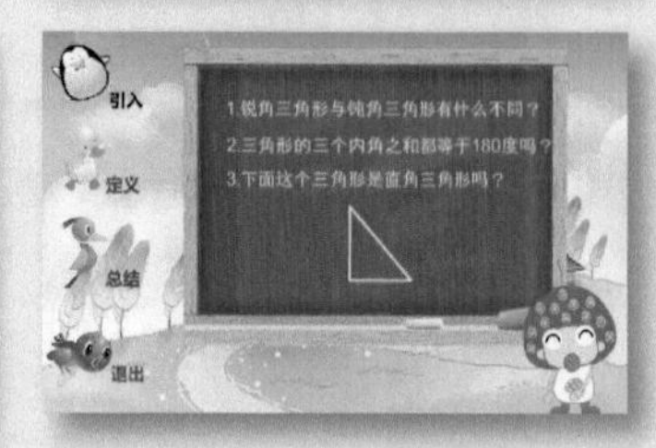

案例说明：在制作本实例中的课件时，首先创建在各个画面中跳转的按钮元件，再制作课件中需要播放的影片剪辑元件，然后编辑各个场景。

光盘文件：源文件与素材\第10章\制作课件\制作课件.fla

视频文件：视频\第10章\制作课件1.avi、制作课件2.avi、制作课件3.avi、制作课件4.avi、制作课件5.avi

操作步骤

1 设置文档。新建一个Flash空白文档，执行“修改→文档”命令，打开“文档设置”对话框，在对话框中将“舞台大小”设置为658×416，将“帧频”设置为“12”，设置完成后单击 确定 按钮。

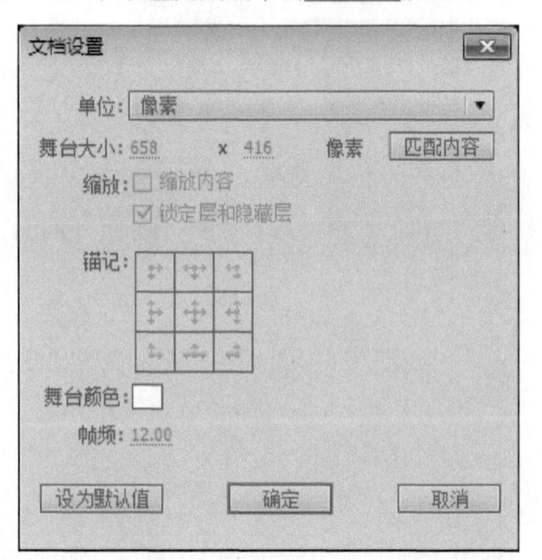

2 新建按钮元件。按下【Ctrl+F8】组合键，打开“创建新元件”对话框，在“名称”文本框中输入元件的名称“引入”，在“类型”下拉列表中选择“按钮”选项。设置完成后单击 确定 按钮。

3 导入图像。导入一幅图像到按钮元件工作区中。

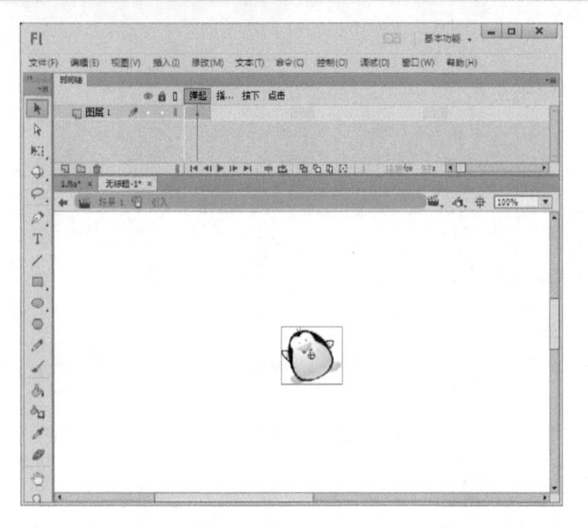

4 输入文字。在导入的图像右侧输入黑色的文字“引入”。

5 放大图像与文字。分别在“指针经过”帧、“按下”帧、“点击”帧插入关键帧，然后将“指针经过”帧中的图像与文字放大一些。

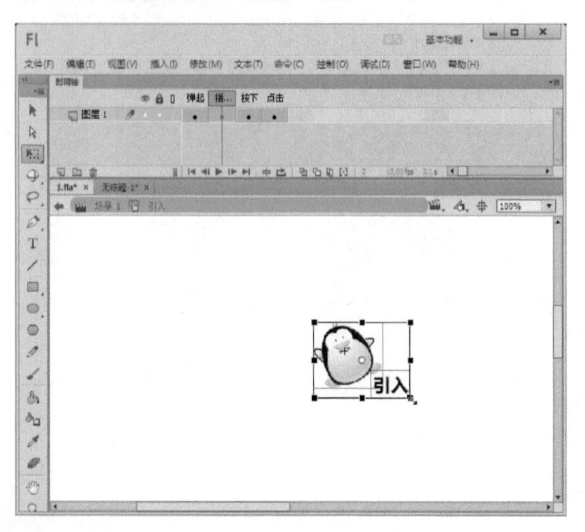

6 导入图像。新建一个名称为“定义”的按钮元件，然后在编辑区中导入一幅图像。

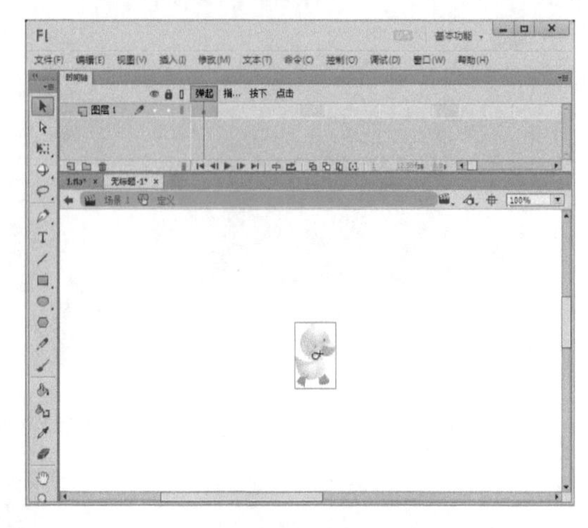

7 输入文字。在导入的图像右侧输入红色的文字“定义”。

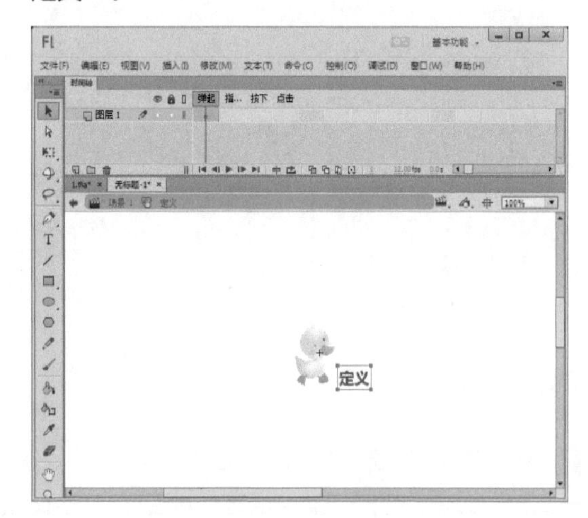

8 放大图像与文字。分别在“指针经过”帧、“按下”帧、“点击”帧插入关键帧，然后将“指针经过”帧中的图像与文字放大一些。

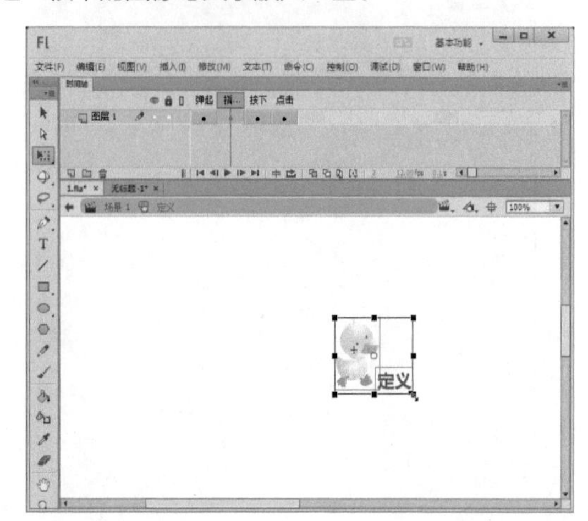

9 导入图像。新建一个名称为“总结”的按钮元件，然后在编辑区中导入一幅图像，并在图像右侧输入紫色的文字“总结”。

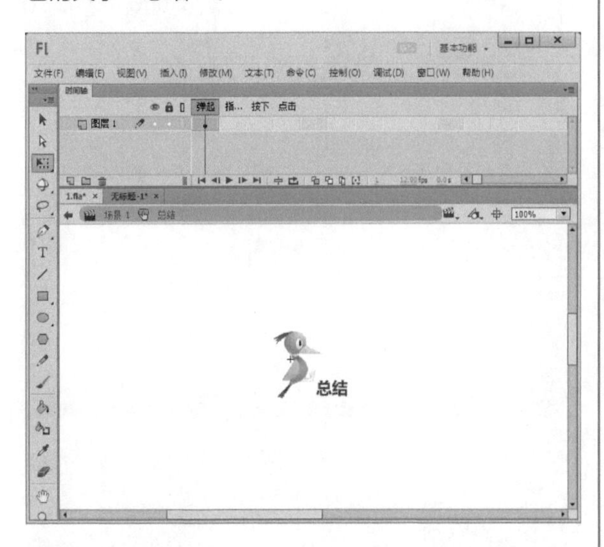

10 放大图像与文字。分别在“指针经过”帧、“按下”帧、“点击”帧插入关键帧，然后将“指针经过”帧中的图像与文字放大一些。

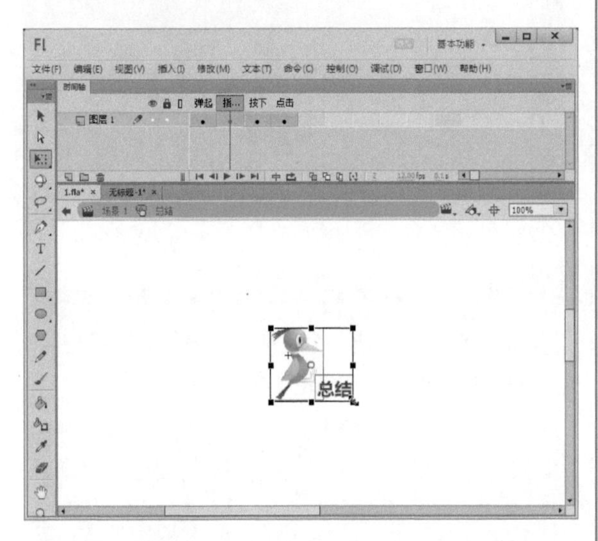

11 导入图像。新建一个名称为“退出”的按钮元件，然后在编辑区中导入一幅图像，并在图像右侧输入棕色的文字“退出”。

12 放大图像与文字。分别在“指针经过”帧、“按下”帧、“点击”帧中插入关键帧，然后将“指针经过”帧中的图像与文字放大一些。

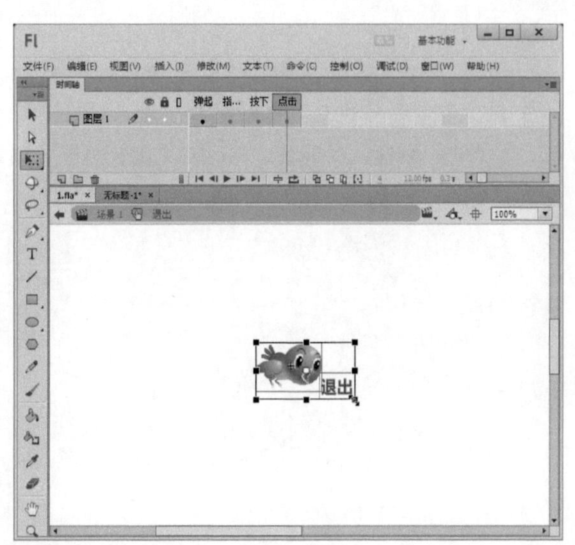

13 新建按钮元件。按下【Ctrl+F8】组合键，打开“创建新元件”对话框，在“名称”文本框中输入元件的名称“前进”，在“类型”下拉列表中选择“按钮”选项，设置完成后单击 确定 按钮。

创建新元件
名称(N): 前进 确定
类型(T): 按钮 取消
文件夹: 库根目录
▸ 高级

14 输入英文。在元件编辑区中输入英文“Forward”。

15 放大文字。分别在“指针经过”帧、“按下”帧、“点击”帧插入关键帧，然后将“指针经过”帧中的文字放大一些。

16 输入英文。新建一个名称为“后退”的按钮元件，在元件编辑区中输入英文“Back”。

17 放大文字。分别在“指针经过”帧、“按下”帧、“点击”帧插入关键帧，然后将“指针经过”帧中的文字放大一些。

18 输入英文。新建一个名称为“是”的按钮元件，然后在编辑区中输入黑色的英文“YES”。

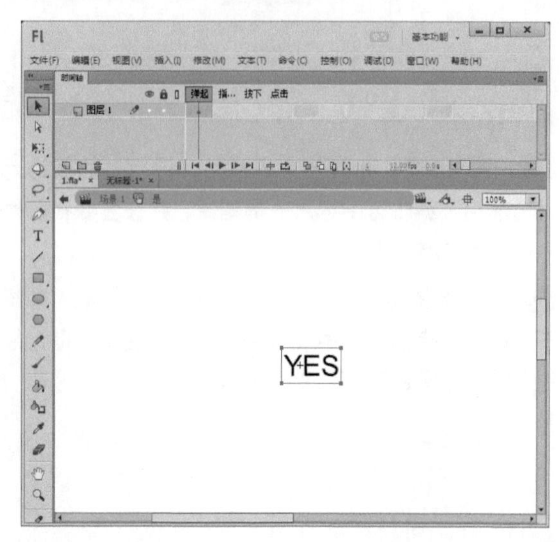

19 放大文字。分别在“指针经过”帧、“按下”帧、“点击”帧插入关键帧，然后将“指针经过”帧中的文字放大一些。

20 输入英文。新建一个名称为“不”的按钮元件，然后在编辑区中输入黑色的英文“NO”。

21 放大文字。分别在“指针经过”帧、“按下”帧、“点击”帧插入关键帧，然后将“指针经过”帧中的文字放大一些。

22 导入图像。返回场景1，然后导入一幅背景图像到舞台中。

23 拖入按钮元件。新建“图层2”，在“库”面板中将“引入”按钮元件拖入到舞台上。

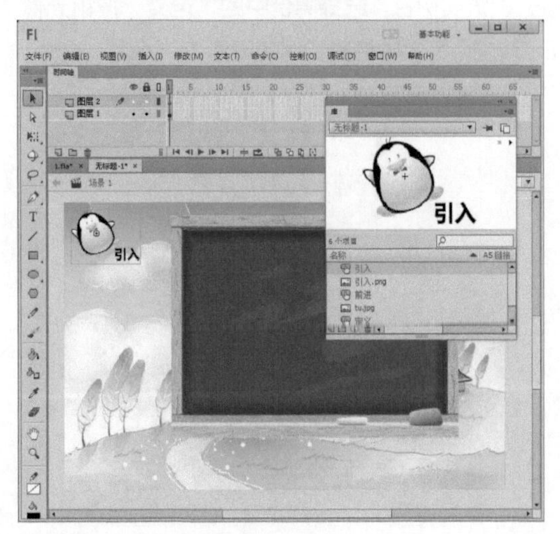

24 设置实例名。选择舞台中的“引入”按钮元件，在“属性”面板中将其实例名设置为“xx1”。

25 拖入按钮元件。在“库”面板中将“定义”按钮元件拖入到舞台上“引入”按钮元件的下方。

26 设置实例名。选择舞台中的“定义”按钮元件，在“属性”面板中将其实例名设置为“xx2”。

27 拖入按钮元件。在“库”面板中将“总结”按钮元件拖入到舞台上“定义”按钮元件的下方。

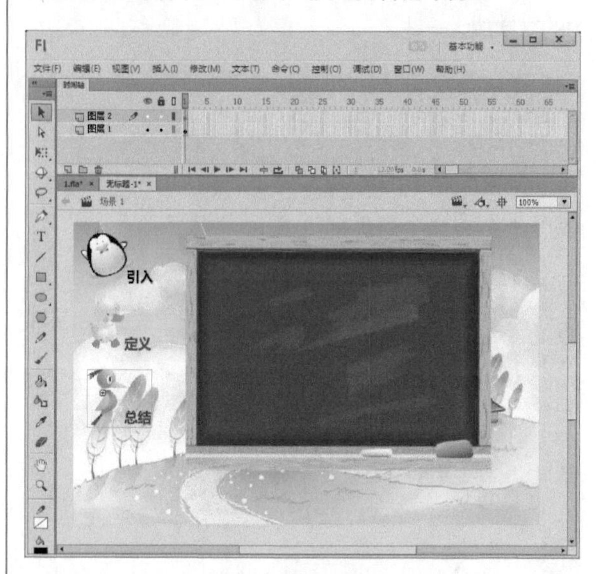

28 设置实例名。选择舞台中的“总结”按钮元件，在“属性”面板中将其实例名设置为“xx3”。

29 拖入按钮元件。在“库”面板中将“退出”按钮元件拖入到舞台上“总结”按钮元件的下方。

30 设置实例名。选择舞台中的“退出”按钮元件，在“属性”面板中将其实例名设置为“xx4”。

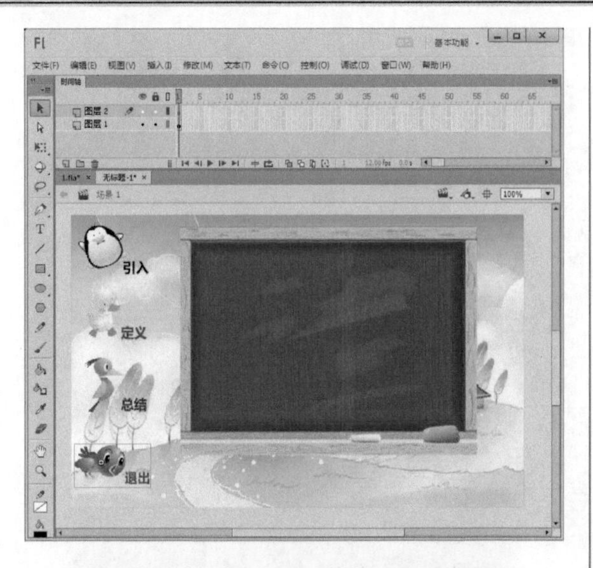

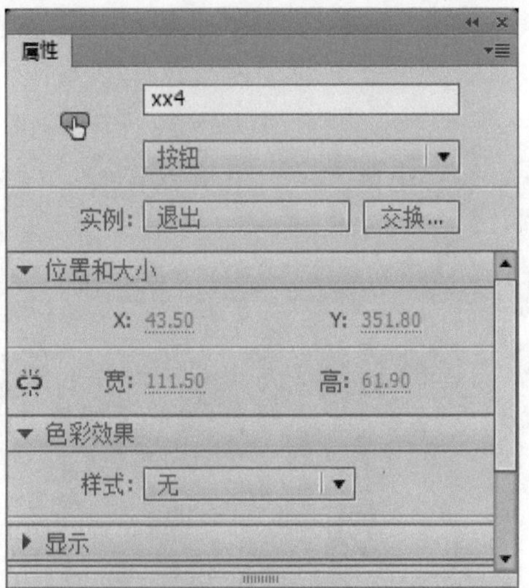

31 输入文字。新建“图层3”，在舞台中输入文字“小学数学三角形”。

32 导入图像。新建“图层4”，导入一幅图像到舞台上。

33 添加代码。新建“图层5”，选择该图层的第1帧，在“动作”面板中输入代码“stop();”。

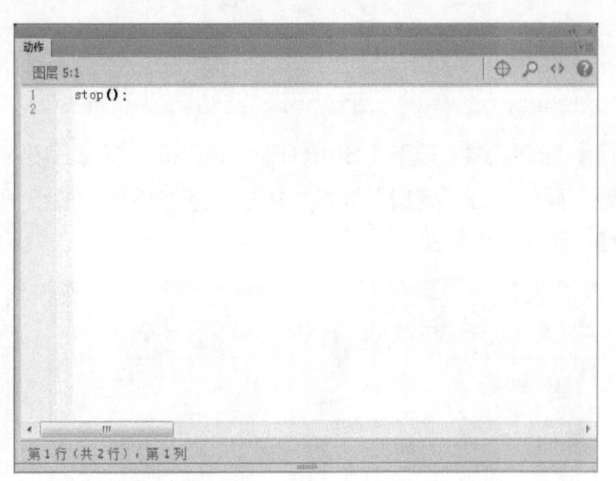

34 添加代码。新建“图层6”，选择该图层的第1帧，在“动作”面板中添加如下代码：

```
xx1.addEventListener("click",fun1);
function fun1(e):void
{
gotoAndPlay(1, "场景 2");
}
xx2.addEventListener("click",fun2);
function fun2(e):void
{
gotoAndPlay(1, "场景 3");
}
xx3.addEventListener("click",fun3);
```

```
function fun3(e):void
{
gotoAndPlay(1, "场景 4");
}
xx4.addEventListener("click",fun4);
function fun4(e):void
{
gotoAndPlay(1, "场景 5");
}
```

动作

图层 6:1

```
1  xx1.addEventListener("click",fun1);
2  function fun1(e):void
3  {
4  gotoAndPlay(1, "场景 2");
5  }
6  xx2.addEventListener("click",fun2);
7  function fun2(e):void
8  {
9  gotoAndPlay(1, "场景 3");
10 }
11 xx3.addEventListener("click",fun3);
12 function fun3(e):void
13 {
14 gotoAndPlay(1, "场景 4");
15 }
16 xx4.addEventListener("click",fun4);
17 function fun4(e):void
18 {
19 gotoAndPlay(1, "场景 5");
20 }
21
```

第 21 行（共 21 行），第 1 列

35 新建场景。按下【Shift+F2】组合键，打开“场景”面板，在“场景”面板中单击“添加场景”按钮，新建“场景2”。

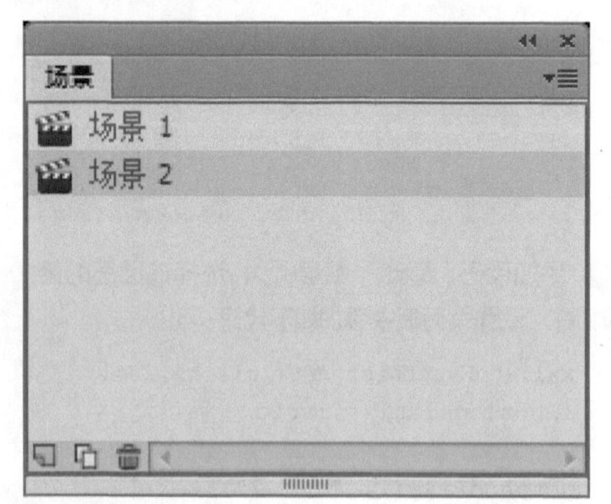

36 制作场景。进入“场景2”中，按照与制作“场景1”相同的方法，在“图层1”中导入背景图像，在“图层2”中拖入按钮元件，并分别将按钮元件的实例名设置为“xx5”、“xx6”、“xx7”、“xx8”。

37 导入图像。新建“图层3”，导入一幅图像到舞台上。

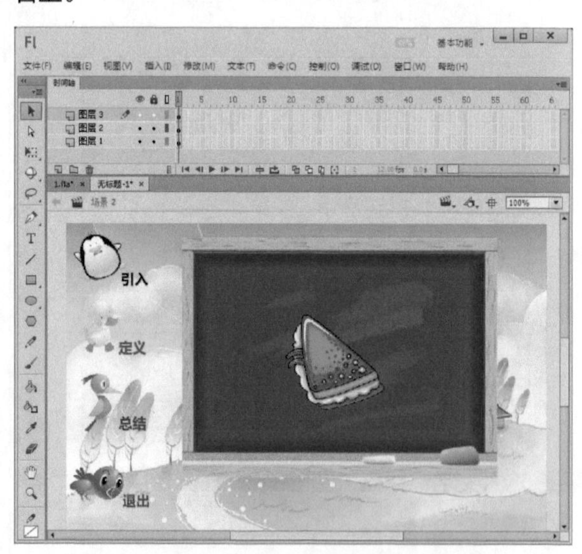

38 插入关键帧。将导入的图像转换为名称为“三明治”的影片剪辑元件，然后分别在“图层3”的第20帧、第46帧、第62帧插入关键帧。

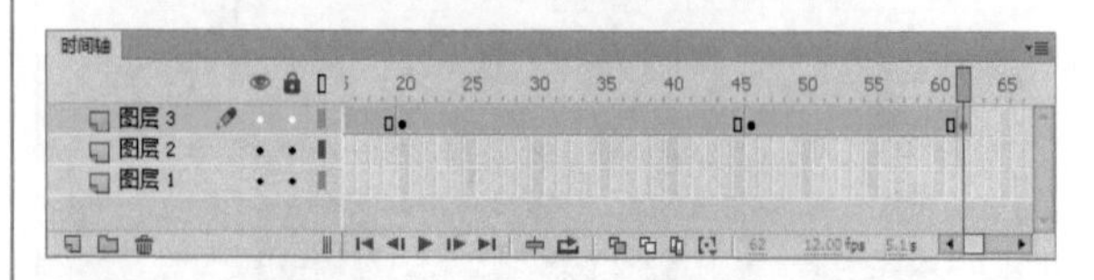

39 设置Alpha值。分别在“图层3”的第1帧与第20帧之间、第46帧与第62帧之间创建补间动画，然后选择第1帧和第62帧中的三明治，设置其“Alpha”值为“0”。

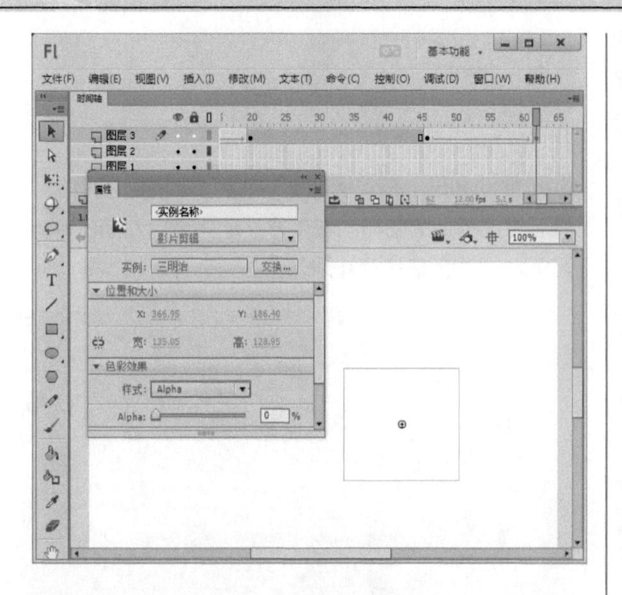

40 插入帧与关键帧。分别在“图层1”至“图层3”的第96帧插入帧，然后新建“图层4”，在该图层的第56帧插入关键帧。

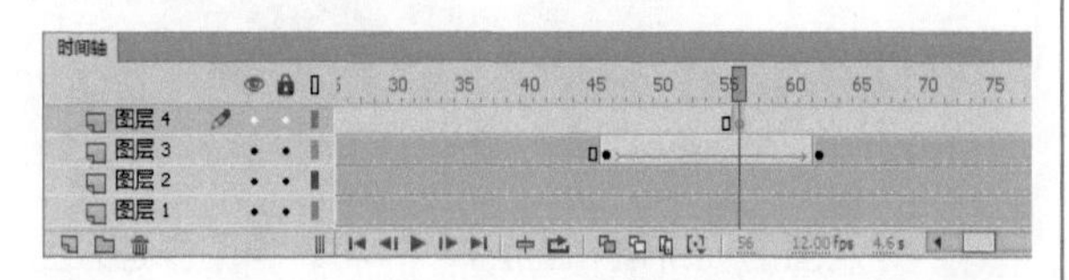

41 导入图像。在“图层4”的第56帧将一幅素材图像导入到舞台上。

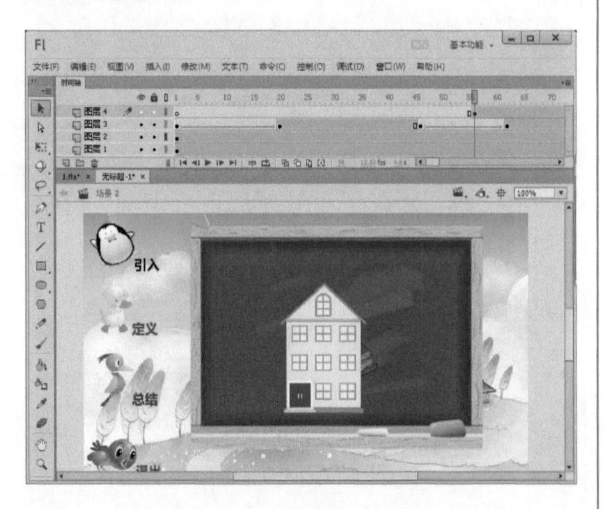

42 插入关键帧。将导入的图像转换为名称为“房屋”的影片剪辑元件，然后在“图层4”的第70帧插入关键帧，最后在第56帧与第70帧之间创建补间动画。

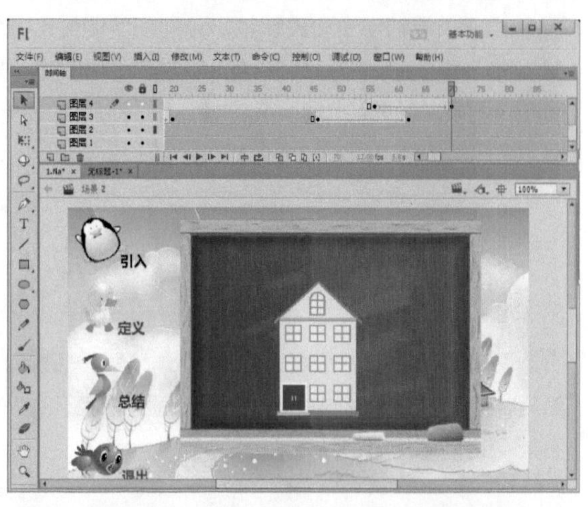

43 设置Alpha值。选择“图层4”第56帧处的房屋，在“属性”面板中将其“Alpha”值设置为0。

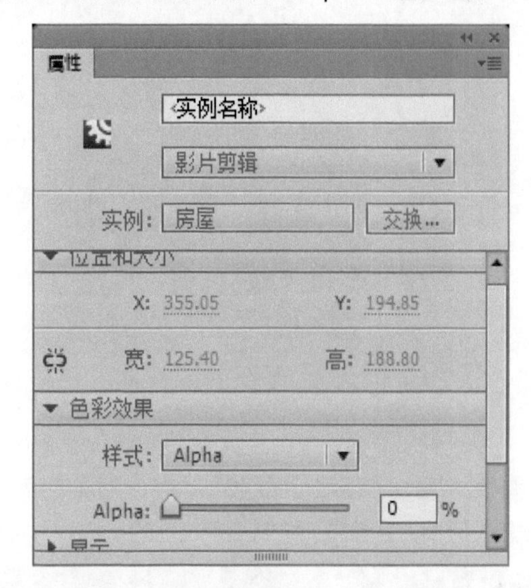

44 绘制直线。新建“图层5”，在该图层的第25帧插入关键帧，沿着三明治绘制3条黄色的直线。

45 插入关键帧与空白关键帧。分别在“图层5”的第27帧、第29帧、第31帧、第33帧插入关键帧，然后在“图层5”的第26帧、第28帧、第30帧、第32帧插入空白关键帧。

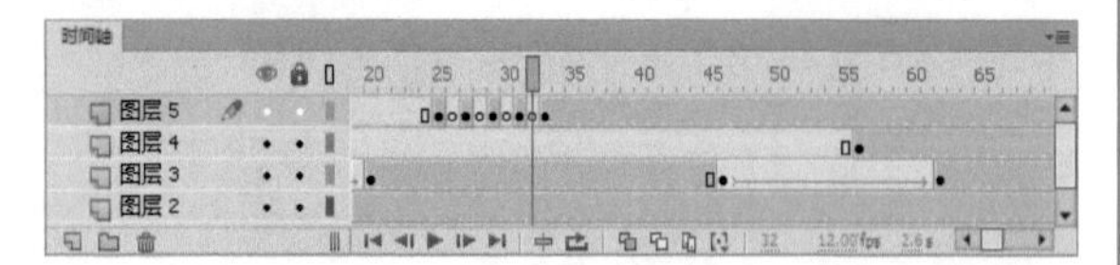

46 移动图形。在“图层5”的第46帧插入关键帧，然后将该帧处的图形向右上方移动，最后在第33帧与第46帧之间创建形状补间动画。

47 绘制直线。新建“图层6”，在该图层的第71帧插入关键帧，沿着屋顶绘制三条红色的直线。

48 插入关键帧与空白关键帧。分别在“图层6”的第74帧、第76帧、第78帧、第80帧插入关键帧，然后在“图层6”的第73帧、第75帧、第77帧、第79帧插入空白关键帧。

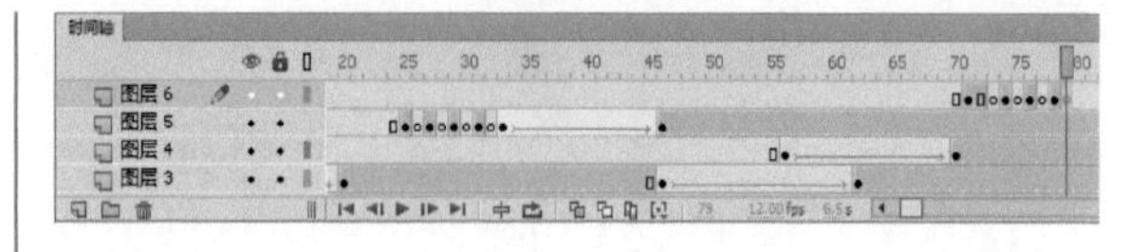

49 移动图形。在“图层6”的第89帧插入关键帧，然后将该帧处的图形向右下方移动，最后在第80帧与第89帧之间创建形状补间动画。

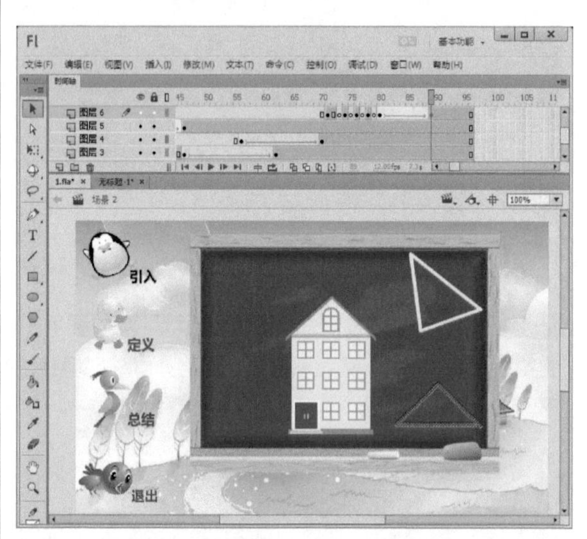

50 导入图像。新建“图层7”，将一幅图像导入到舞台的右下角。

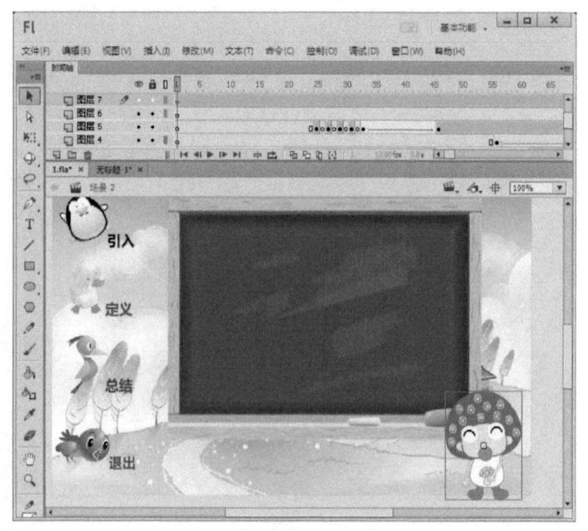

51 输入文字。新建“图层8”，在舞台中输入文字“在日常生活中，三角形是很常见的。”

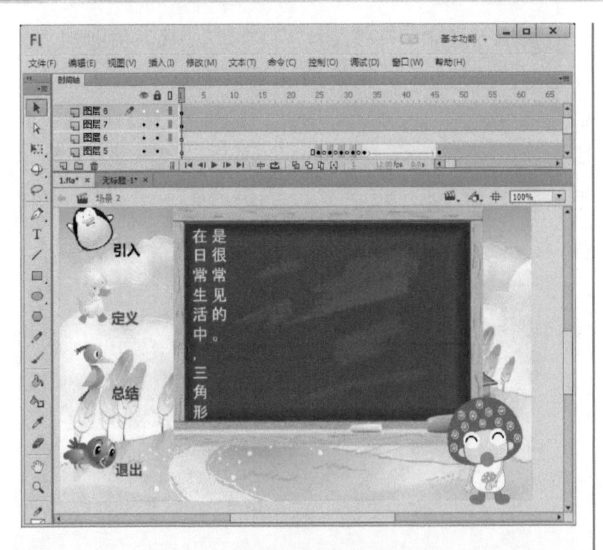

52 输入文字。在“图层8”的第91帧插入空白关键帧，输入文字“右边这两个图形是三角形吗？”

53 添加代码。新建“图层9”，在第96帧插入关键帧，并在该帧中添加代码“stop();”。

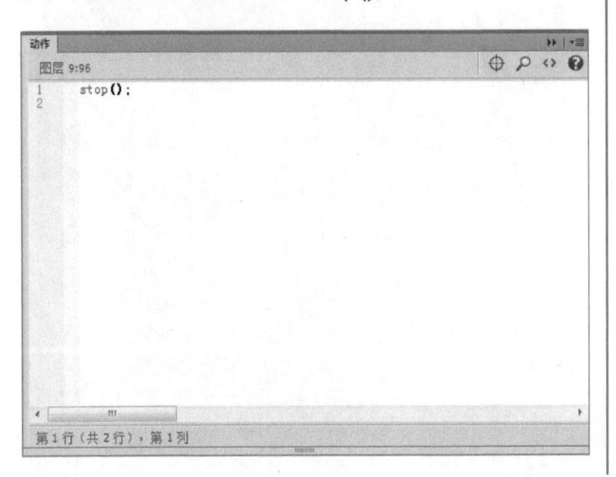

54 添加代码。新建“图层10”，选择该图层的第1帧，在“动作”面板中添加如下代码：

```
xx5.addEventListener("click",fun5);
function fun5(e):void
{
gotoAndPlay(1, "场景 2");
}
xx6.addEventListener("click",fun6);
function fun6(e):void
{
gotoAndPlay(1, "场景 3");
}
xx7.addEventListener("click",fun7);
function fun7(e):void
{
gotoAndPlay(1, "场景 4");
}
xx8.addEventListener("click",fun8);
function fun8(e):void
{
gotoAndPlay(1, "场景 5");
}
```

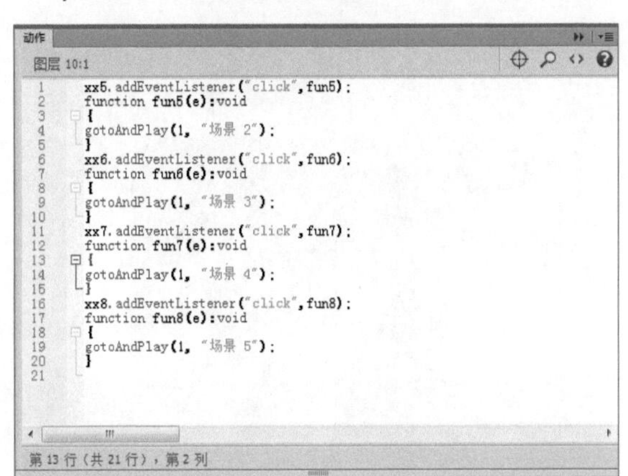

55 新建场景。按下【Shift+F2】组合键，打开“场景”面板，在“场景”面板中单击“添加场景”按钮，新建“场景3”。

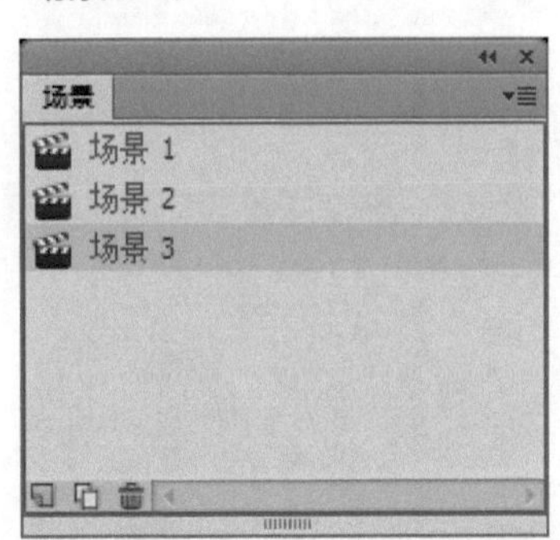

56 制作场景。进入“场景3”中，按照与制作“场景1”相同的方法，在“图层1”中导入背景图像，在“图

层2”中拖入按钮元件，并分别将按钮元件的实例名设置为“xx9”、“xx10”、“xx11”、“xx12”。

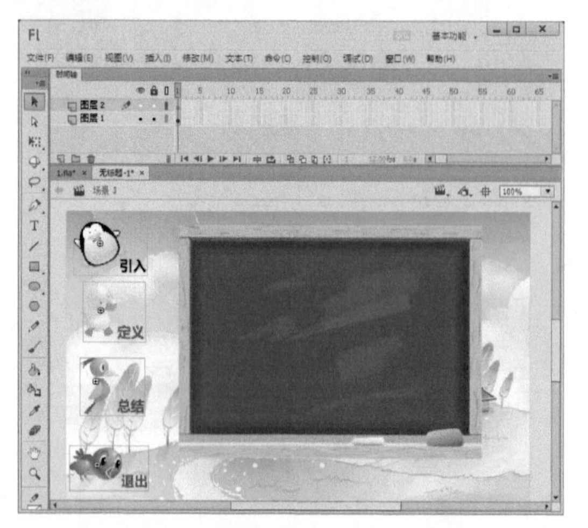

57 输入文字。新建“图层3”，在舞台上输入文字。

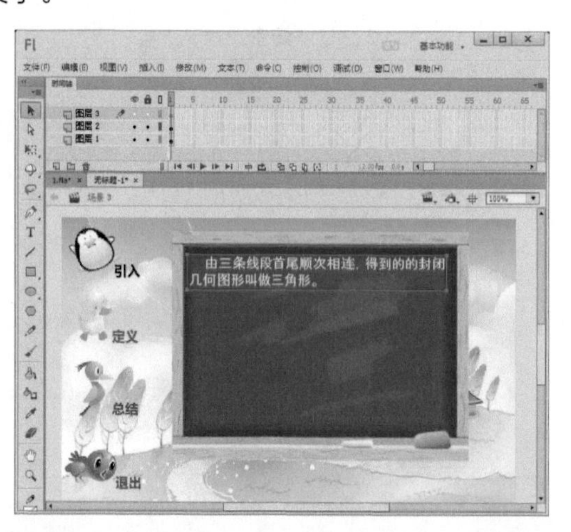

58 插入帧与关键帧。分别在“图层1”、“图层2”的第4帧插入帧，在“图层3”的第2帧插入关键帧，然后在舞台上输入文字。

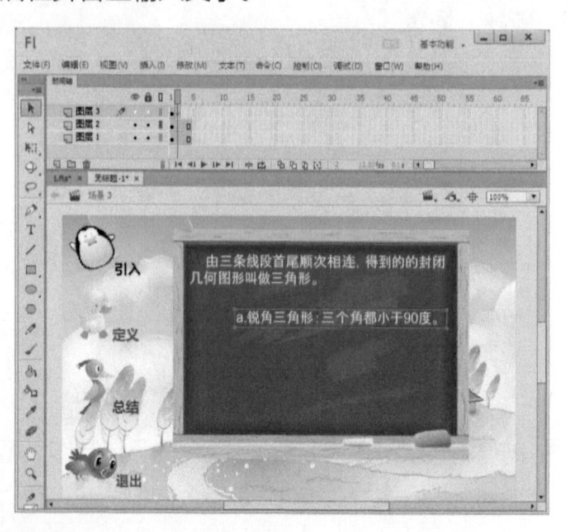

59 输入文字。在“图层3”的第3帧插入关键帧，在舞台上输入文字。

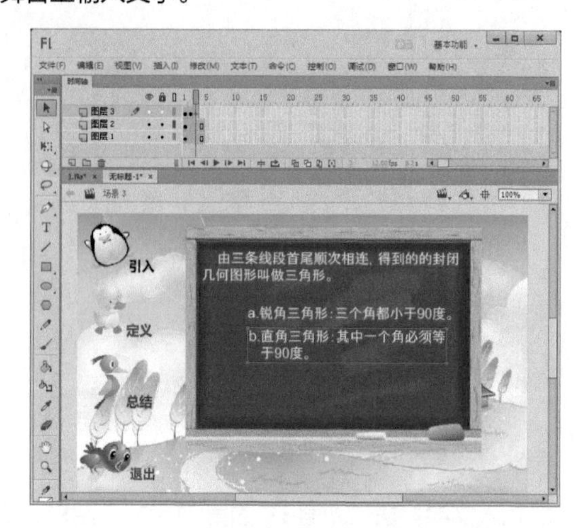

60 输入文字。在“图层3”的第4帧插入关键帧，在舞台上输入文字。

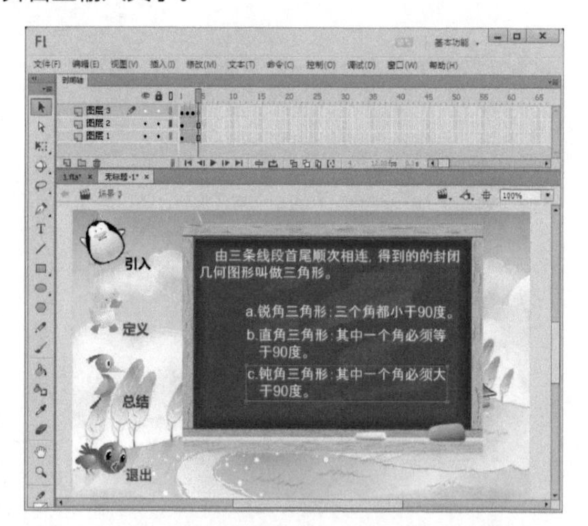

61 拖入元件。新建“图层4”，将“库”面板中的“前进”与“后退”按钮元件拖入到舞台上的合适位置。

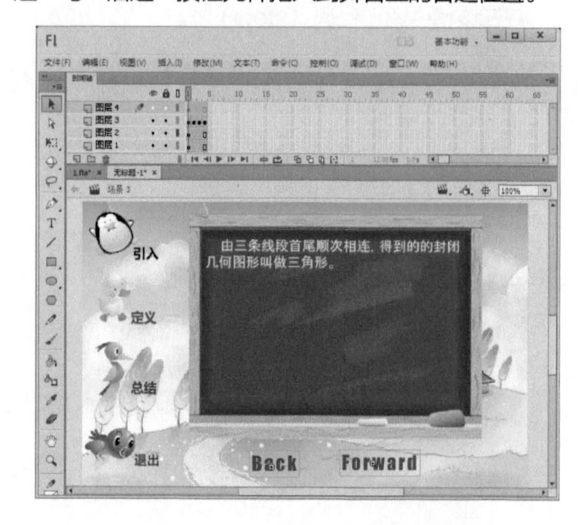

62 设置实例名。将“前进”按钮元件的实例名设置为“btn1”，将“后退”按钮元件的实例名设置为“btn2”。

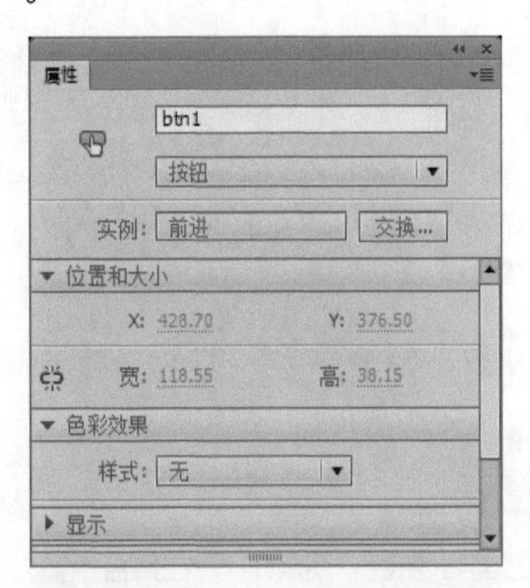

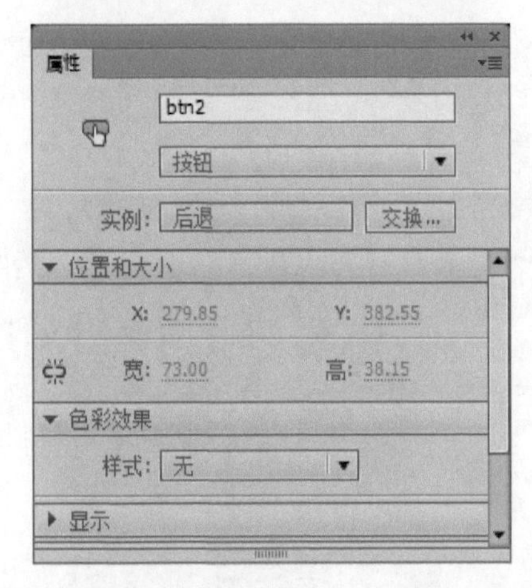

63 添加代码。新建“图层5”，选择该图层的第1帧，在“动作”面板中输入如下代码：

```
btn1.addEventListener(MouseEvent.
CLICK, fl_ClickToGoToNextFrame_2);
function fl_ClickToGoToNextFrame_2(ev
ent:MouseEvent):void
{
    nextFrame();
}
btn2.addEventListener(MouseEvent.
CLICK, fl_ClickToGoToPreviousFrame);
function fl_ClickToGoToPreviousFrame(
event:MouseEvent):void
{
    prevFrame();
}
```

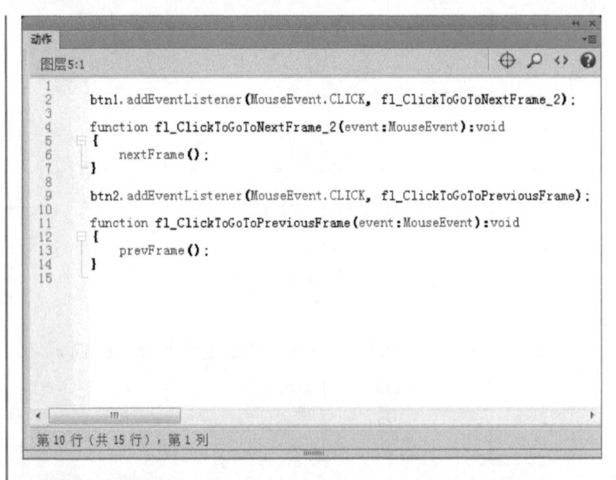

64 添加代码。新建“图层6”，选择该图层的第1帧，在“动作”面板中输入代码“stop();”。

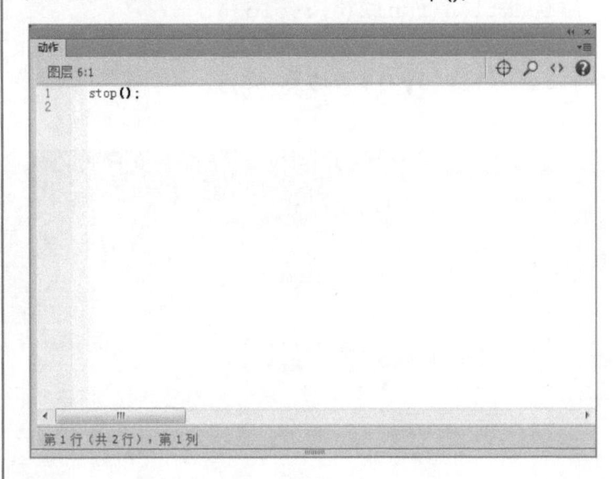

65 导入图像。新建“图层7”，导入一幅图像到舞台的右下角。

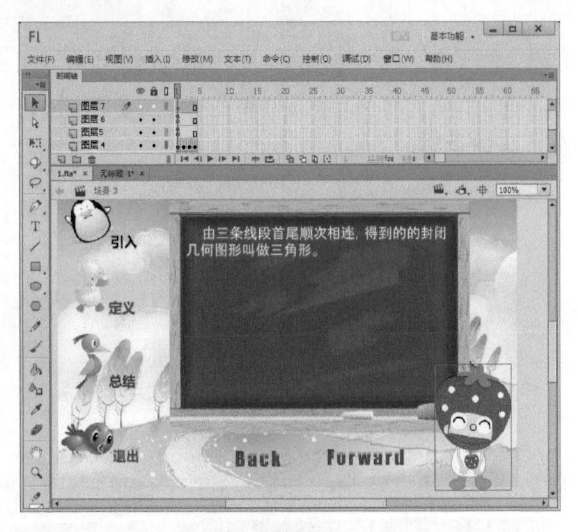

66 添加代码。新建“图层8”，选择该图层的第1帧，在“动作”面板中添加如下代码：

```
xx9.addEventListener("click",fun9);
```

```
function fun9(e):void
{
gotoAndPlay(1, "场景 2");
}
xx10.addEventListener("click",fun10);
function fun10(e):void
{
gotoAndPlay(1, "场景 3");
}
xx11.addEventListener("click",fun11);
function fun11(e):void
{
gotoAndPlay(1, "场景 4");
}
xx12.addEventListener("click",fun12);
function fun12(e):void
{
gotoAndPlay(1, "场景 5");
}
```

动作

图层 8:1

```
1  xx9.addEventListener("click",fun9);
2  function fun9(e):void
3  {
4  gotoAndPlay(1, "场景 2");
5  }
6  xx10.addEventListener("click",fun10);
7  function fun10(e):void
8  {
9  gotoAndPlay(1, "场景 3");
10 }
11 xx11.addEventListener("click",fun11);
12 function fun11(e):void
13 {
14 gotoAndPlay(1, "场景 4");
15 }
16 xx12.addEventListener("click",fun12);
17 function fun12(e):void
18 {
19 gotoAndPlay(1, "场景 5");
20 }
21
```

第 21 行（共 21 行），第 1 列

67 新建场景。按下【Shift+F2】组合键，打开“场景”面板，在“场景”面板中单击“添加场景”按钮，新建“场景4”。

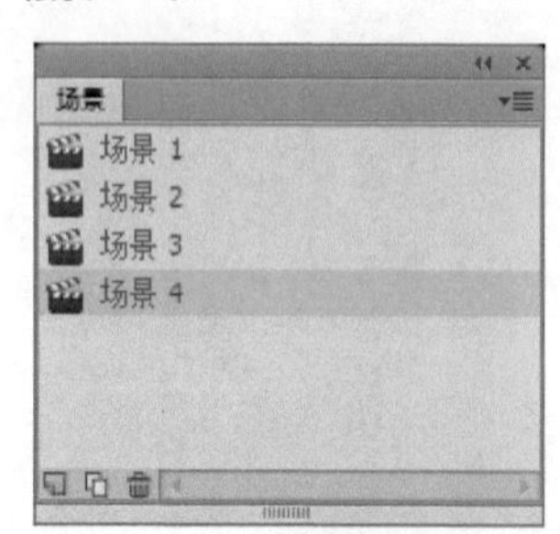

68 进入“场景4”中，按照与制作“场景1”相同的方法，在“图层1”中导入背景图像，在“图层2”中拖入按钮元件，并分别将按钮元件的实例名设置为“xx13”、“xx14”、“xx15”、“xx16”。

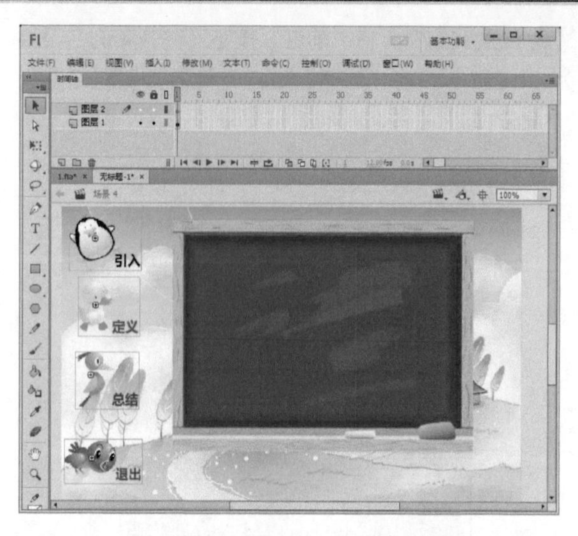

69 输入文字。新建“图层3”，在舞台中输入文字。

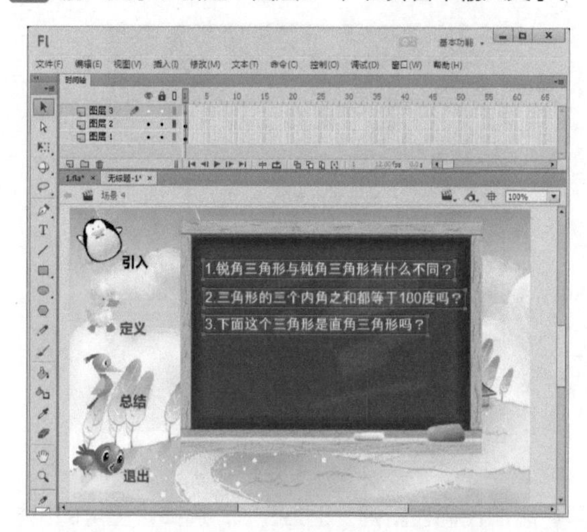

70 绘制三角形。新建“图层4”，在舞台上文字的下方绘制一个黄色的三角形。

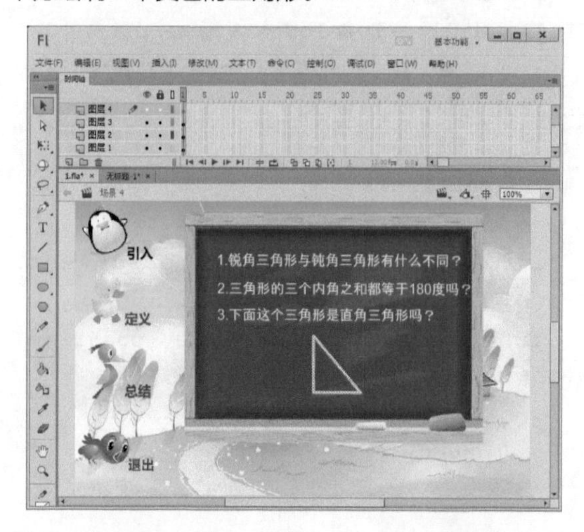

71 导入图像。新建“图层5”，导入一幅图像到舞

台的右下角。

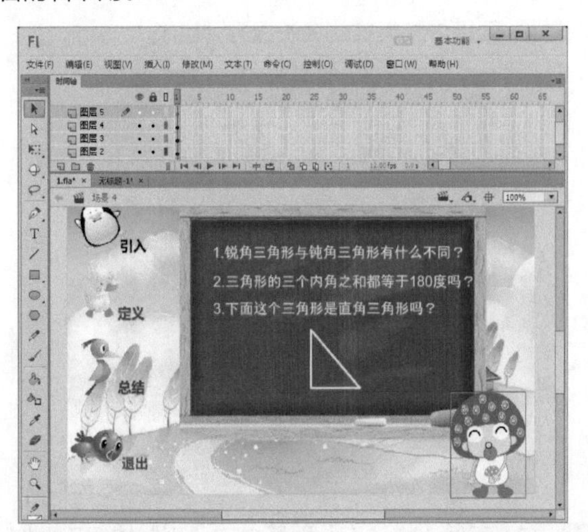

72 添加代码。新建“图层6”，在该图层的第1帧中添加代码“stop();”。

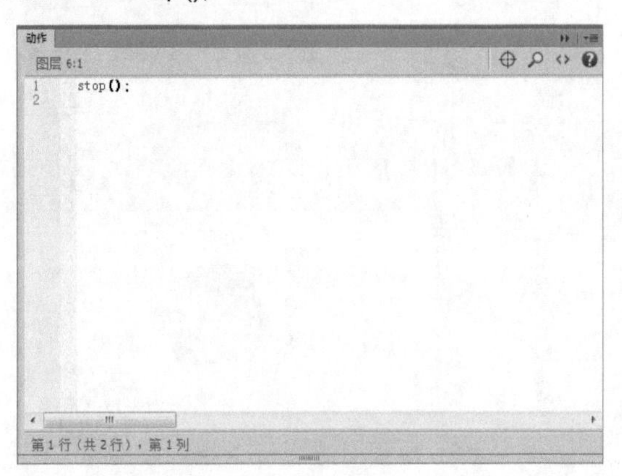

73 添加代码。新建“图层7”，选择该图层的第1帧，在“动作”面板中添加如下代码：

```
xx13.addEventListener("click",fun13);
function fun13(e):void
{
gotoAndPlay(1, "场景 2");
}
xx14.addEventListener("click",fun14);
function fun14(e):void
{
gotoAndPlay(1, "场景 3");
}
xx15.addEventListener("click",fun15);
function fun15(e):void
{
gotoAndPlay(1, "场景 4");
}
xx16.addEventListener("click",fun16);
function fun16(e):void
{
gotoAndPlay(1, "场景 5");
}
```

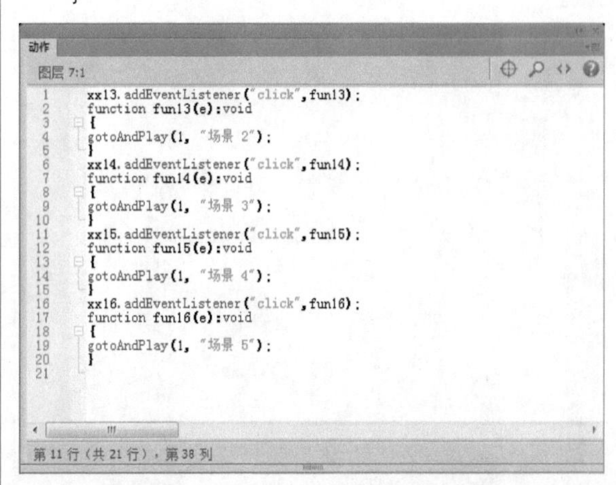

74 新建场景。按下【Shift+F2】组合键，打开“场景”面板，在“场景”面板中单击“添加场景”按钮，新建“场景5”。

75 制作场景。进入“场景5”中，按照与制作“场景1”相同的方法，在“图层1”中导入背景图像，在“图层2”中拖入按钮元件，并分别将按钮元件的实例名设置为“xx17”、“xx18”、“xx19”、“xx20”。

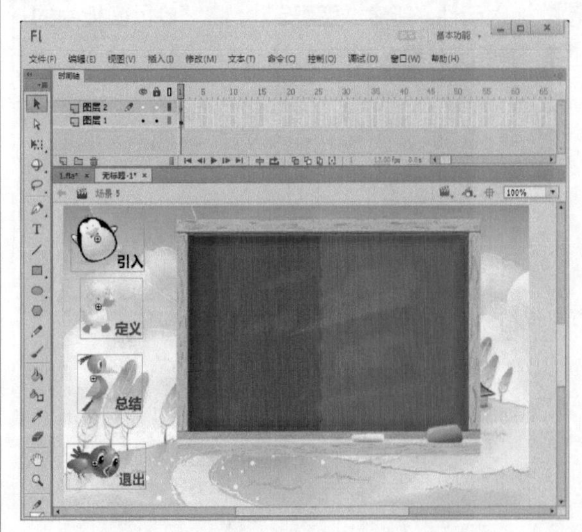

76 导入图像。新建“图层3”，在舞台中导入一幅图像。

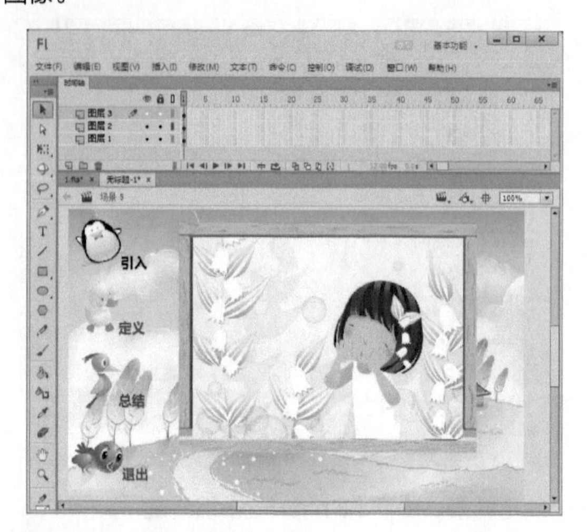

77 输入文字。新建“图层4”，在舞台上输入文字“确定要退出吗？”

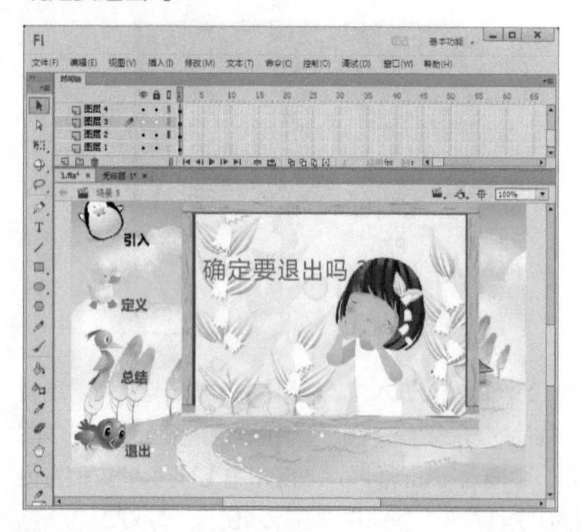

78 拖入元件。新建“图层5”，将“库”面板中的“是”按钮元件拖入到舞台上。

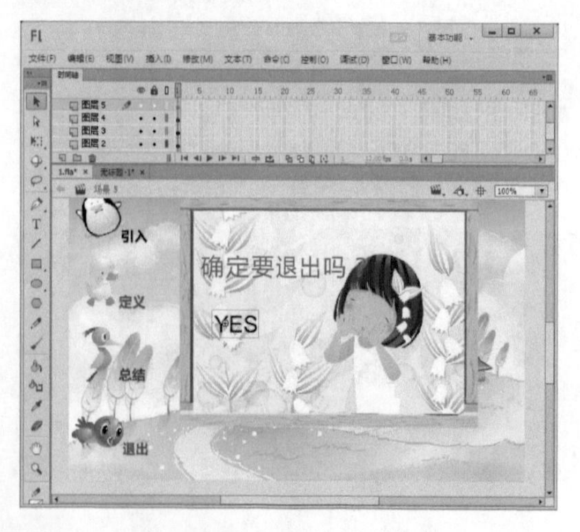

79 设置实例名。选择舞台中的“是”按钮元件，在“属性”面板中将其实例名设置为“btn3”。

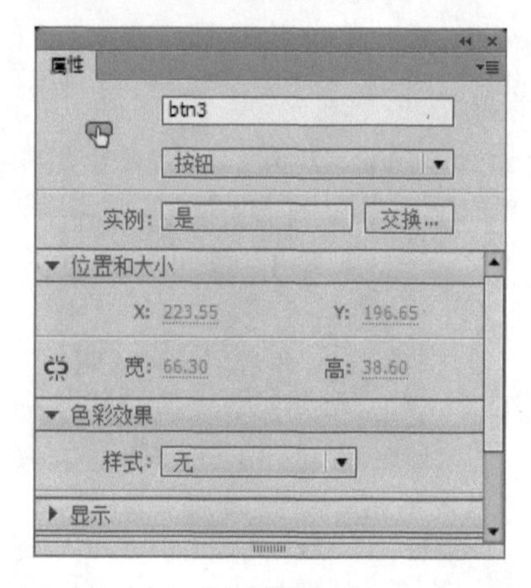

80 拖入元件。将“库”面板中的“不”按钮元件拖入到舞台上“是”按钮元件的右侧。

81 设置实例名。选择舞台中的“不”按钮元件，在“属性”面板中将其实例名设置为“btn4”。

82 导入图像。新建“图层6”，导入一幅图像到舞台的右下角。

83 导入图像。新建一个“小鸡”影片剪辑元件，然后在编辑区中导入一幅小鸡图像。

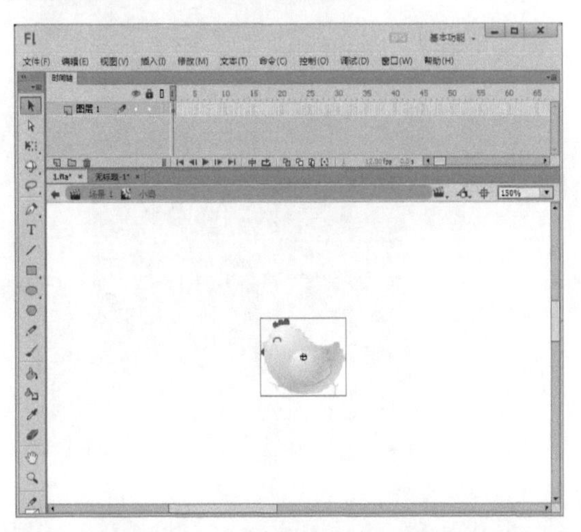

84 水平翻转帧。在第3帧插入关键帧，然后执行“修改→变形→水平翻转”命令。最后在第5帧插入帧。

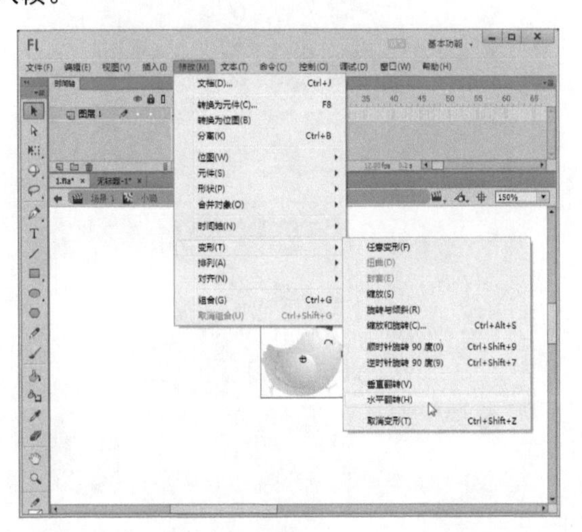

85 拖入元件。返回“场景5”，新建“图层7”，将“库”面板中的“小鸡”影片剪辑元件拖入到舞台上。

86 添加代码。新建“图层8”，选择该图层的第1帧，在“动作”面板中输入代码“stop();”。

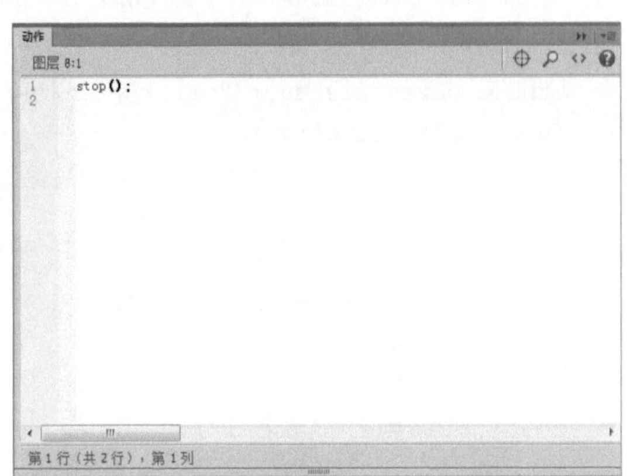

87 添加代码。新建“图层9”，选择该图层的第1帧，在“动作”面板中添加如下代码：

```
xx17.addEventListener("click",fun17);
function fun17(e):void
{
gotoAndPlay(1, "场景 2");
}
xx18.addEventListener("click",fun18);
function fun18(e):void
{
gotoAndPlay(1, "场景 3");
}
xx19.addEventListener("click",fun19);
function fun19(e):void
{
gotoAndPlay(1, "场景 4");
}
```

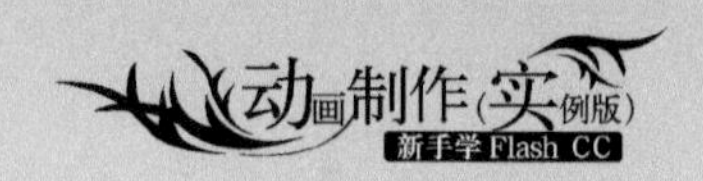


```
xx20.addEventListener("click",fun20);
function fun20(e):void
{
gotoAndPlay(1, "场景 5");
}
```

```
动作
图层 9:1
1  xx17.addEventListener("click",fun17);
2  function fun17(e):void
3  {
4  gotoAndPlay(1, "场景 2");
5  }
6  xx18.addEventListener("click",fun18);
7  function fun18(e):void
8  {
9  gotoAndPlay(1, "场景 3");
10 }
11 xx19.addEventListener("click",fun19);
12 function fun19(e):void
13 {
14 gotoAndPlay(1, "场景 4");
15 }
16 xx20.addEventListener("click",fun20);
17 function fun20(e):void
18 {
19 gotoAndPlay(1, "场景 5");
20 }
21
第 21 行（共 21 行），第 1 列
```

88 添加代码。新建“图层10”，选择该图层的第1帧，在“动作”面板中添加如下代码：

```
btn3.addEventListener("click",fun21);
function fun21(e):void
{
fscommand("quit")
}
btn4.addEventListener("click",fun22);
function fun22(e):void
{
gotoAndPlay(1, "场景 1");
}
```

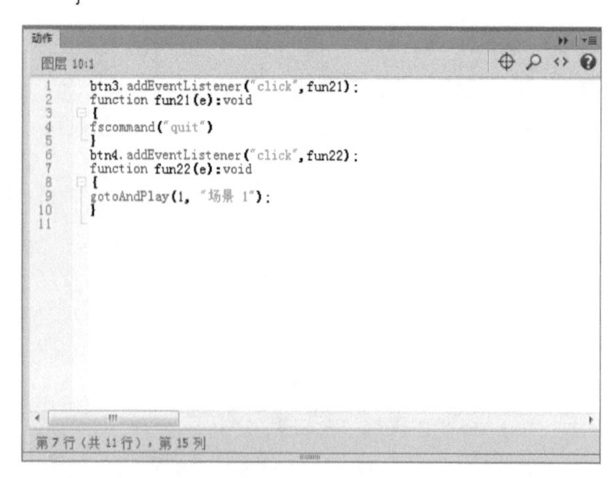

```
动作
图层 10:1
1  btn3.addEventListener("click",fun21);
2  function fun21(e):void
3  {
4  fscommand("quit")
5  }
6  btn4.addEventListener("click",fun22);
7  function fun22(e):void
8  {
9  gotoAndPlay(1, "场景 1");
10 }
11
第 7 行（共 11 行），第 15 列
```

89 欣赏效果。保存文件，按下【Ctrl+Enter】组合键，欣赏课件的完成效果。

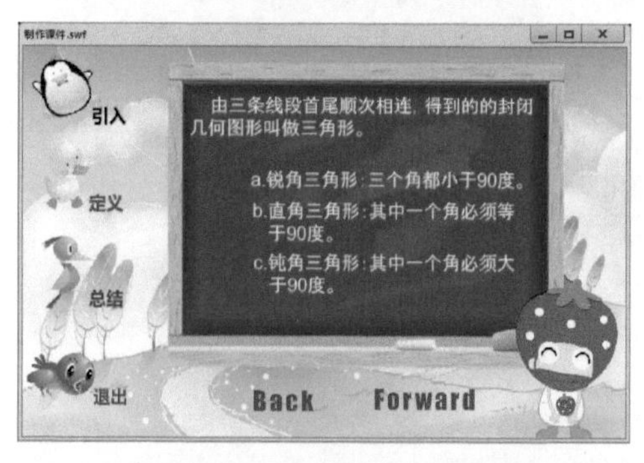

第11章 网络广告动画实例

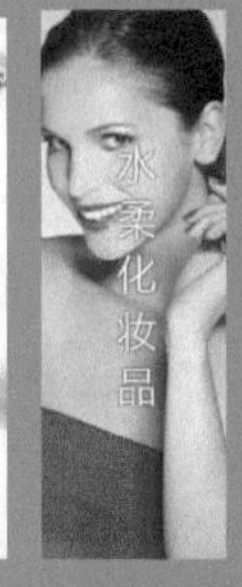

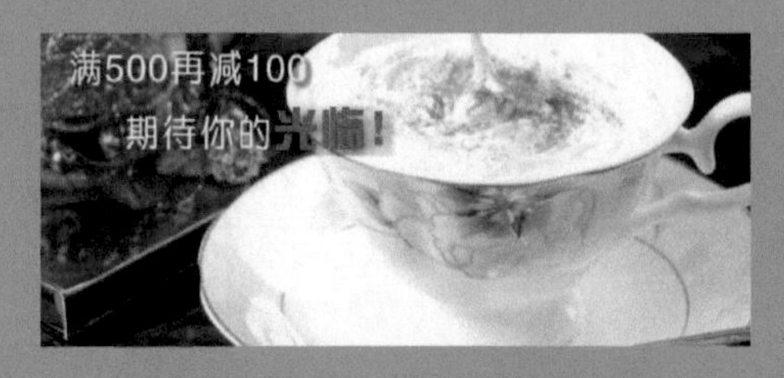

- 网络竖条广告
- 咖啡促销广告
- 口红网络banner

网络竖条广告

案例说明：本例运用动画与音乐功能制作网页化妆品竖条广告。

光盘文件：源文件与素材\第11章\网络竖条广告\网络竖条广告.fla

视频文件：视频\第11章\网络竖条广告.avi

操作步骤

1 设置文档。新建一个Flash空白文档，执行“修改→文档”命令，打开“文档设置”对话框，在对话框中将“舞台大小”设置为150×438，将“帧频”设为“12”，设置完成后单击 确定 按钮。

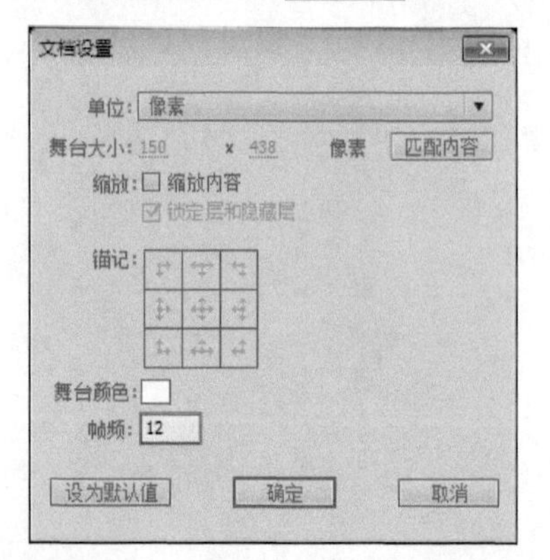

2 导入图像。将一幅素材图像导入到舞台上。

3 插入关键帧。选中舞台上的图片，将其转换为图形元件，图形元件的名称保持默认。分别在“图层1”的第18帧、第29帧与第78帧按下【F6】键，插入关键帧。

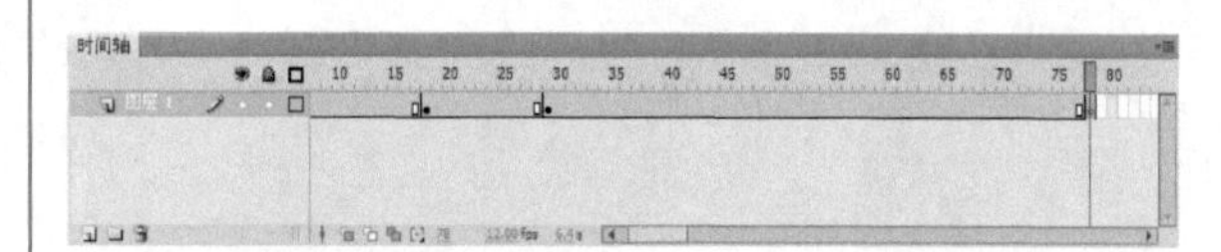

4 设置“高级”选项。选中第78帧处的图片，在“属性”面板上的“样式”下拉列表中选择“高级”选项，并进行下图所示的设置。最后在第29帧与第78帧之间创建补间动画。

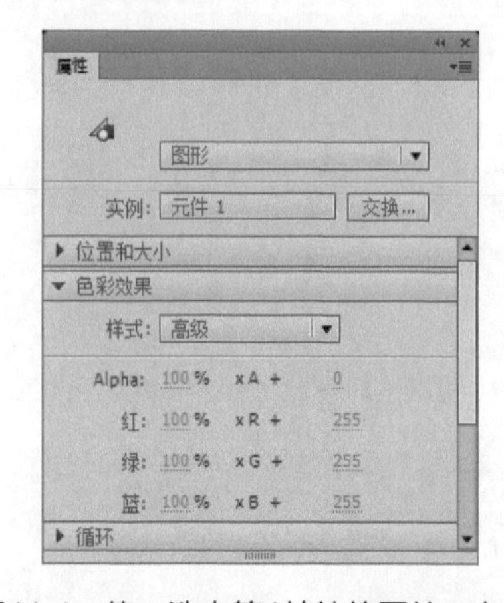

5 设置Alpha值。选中第1帧处的图片，在“属性”面板上的“样式”下拉列表中选择“Alpha”选项，并将“Alpha”值设置为50%，最后在第1帧与第18帧之间创建补间动画。

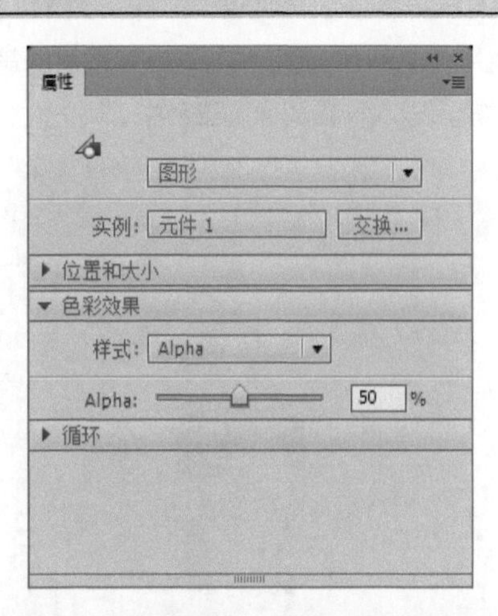

6 输入文字。新建“图层2”。单击“文本工具”T，在舞台的左侧输入黄色的文字“持久防护，润泽肌肤！”

7 移动文字。在“图层2”的第17帧插入关键帧，将该帧处的文字向右移动到图片的中间位置。然后在第1帧与第17帧之间创建补间动画。最后在“图层2”的第68帧插入空白关键帧。

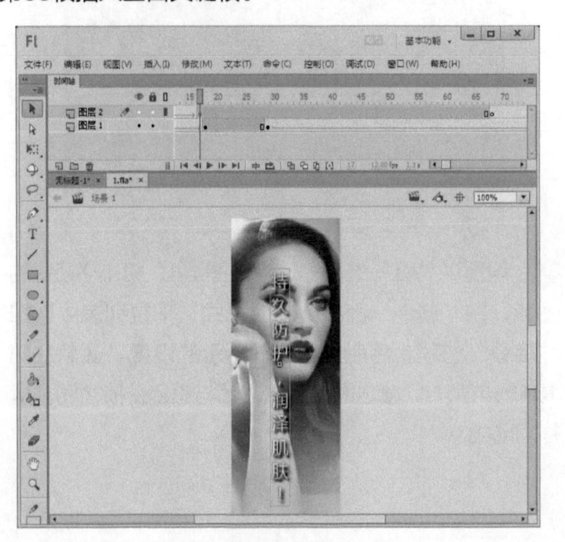

8 导入图像。新建“图层3”，在“图层3”的第64帧插入关键帧，导入一幅图像到舞台中。

9 设置Alpha值。选中舞台上的图片，将其转换为图形元件，图形元件的名称保持默认。在“图层3”的第78帧插入关键帧。然后选中“图层3”第64帧中的图片，在“属性”面板中将它的“Alpha”值设置为0%，最后在第64帧与第78帧之间创建补间动画。

10 设置“高级”选项。在“图层3”的第97帧与第148帧插入关键帧。选中第148帧中的图片，在“属性”面板上的“样式”下拉列表中选择“高级”选项，然后进行下图所示的设置。最后在第97帧与第148帧之间创建补间动画。

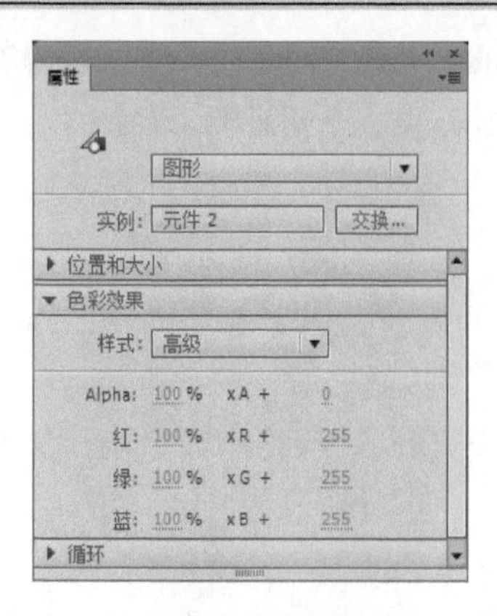

11 输入文字。将“图层3”拖到“图层2”的下方。在“图层2”的第83帧插入关键帧，选择“文本工具”T，在舞台的右侧输入红色的文字“令肌肤柔嫩莹白，水润充盈！”

12 移动文字。在“图层2”的第102帧与第132帧插入关键帧。选中第102帧中的文字，将其移动到舞台上，选中第132帧中的文字，将其移动到舞台的左侧。然后分别在第83帧与第102帧之间、第102帧与第132帧之间创建补间动画。最后在“图层2”的第133帧插入空白关键帧。

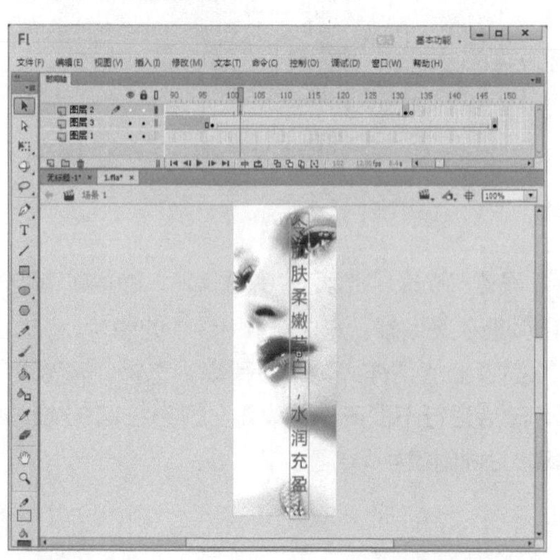

13 导入图像。新建“图层4”，在该图层的第134帧插入关键帧，导入一幅图像到舞台中。

14 设置Alpha值。选中舞台上的图片，将其转换为图形元件，图形元件的名称保持默认。在“图层4”的第147帧、第168帧与第227帧插入关键帧。然后选中“图层4”第134帧处的图片，在“属性”面板中将它的“Alpha”值设置为0%。

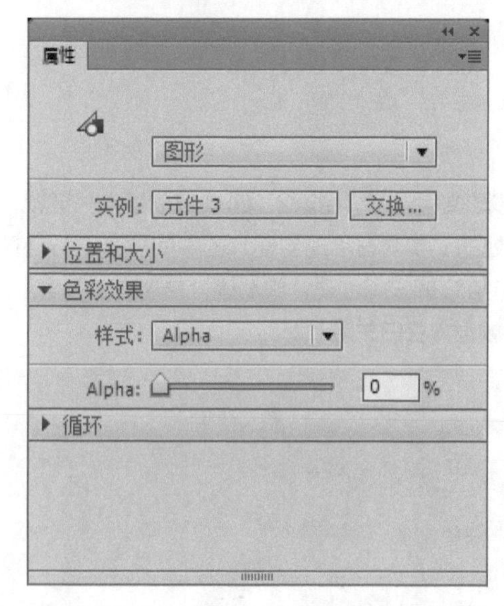

15 设置“高级”选项。选中“图层4”第227帧处的图片，在“属性”面板上的“样式”下拉列表中选择“高级”选项，然后进行下图所示的设置。最后在第134帧与第147帧之间、第168帧与第227帧之间创建补间动画。

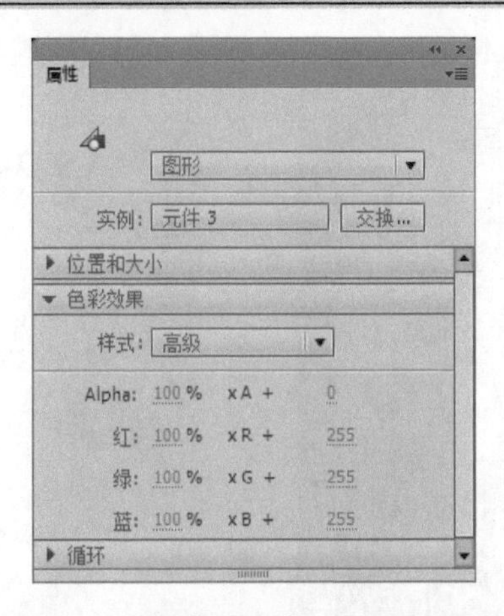

16 输入文字。新建“图层5”，在该图层的第149帧插入关键帧。单击“文本工具”T，在图片上输入白色的文字“水柔化妆品”。

17 绘制矩形。新建“图层6”，在第149帧插入关键帧，单击矩形工具，在文字的上方绘制一个无边框、填充色为任意色的矩形。

18 移动矩形。在“图层6”的第159帧插入关键帧，并将该帧处的矩形向下移动遮住文字。

19 创建遮罩层。在“图层6”的第149帧与第159帧之间创建形状补间动画，并在“图层6”上单击鼠标右键，在弹出的菜单中选择“遮罩层”命令。

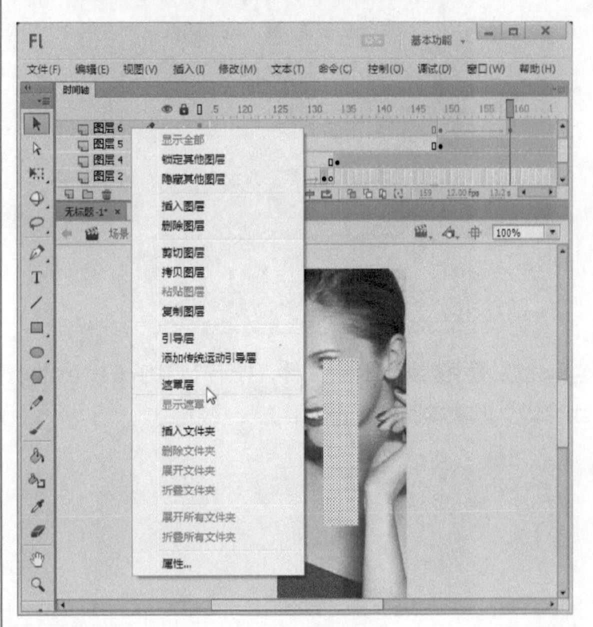

20 导入音乐文件。新建“图层7”，执行“文件→导入→导入到库”命令，将一个音乐文件导入到“库”中。

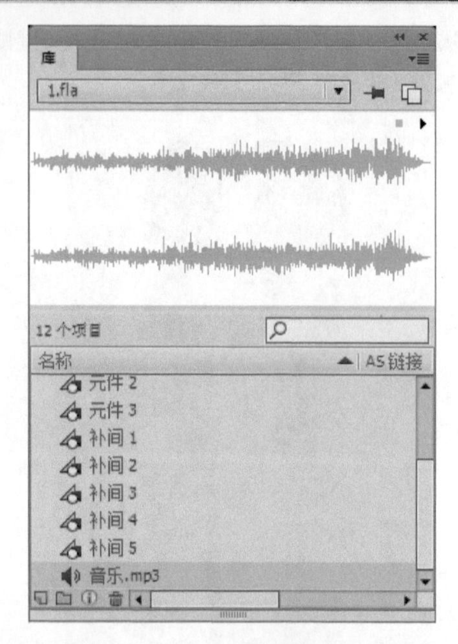

21 选择音乐文件。选择“图层7”的第1帧，在“属性”面板的“名称”下拉列表中选择刚才导入的音乐文件。

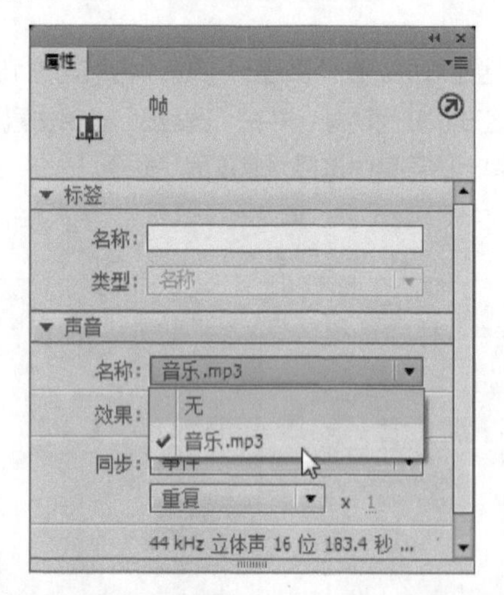

22 欣赏最终效果。保存文件，按下【Ctrl+Enter】组合键，欣赏本例完成的效果。

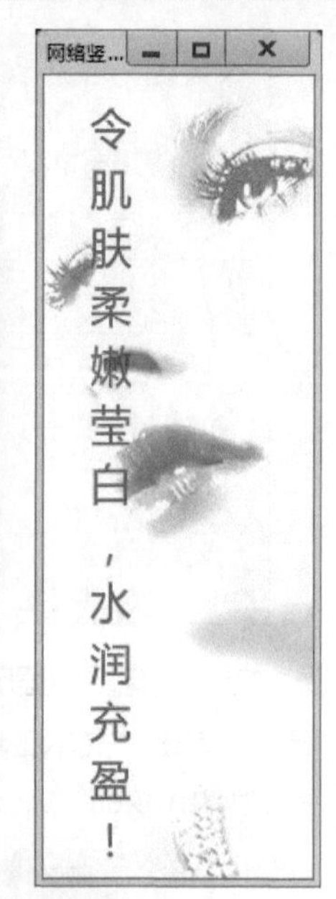

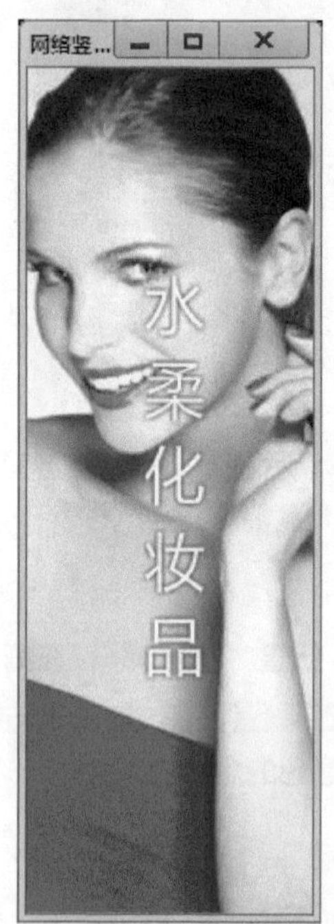

实例68 咖啡促销广告

案例说明：本例主要使用创建元件功能、遮罩层与逐帧动画来制作。

光盘文件：源文件与素材\第11章\咖啡促销广告\咖啡促销广告.fla

视频文件：视频\第11章\咖啡促销广告.avi

操作步骤

1 新建文档。新建一个Flash文档，执行“修改→文档”命令，打开“文档设置”对话框，在对话框中将“舞台大小”设置为538×233，将“舞台颜色”设置为“黑色”，将“帧频”设为“12”，设置完成后单击 确定 按钮。

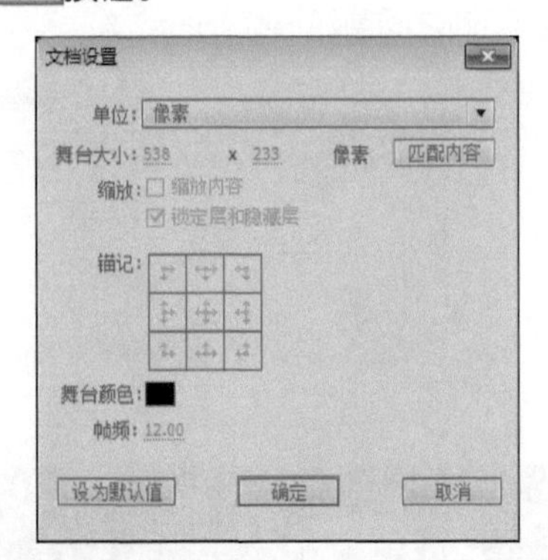

2 导入图像。执行“文件→导入→导入到舞台”命令，将一幅图像导入到舞台中。

3 设置“Alpha”值。选中舞台上的图片，将其转换为图形元件，图形元件的名称保持默认。在“图层1”的第15帧插入关键帧。将第1帧中的图片的“Alpha”值设置为25%，最后在第1帧与第15帧之间创建补间动画。

4 插入关键帧与帧。新建一个图层“字1”，在“字1”图层的第10帧插入关键帧，然后分别在“图层1”与“字1”图层的第100帧插入帧。

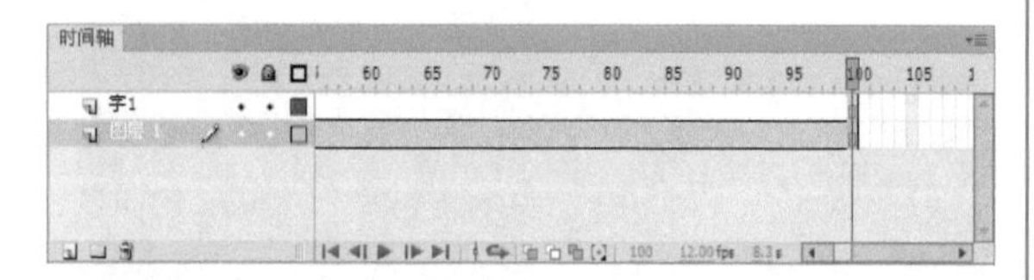

5 输入文字。单击“文本工具”T，在“字1”图层的第10帧处输入文字“千醇咖啡全场6折起”。

6 移动文字。在第25帧插入关键帧，将该帧处的文字移动到舞台上的合适位置。

7 输入文字。在“字1”图层的第10帧与第15帧之间创建动画。新建图层“字2”，在该图层的第25帧插入关键帧，单击文本工具T，输入文字“速速来”。

8 绘制矩形。新建图层“遮罩”，在第25帧插入关键帧，单击矩形工具，在刚输入的文字的左侧绘制一个无边框、填充色为任意色的矩形。

9 创建动画。在“遮罩”图层的第40帧插入关键帧，并将矩形向右移动到刚好遮住文字的位置。在第25帧与第40帧之间创建形状补间动画。

10 创建遮罩层。在“遮罩”图层上单击鼠标右键，在弹出的菜单中选择“遮罩层”命令。

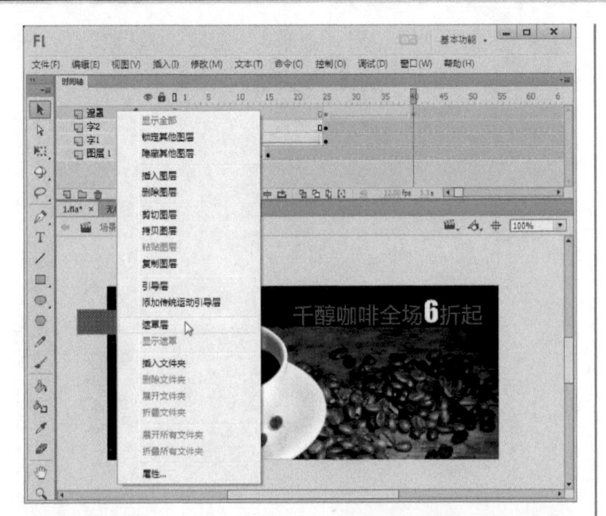

11 输入文字。新建图层“字3”，在第33帧插入关键帧，单击文本工具T，在舞台上方输入文字“抢”。

12 移动文字。在“字3”图层的第41帧插入关键帧，将文字“抢”移动到下图所示的位置，并在第33帧与第41帧之间创建动画。

13 旋转文字。分别在“字3”图层的第43帧、第45帧、第47帧、第49帧、第51帧与第53帧插入关键帧，然后选中第43帧与第49帧中的文字，使用任意变形工具将文字向左旋转20°左右。

14 旋转文字。选中第45帧与第51帧中的文字，使用任意变形工具将文字向右旋转20°左右。

15 新建“场景2”。按下【Shift+F2】组合键，打开“场景”面板，在“场景”面板中单击“添加场景”按钮，新增一个“场景2”。

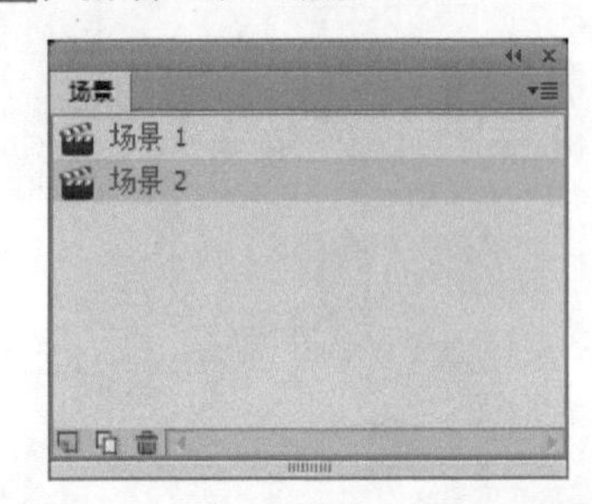

16 导入图像。将一幅素材图像导入到舞台上。选择文本工具T，在“属性”面板中设置文字的字体为“微软雅黑”，将字号设置为“27”，将“字母间距”设置为“1”，将字体“颜色”设置为黄色。

17 输入文字。新建“图层2”，在舞台上输入文字“满500再减100”。输入文字。在“图层1”与“图层2”的第100帧插入帧，新建“图层3”，在第10帧插入关键帧处，输入文字“期待你的光临！”

18 绘制矩形。新建“图层4”，在第10帧插入关键帧，单击矩形工具，在刚输入的文字的左侧绘制一个无边框、填充色为任意色的矩形。

19 移动矩形。在“图层4”的第42帧插入关键帧，并将矩形向右移动到刚好遮住文字的位置，在第10帧与第42帧之间创建形状补间动画。

20 创建遮罩层。在“图层4”上单击鼠标右键，在弹出的快捷菜单中选择“遮罩层”命令。

21 欣赏最终效果。保存文件，按下【Ctrl+Enter】组合键，欣赏本例完成效果。

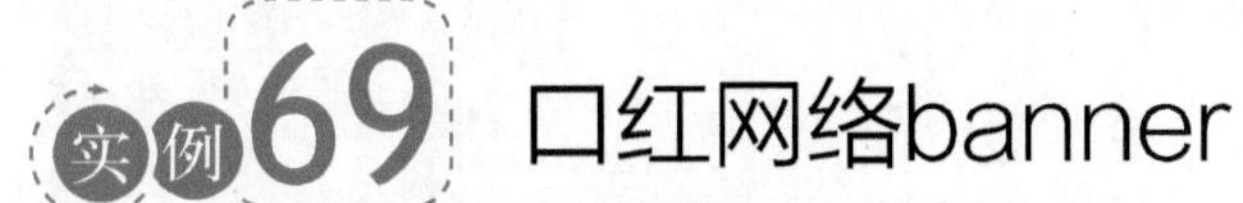

实例69 口红网络banner

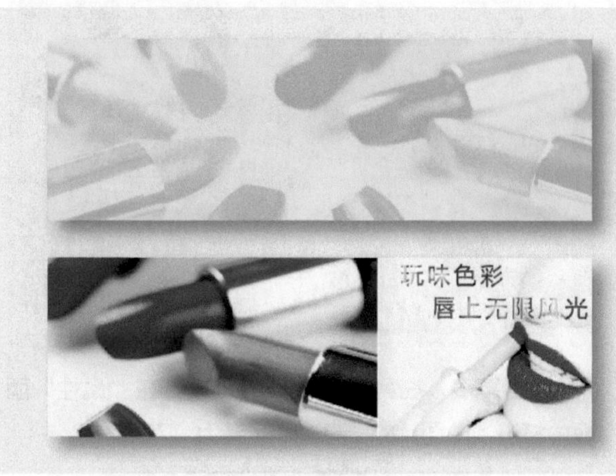

案例说明：本例主要通过创建元件、设置元件属性值与创建补间动画来制作。

光盘文件：源文件与素材\第11章\口红网络banner\口红网络banner.fla

视频文件：视频\第11章\口红网络banner.avi

操作步骤

1 设置文档。新建一个Flash文档，执行“修改→文档”命令，打开“文档设置”对话框，在对话框中将“舞台大小”设置为600×200，将“帧频”设为“12”，完成后单击 确定 按钮。

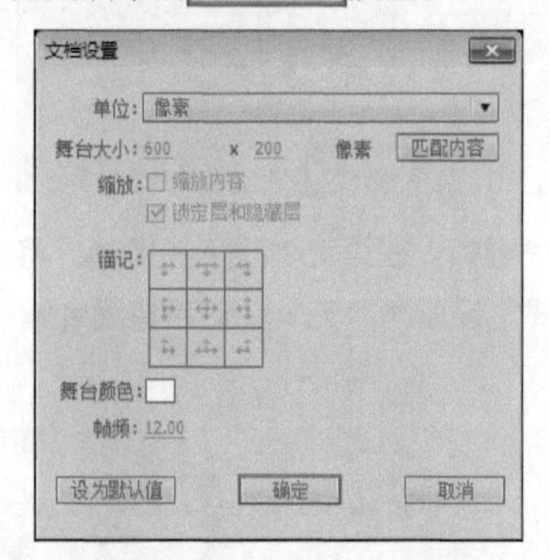

2 导入图片。导入一幅素材图片到舞台上。

3 设置“Alpha”值。选中舞台上的图片，将其转换为图形元件，图形元件的名称保持默认。在图层1的第18帧插入关键帧。将第1帧中的图片的“Alpha”值设置为0%，最后第1帧与第18帧之间创建补间动画。

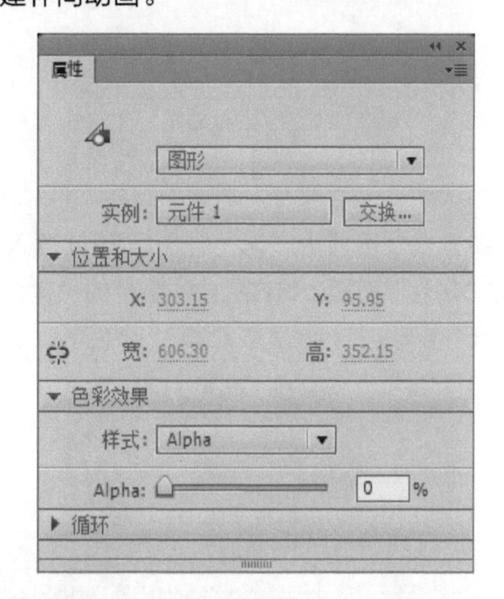

4 插入关键帧。分别在“图层1”的第21帧、第23帧、第25帧、第27帧、第29帧、第31帧与第33帧插入关键帧。

5 设置色调。选择第21帧中的图片，在“属性”面板中将其“色调”设置为71%的黑色。

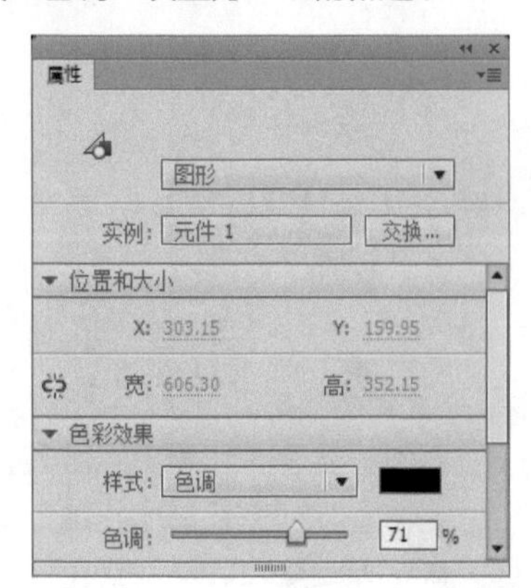

6 设置色调。按照同样的方法，将第23帧、第25帧、第27帧、第29帧、第31帧与第33帧处的图片的色调分别设置为71%的红色、绿色、紫色、蓝色、黄色、白色。

7 将“样式”设置为“无”。在第35帧插入关键帧，在“属性”面板上将该帧中的图片的“样式”设置为“无”。

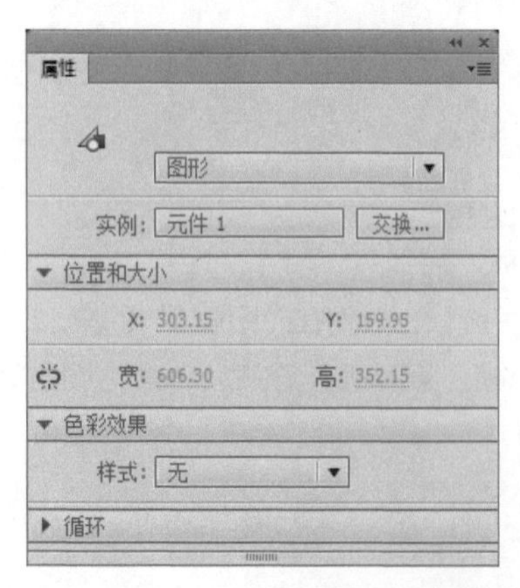

8 创建动画。在第55帧插入关键帧，将该帧中的图片放大，然后在第35帧与第55帧之间创建补间动画。

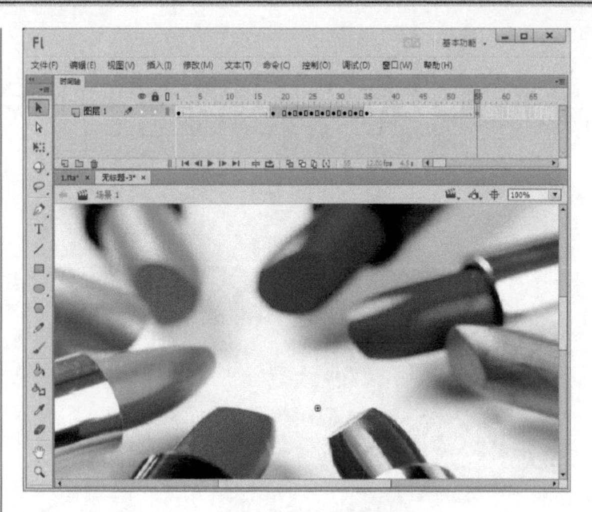

9 设置亮度。在第61帧插入关键帧，在“属性”面板中将该帧中图片的“亮度”设置为“70%”。

10 插入关键帧。在第85帧插入关键帧，将该帧中图片的“样式”设置为“无”，然后将图片缩小并向左移动。

11 创建动画。分别在第55帧与第61帧之间、第61帧与第85帧之间创建补间动画。

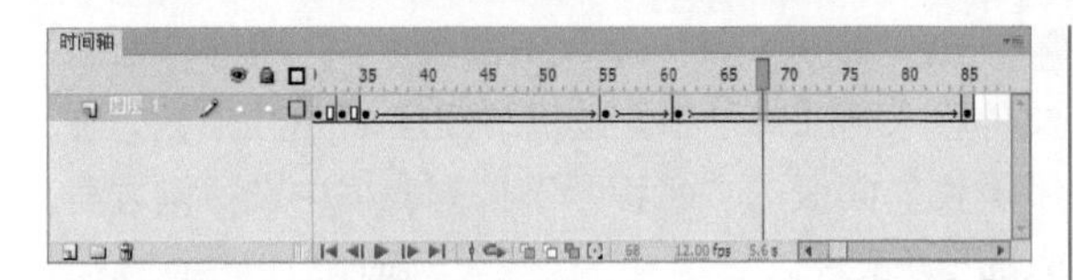

12 导入图像。新建“图层2”，在第61帧插入关键帧，然后导入一幅图像到舞台上。

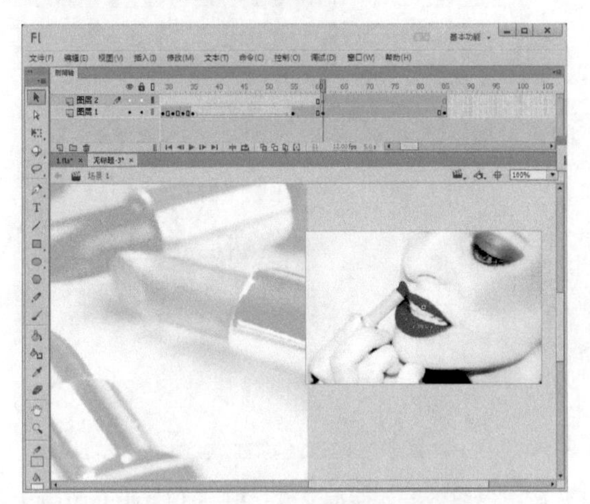

13 设置色调。将导入的图像转换为“图形”元件，然后将其“色调”设置为“87%”的红色。

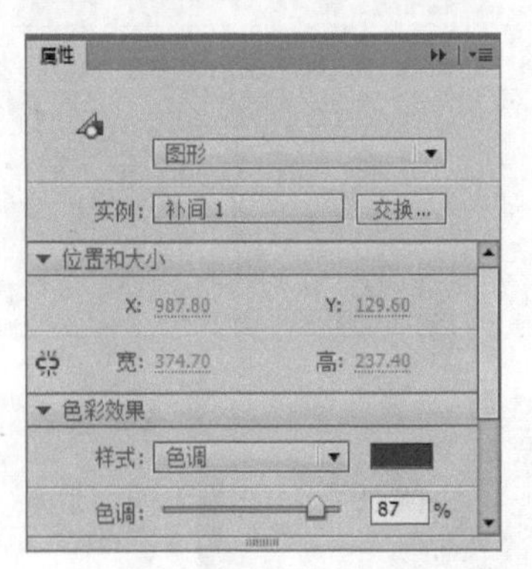

14 移动图片。在第85帧插入关键帧，然后将该帧中图片的“样式”设置为“无”，并向左移动，最后在第61帧与第85帧之间创建补间动画，

15 新建影片剪辑元件。执行“插入→新建元件”命令，打开“创建新元件”对话框。在“名称”文本框中输入影片剪辑的名称“文字”，在“类型”下拉列表中选择“影片剪辑”选项，完成后单击 确定 按钮。

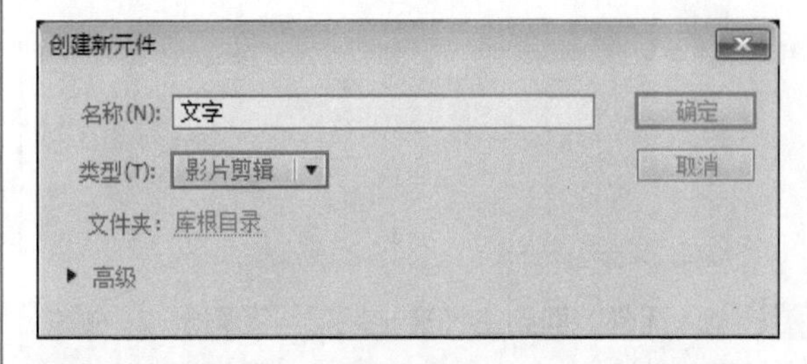

16 导入图像。将一幅素材图像导入到工作区中。

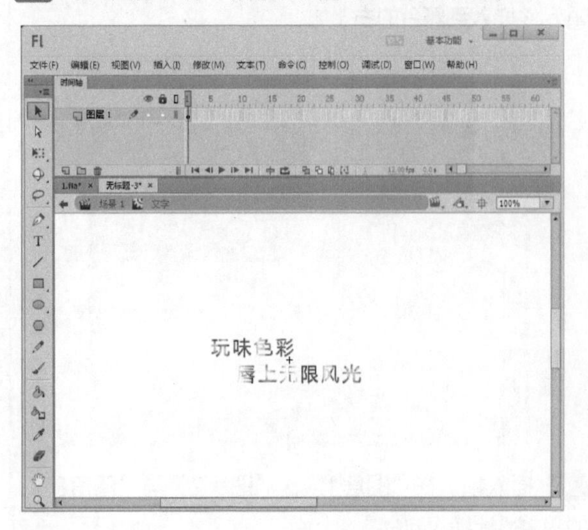

17 导入图像。在第5帧插入关键帧，然后在第3帧插入空白关键帧，最后导入一幅图像到舞台上。

18 粘贴图像。在第7帧插入空白关键帧，然后将第3帧中的图像粘贴到第7帧处。

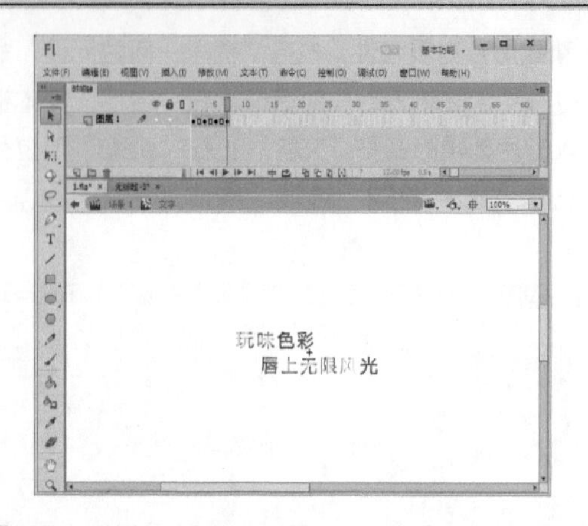

19 拖入元件。回到主场景，新建“图层3”，在第87帧插入关键帧，从“库”面板中将“文字”影片剪辑元件拖入到舞台的右上方。

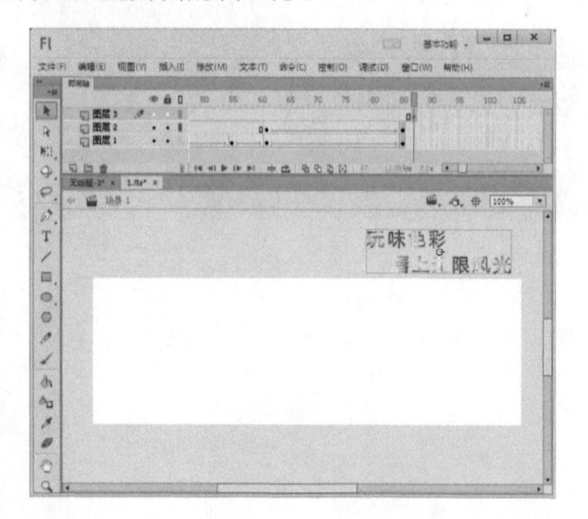

20 插入帧。在“图层1”、“图层2”与“图层3”的第380帧插入帧。

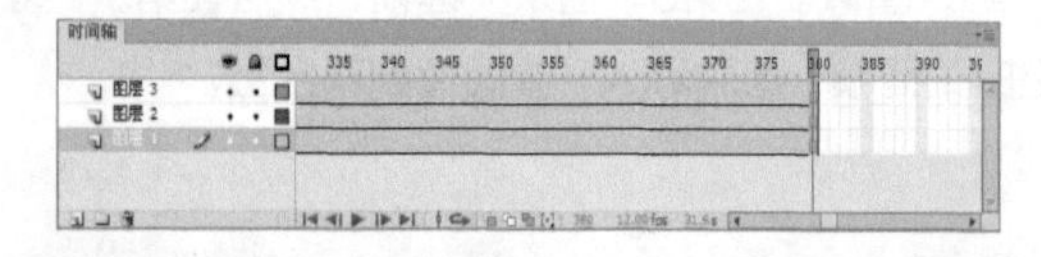

21 移动元件。在“图层3”的第97帧插入关键帧，将该帧处的元件向下移动，然后在第87帧与第97帧之间创建补间动画。

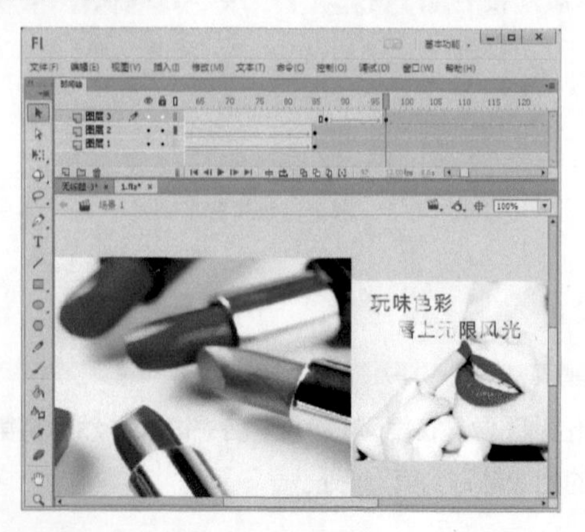

22 选择音乐文件。新建“图层4”，将一个音乐文件导入到“库”中。选择“图层4”的第1帧，在“属性”面板的“名称”下拉列表框中选择刚才导入的音乐文件。

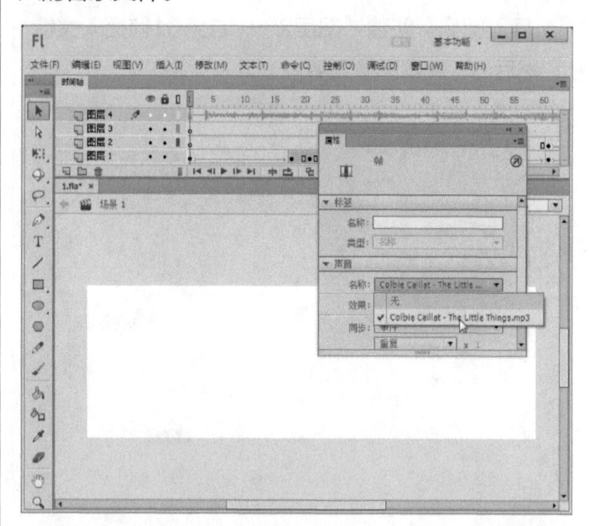

23 欣赏最终效果。保存文件，按下【Ctrl+Enter】组合键，欣赏本例完成效果。

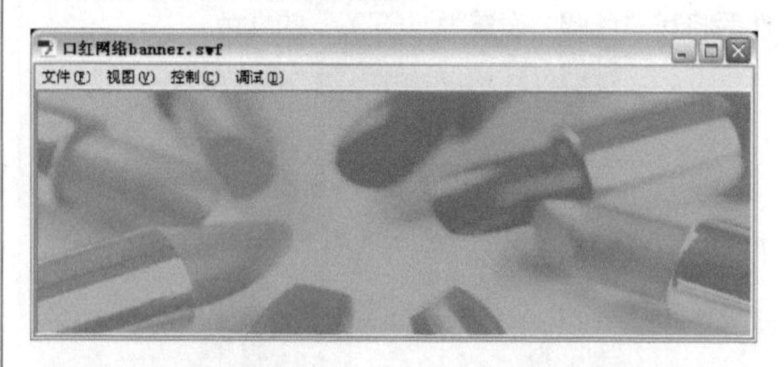

12 章 贺卡与游戏制作实例

- 新春贺卡
- 趣味测试小游戏
- 抓气球

实例70 新春贺卡

案例说明：本例通过将图片转换为元件、设置元件的色调值与导入鞭炮的音效来制作。

光盘文件：源文件与素材\第12章\新春贺卡\新春贺卡.fla

视频文件：视频\第12章\新春贺卡.avi

操作步骤

1 设置文档。新建一个Flash空白文档，执行“修改→文档”命令，打开“文档设置”对话框，在对话框中将“尺寸”设置为620×409，将“舞台颜色”设置为橙黄色，完成后单击 确定 按钮。

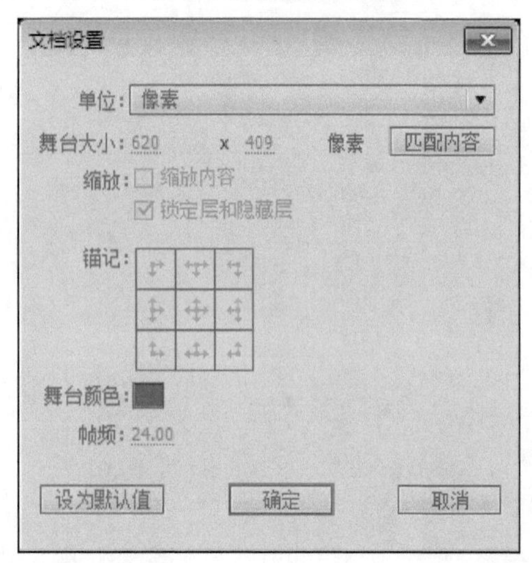

2 导入图像。执行“文件→导入→导入到舞台”命令，导入一幅素材图像到舞台中。

3 转换元件。选中导入的图像，按下【F8】键，打开“转换为元件”对话框，在“名称”文本框中输入元件的名称“图1”，在“类型”下拉列表中选择“图形”选项，设置完成后单击 确定 按钮。

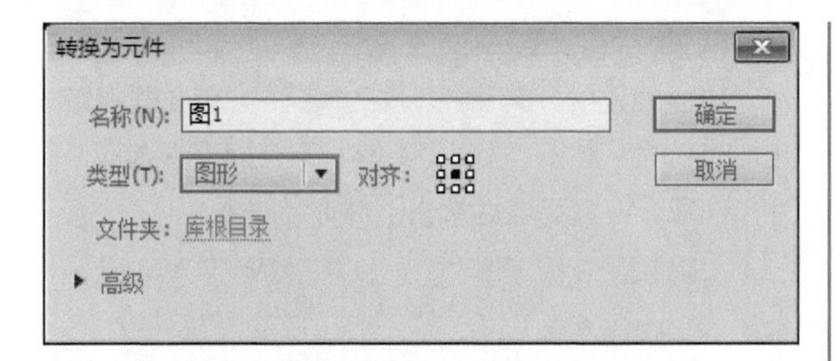

4 设置色调。打开“属性”面板，在“样式”下拉列表框中选择“色调”选项，将图片的颜色设置为红色，将“色调”值设置为49%。

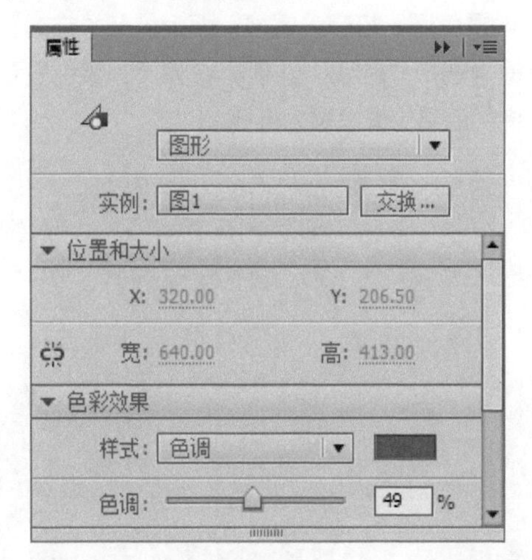

5 导入图像。新建“图层2”，导入一幅鞭炮图像到舞台上。

6 新建影片剪辑元件。按下【Ctrl+F8】组合键，打开“创建新元件”对话框，在“名称”文本框中输入元件的名称“爆炸”，在“类型”下拉列表中选择“影片剪辑”选项，设置完成后单击 确定 按钮。

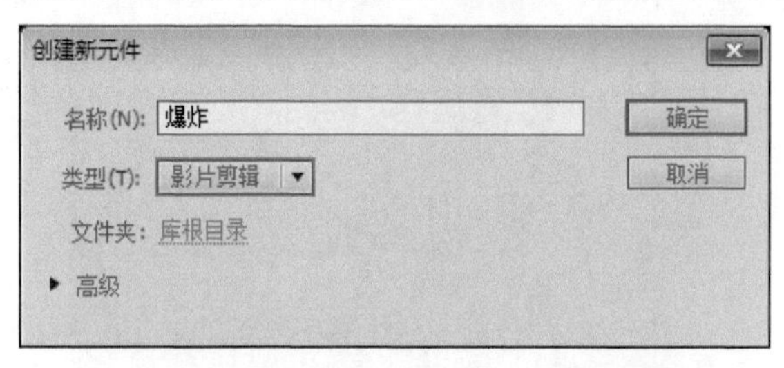

7 导入图像。执行“文件→导入→导入到舞台”命令，将一幅素材图像导入到舞台上。

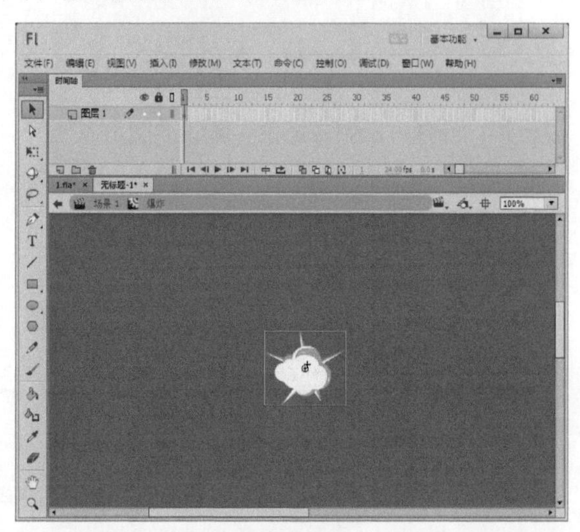

8 转换元件。选中导入的图像，按下【F8】键，打开“转换为元件”对话框，在“名称”文本框中输入“bz”，在“类型”下拉列表中选择“图形”选项，完成后单击 确定 按钮。

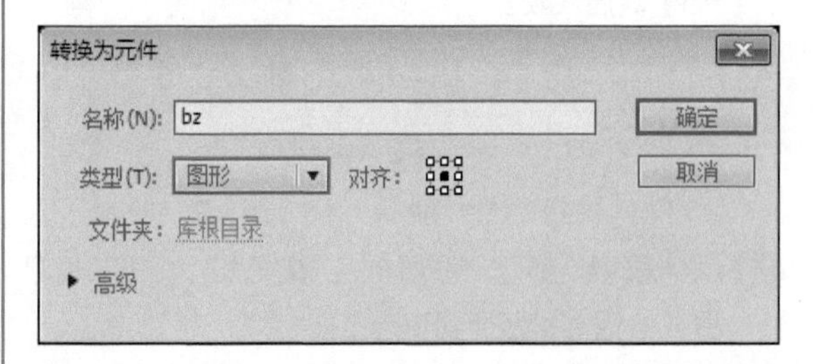

9 插入关键帧。在“时间轴”面板的第5帧与第9帧分别按下【F6】键，插入关键帧。

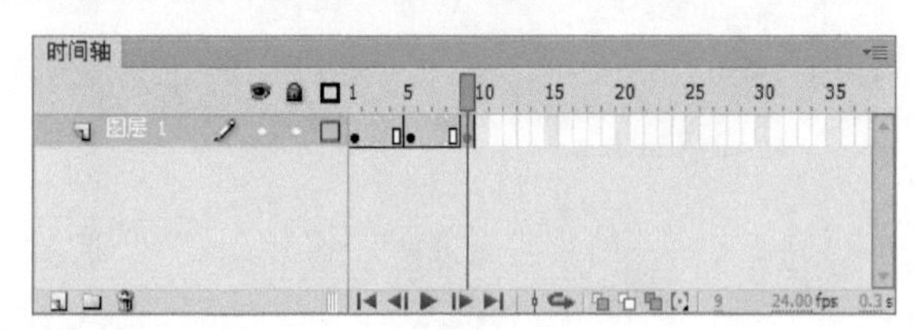

10 设置“Alpha”值。将第1帧与第9帧图像的“Alpha”值设置为0%，然后在第1帧与第5帧之间、第5帧与第9帧创建补间动画。

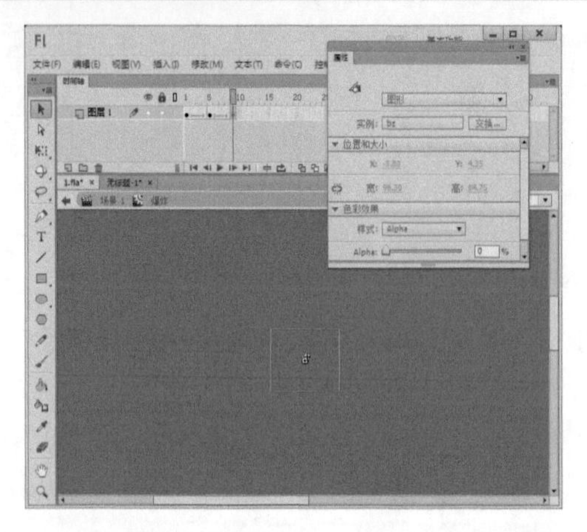

11 拖入元件。回到主场景，新建“图层3”，从“库”面板中将影片剪辑元件“爆炸”拖入到舞台上。

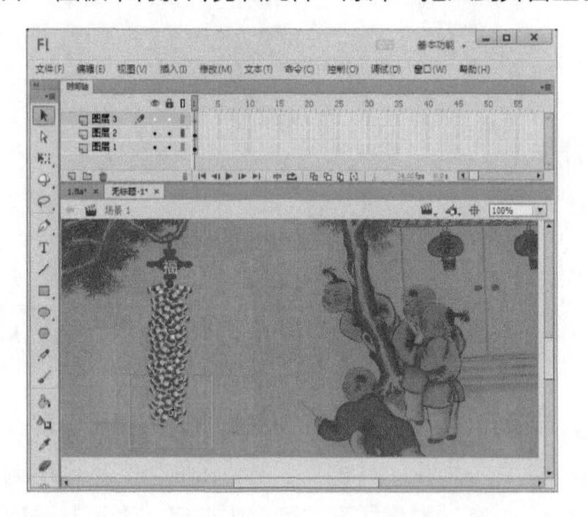

12 插入帧。在“图层1”至“图层3”的第120帧按下【F5】键插入帧。

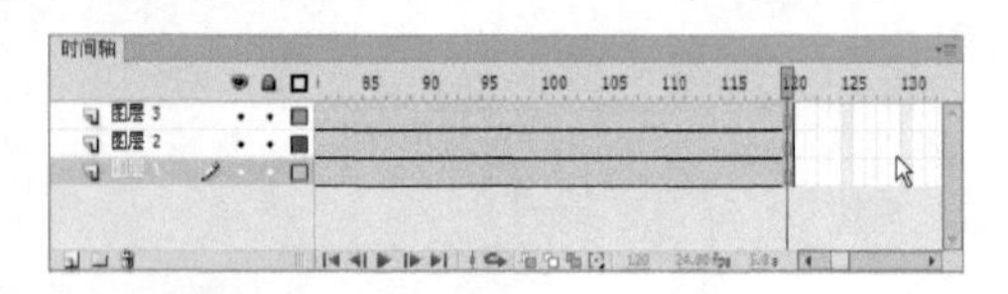

13 导入图像。新建“图层4”，在第121帧插入关键帧，导入一幅素材图像到舞台上。

14 转换元件。选中导入的图像，按下【F8】键，打开“转换为元件”对话框，在“名称”文本框中输入元件的名称“图2”，在“类型”下拉列表中选择“图片”选项，设置完成后单击 确定 按钮。

15 设置色调。打开“属性”面板，在“样式”下拉列表框中选择“色调”选项，将图片的颜色设置为红色，将“色调”值设置为49%。

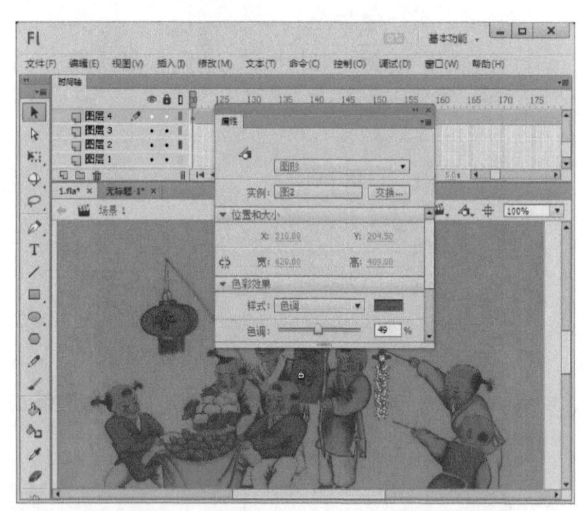

16 导入图像。新建“图层5”，在第121帧插入关键帧，导入一幅鞭炮图像到舞台上。

17 拖入影片剪辑元件。新建“图层6”，在第121帧插入关键帧，从“库”面板中将影片剪辑元件“爆炸”拖入到舞台上。

18 插入帧。在“图层4”至“图层6”的第220帧按下【F5】键插入帧。

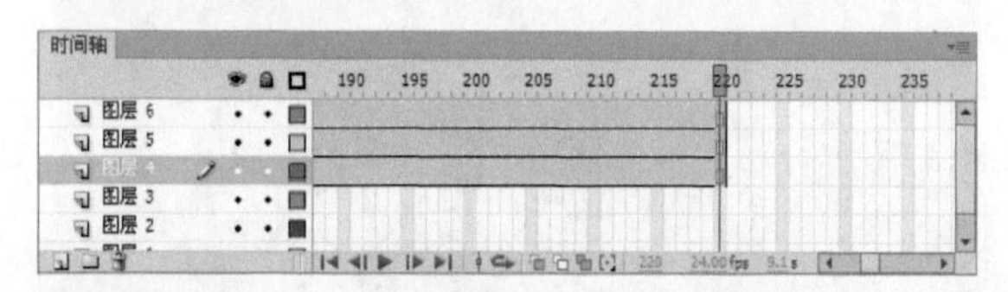

19 导入图像。新建“图层7”，在第221帧插入关键帧，然后导入一幅图像到舞台上。

20 绘制椭圆。新建“图层8”，在第221帧插入关键帧，单击椭圆工具，在舞台上绘制一个无边框、填充色任意的椭圆。

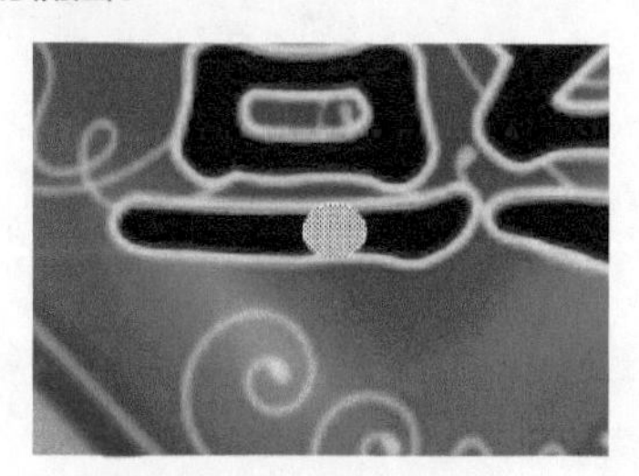

21 插入帧。在“图层7”与“图层8”的第365帧插入帧。

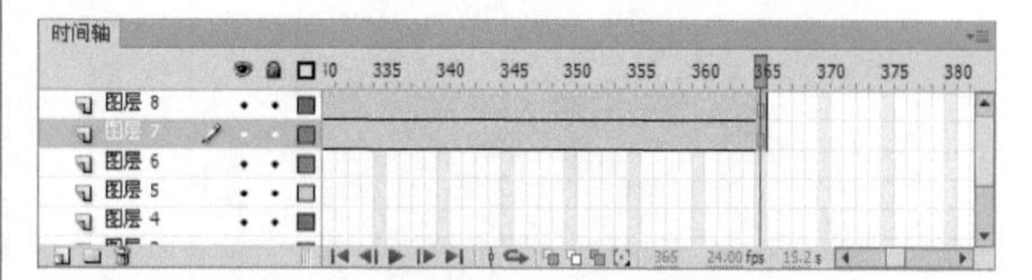

22 放大椭圆。在“图层8”的第287帧插入关键帧，然后使用任意变形工具将椭圆放大，最后在“图层8”的第221帧与第287帧之间创建形状补间动画。

23 创建遮罩层。在“图层8”上单击鼠标右键，在弹出的快捷菜单中选择“遮罩层”命令。

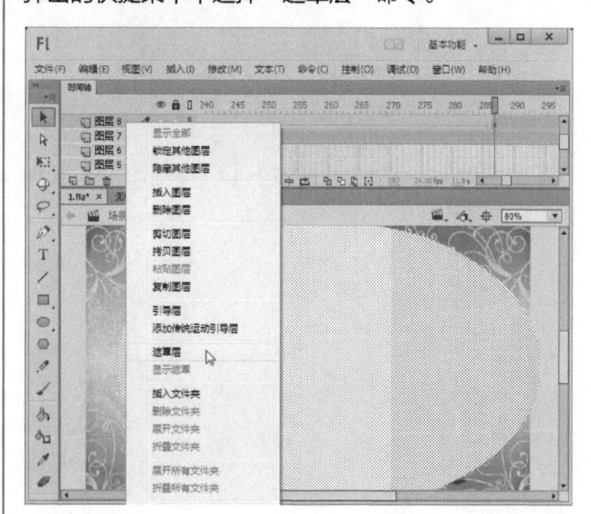

24 设置音效。新建“图层9”，导入一个鞭炮声音文件到“库”中，然后选中“图层9”的第1帧，在“属性”面板的“名称”下拉列表中选择刚刚导入的声音文件，将“重复”设置为“3”。

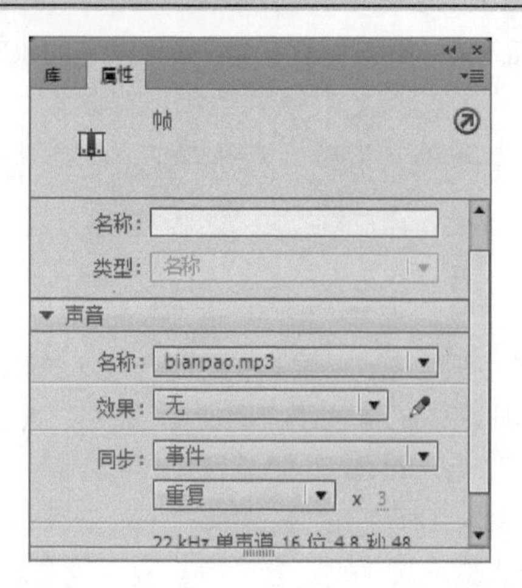

25 设置音效。新建“图层10”，导入一个音乐文件到“库”中，然后选中“图层10”的第1帧，在“属性”面板的“名称”下拉列表中选择刚刚导入的音乐文件。

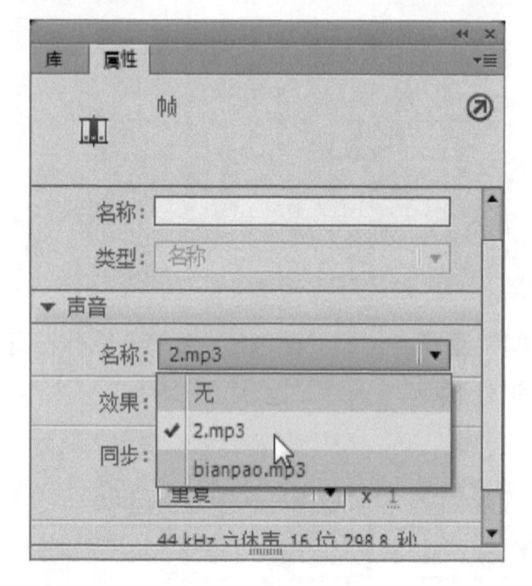

26 欣赏效果。保存文件并按下【Ctrl+Enter】组合键，欣赏最终效果。

实例71 趣味测试小游戏

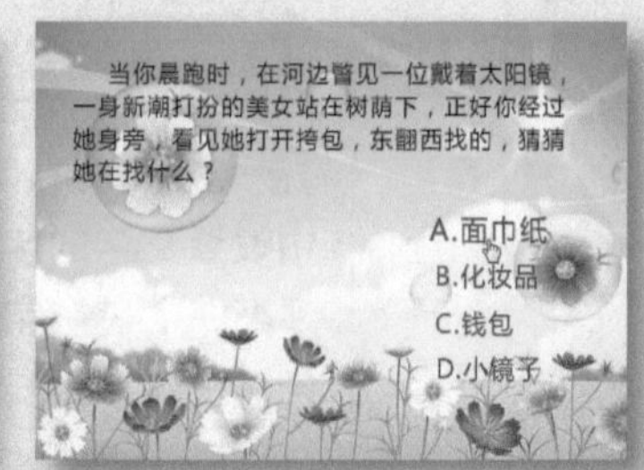

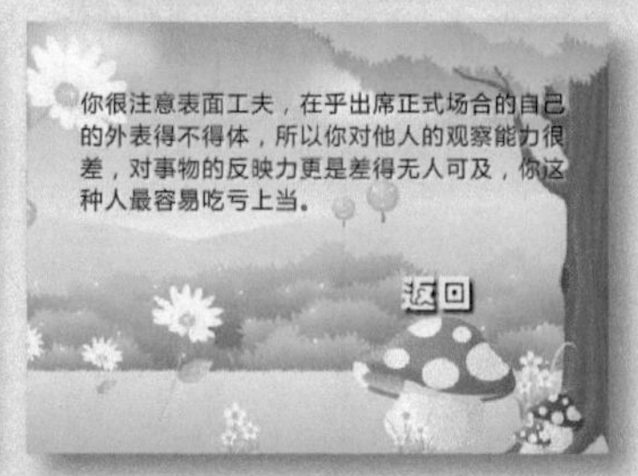

案例说明：本例主要通过创建场景、创建按钮元件与ActionScript技术来编辑制作。

光盘文件：源文件与素材\第12章\趣味测试小游戏\趣味测试小游戏.fla

视频文件：视频\第12章\趣味测试小游戏1.avi、趣味测试小游戏2.avi、趣味测试小游戏3.avi

操作步骤

1 新建文档。新建一个Flash空白文档，执行“修改→文档”命令，打开“文档设置”对话框，在对话框中将“舞台颜色”设置为蓝色，完成后单击 确定 按钮。

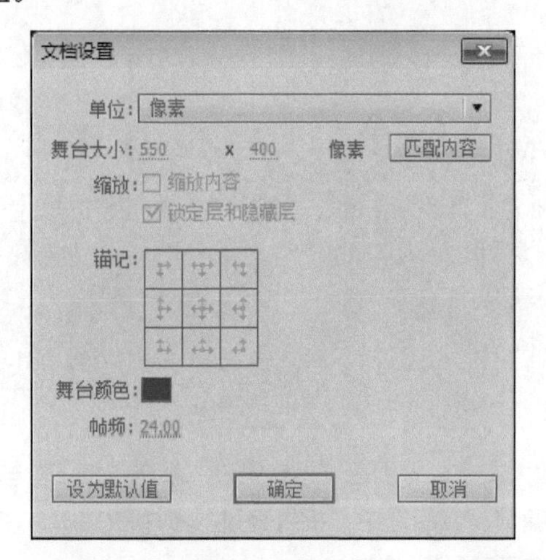

2 导入图像。执行“文件→导入→导入到舞台”命令，将一幅图像导入到舞台中。

3 设置文字。选择文本工具T，在“属性”面板中设置文字的字体为“微软雅黑”，将字号设置为“46”，将“字母间距”设置为“2”，将字体“颜色”设置为黑色。

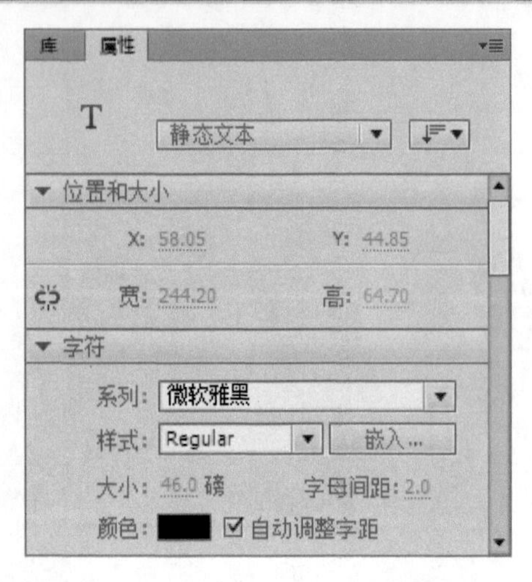

4 输入文字。新建“图层2”，在舞台上输入“趣味小测试”。

5 添加代码。选中“图层2”的第1帧，在“动作”面板中添加代码“stop();”。

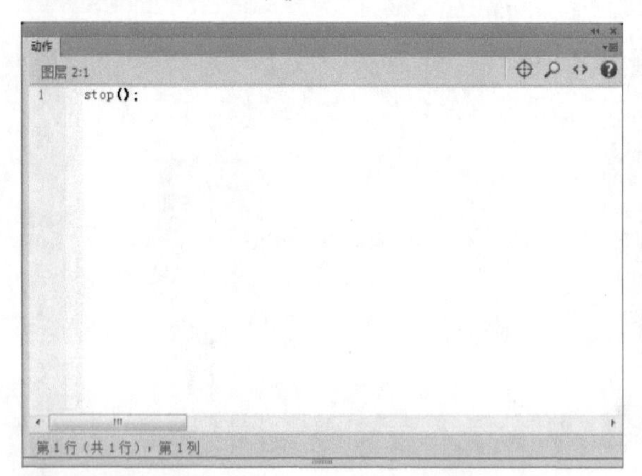

6 新建按钮元件。按下【Ctrl+F8】组合键，打开“创建新元件”对话框，在“名称”文本框中输入元件的名称“按钮1”，在“类型”下拉列表中选择“按钮”选项，完成后单击 确定 按钮。

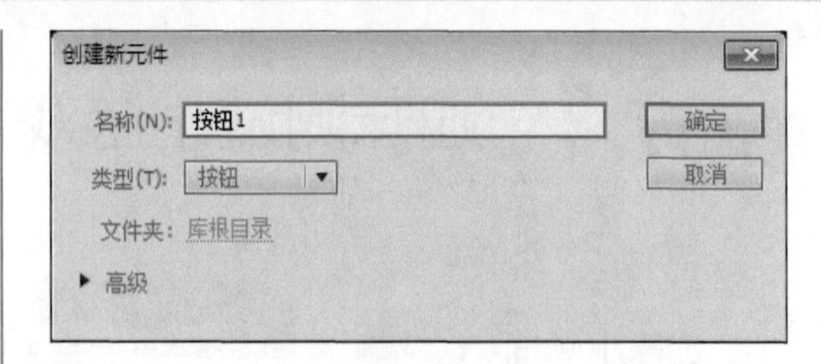

7 设置文字。选择文本工具T，在“属性”面板中设置文字的字体为“微软雅黑”，将字号设置为“49”，将“字母间距”设置为“5”，将字体“颜色”设置为红色。

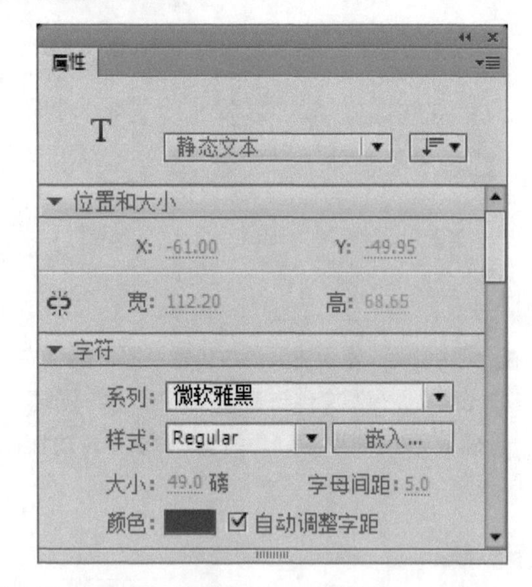

8 输入文字。在按钮元件工作区中输入“开始”。

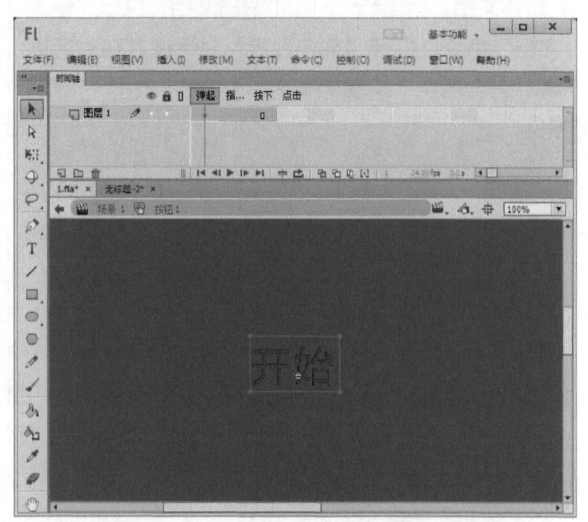

9 放大文字。分别在“指针经过”帧与“按下”帧插入关键帧。然后选中“指针经过”帧中的文本，使用任意变形工具将其放大一些。

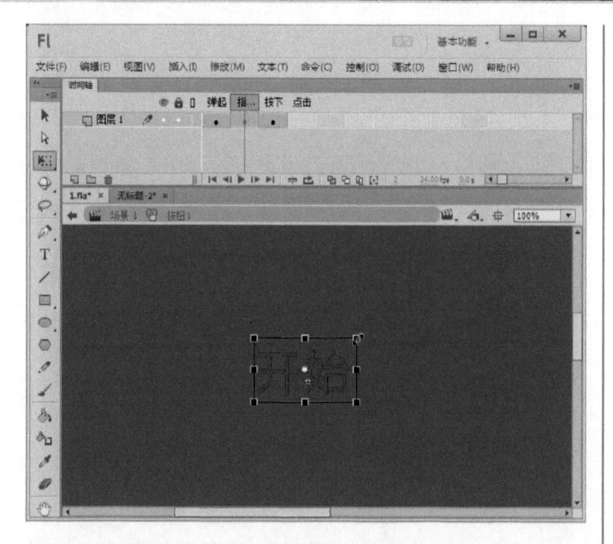

10 拖入元件。回到主场景，新建“图层3”，从“库”面板中将按钮元件拖入到舞台上。

11 设置实例名。选择按钮元件，在“属性”面板中将其实例名设置为“btn1”。

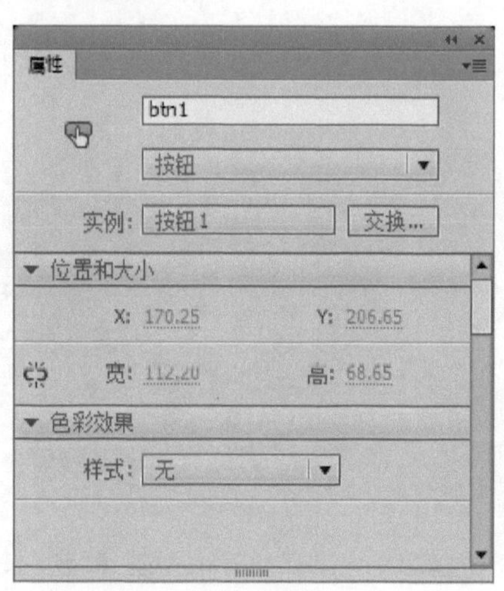

12 添加代码。选中按钮，在“动作”面板中添加如下代码：

```
btn1.addEventListener(MouseEvent.
CLICK, gotoFrame);。function gotoFrame
(evt:MouseEvent):void{
    gotoAndPlay(1, "场景 2");
}
```

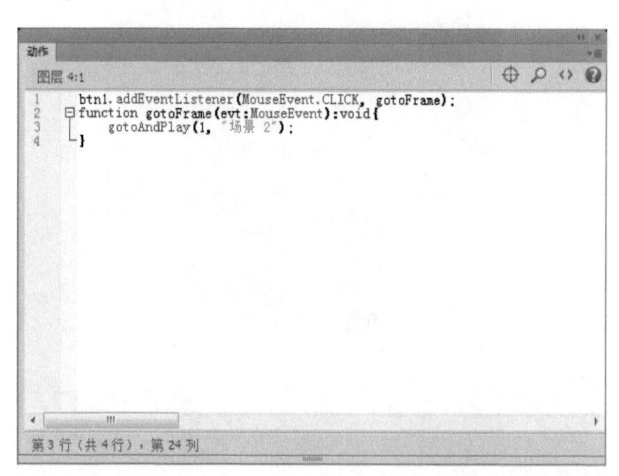

13 新建场景。按下【Shift+F2】组合键，打开“场景”面板，在“场景”面板中单击“添加场景”按钮，新增一个“场景2”。

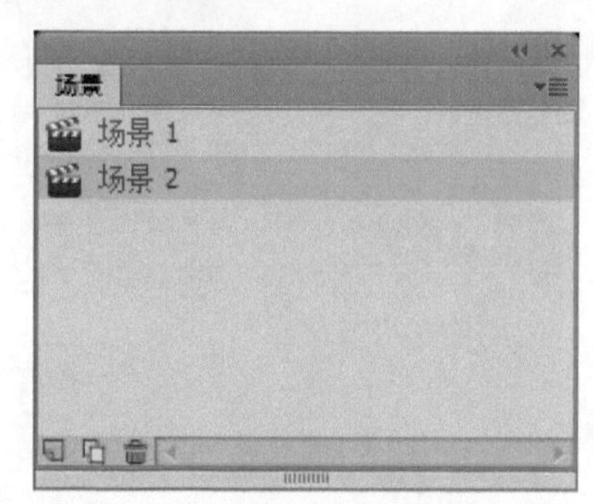

14 导入图像。将一幅素材图像导入到舞台上。

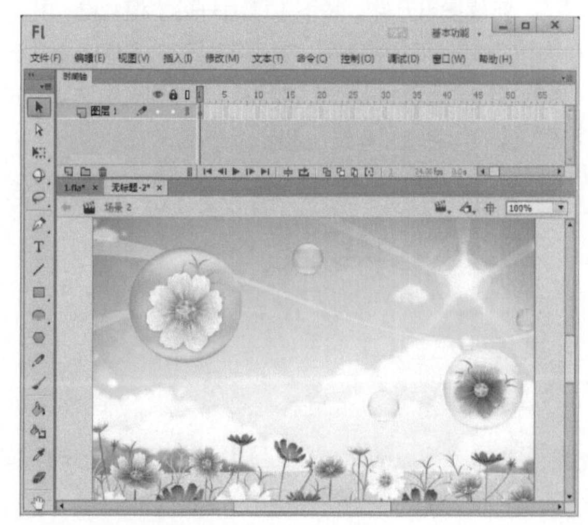

15 设置文字。选择文本工具**T**，在“属性”面板中设置文字的字体为“微软雅黑”，将字号设置为“21”，将“字母间距”设置为“2”，将字体“颜色”设置为黑色。

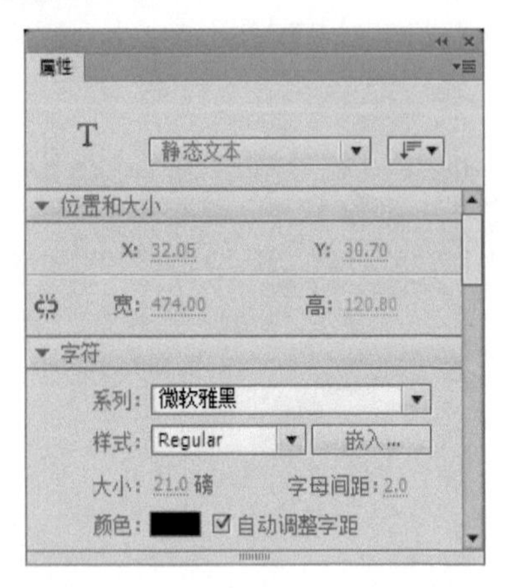

16 输入文字。新建“图层2”，在舞台上输入一段文字。

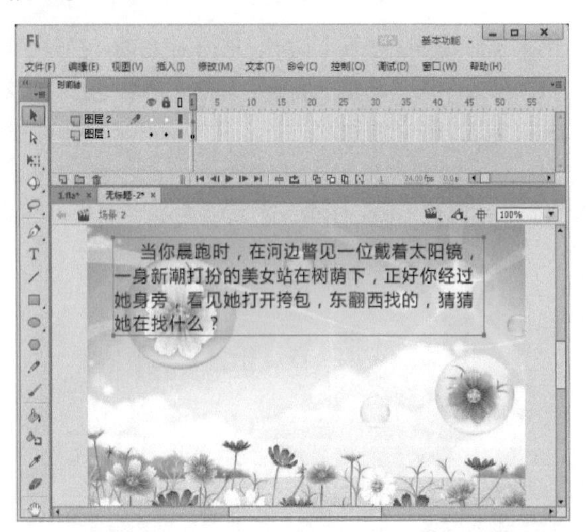

17 新建按钮元件。按下【Ctrl+F8】组合键，打开“创建新元件”对话框，在“名称”文本框中输入元件的名称“选项1”，在“类型”下拉列表中选择“按钮”选项，完成后单击 确定 按钮。

创建新元件
名称(N): 选项1
类型(T): 按钮
文件夹: 库根目录
高级
确定
取消

18 输入文字。选择文本工具**T**，在工作区中输入文字“A.面巾纸”。

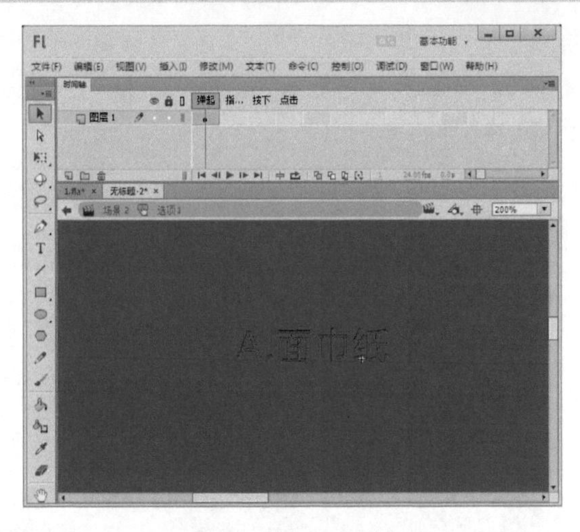

19 放大文字。分别在“指针经过”帧与“按下”帧插入关键帧。然后选中“指针经过”帧中的文本，使用任意变形工具将其放大一些。

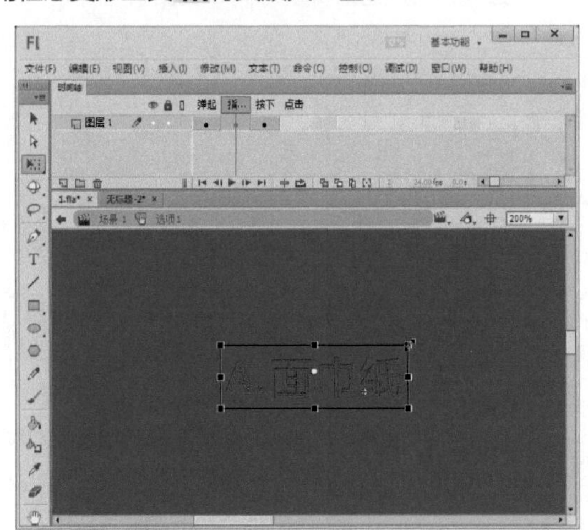

20 输入文字。新建一个名为“选项2”的按钮元件，然后再工作区中输入“B.化妆品”。

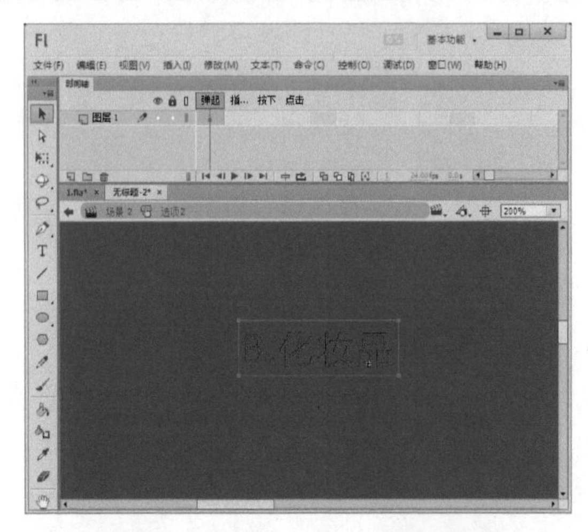

21 放大文字。分别在“指针经过”帧与“按下”帧

插入关键帧。然后选中“指针经过”帧中的文本，使用任意变形工具将其放大一些。

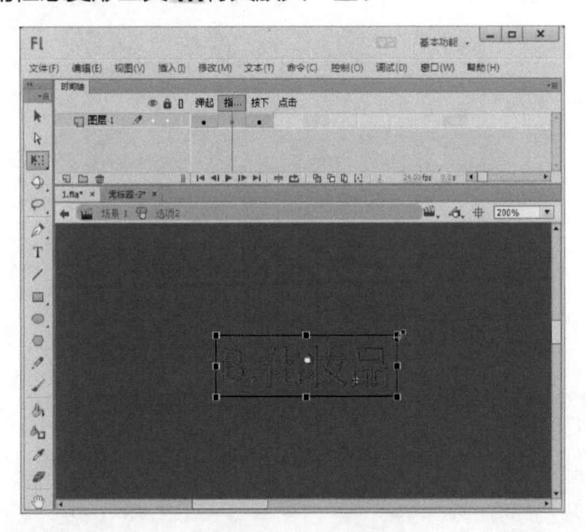

22 输入文字。新建一个名为“选项3”的按钮元件，然后在工作区中输入“C.钱包”。

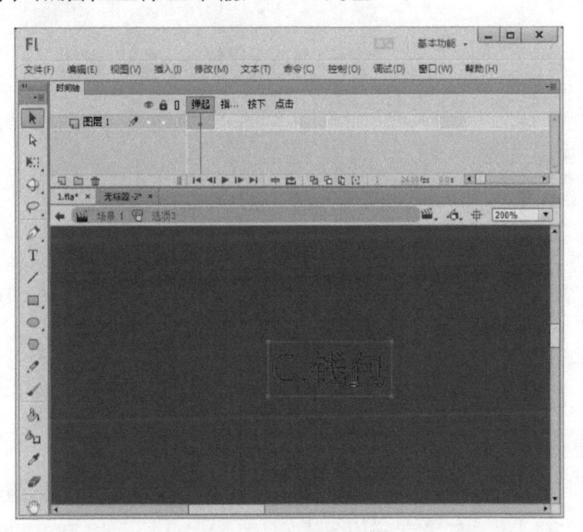

23 放大文字。分别在“指针经过”帧与“按下”帧插入关键帧。然后选中“指针经过”帧中的文本，使用任意变形工具将其放大一些。

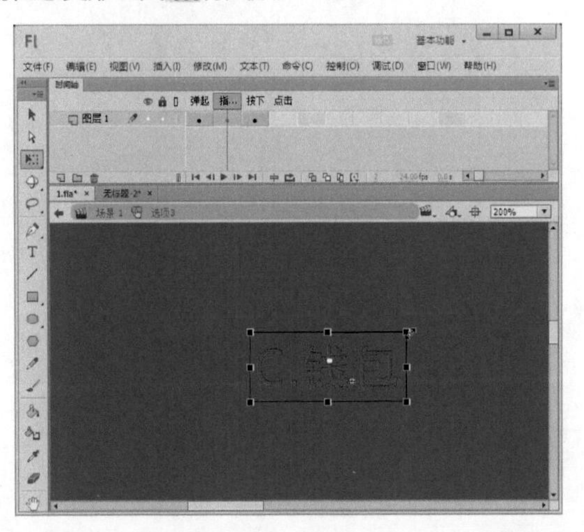

24 输入文字。新建一个名为“选项4”的按钮元件，然后在工作区中输入“D.小镜子”。

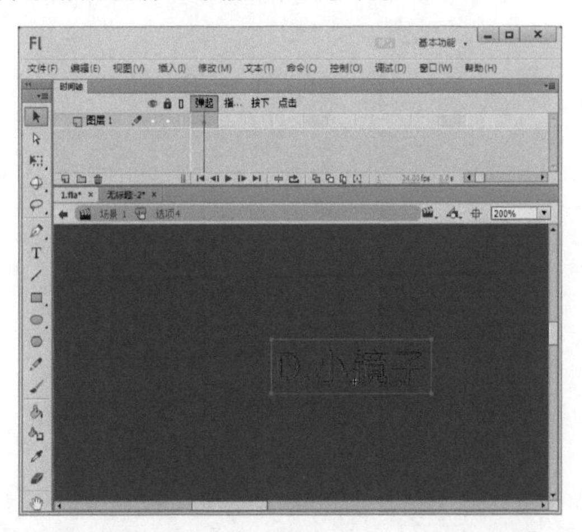

25 放大文字。分别在“指针经过”帧与“按下”帧插入关键帧。然后选中“指针经过”帧中的文本，使用任意变形工具将其放大一些。

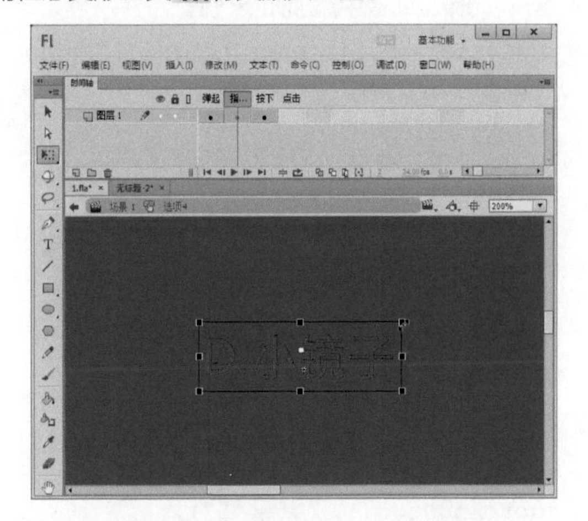

26 拖入元件。回到“场景2”，新建“图层3”，从“库”面板中将“选项1”、“选项2”、“选项3”与“选项4”这4个按钮元件拖入到舞台上，

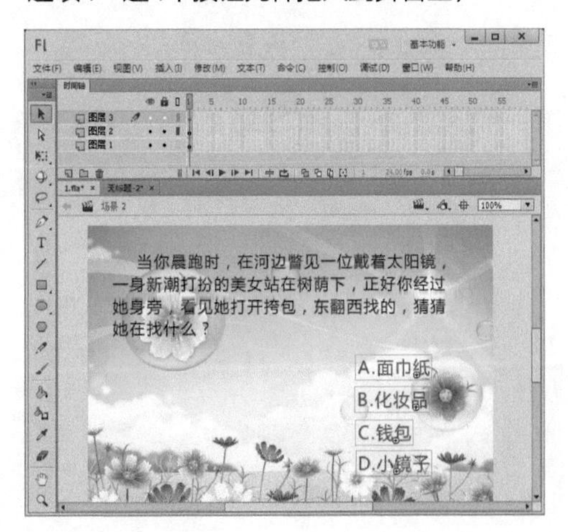

27 设置实例名。分别选择“场景2”中的4个按钮元件，在“属性”面板中将其实例名分别设置为“xx1”、“xx2”、“xx3”、“xx4”。

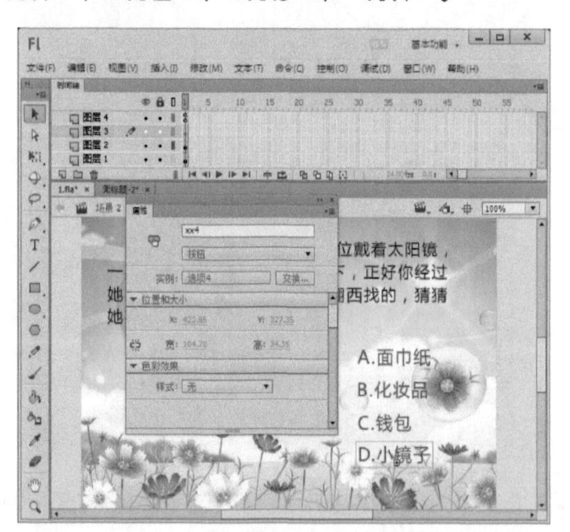

28 添加代码。新建“图层4”，选中该图层的第1帧，在“动作”面板中添加如下代码：

```
xx1.addEventListener("click",fun1);
function fun1(e):void
{
gotoAndStop(1, "场景 3");
}
xx2.addEventListener("click",fun2);
function fun2(e):void
{
gotoAndStop(1, "场景 4");
}
xx3.addEventListener("click",fun3);
function fun3(e):void
{
gotoAndStop(1, "场景 5");
}
xx4.addEventListener("click",fun4);
function fun4(e):void
{
gotoAndStop(1, "场景 6");
}
```

29 添加场景。打开“场景”面板。在“场景”面板中单击“添加场景”按钮，新增一个“场景3”。

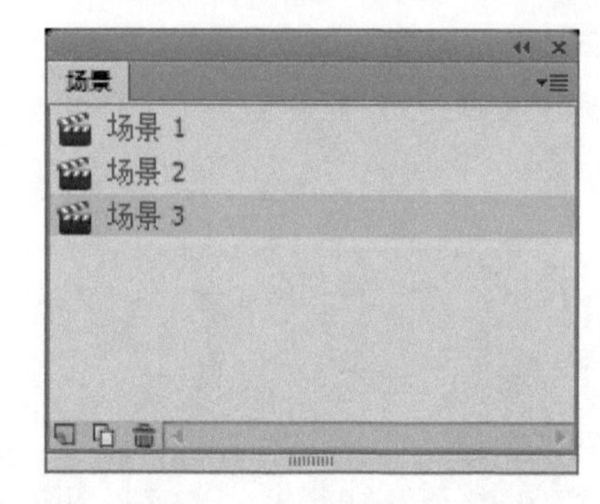

30 导入图像。导入一幅素材图像到舞台上。

31 设置文字。选择文本工具T，在“属性”面板中设置文字的字体为“微软雅黑”，将字号设置为“21”，将“字母间距”设置为“3”，将字体“颜色”设置为黑色。

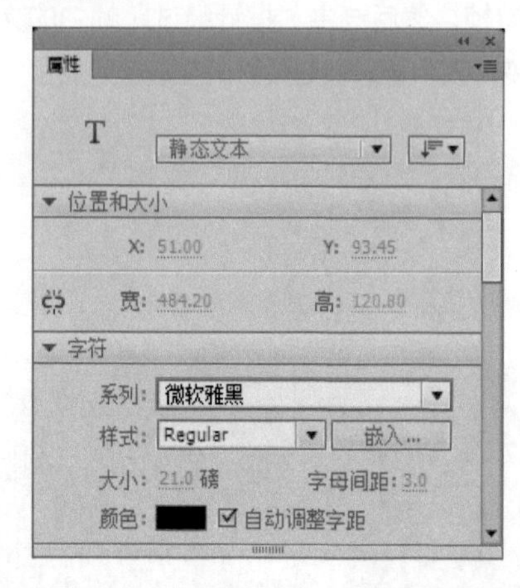

32 输入文字。新建“图层2”，在舞台上输入文字。

33 新建按钮元件。按下【Ctrl+F8】组合键，打开“创建新元件”对话框，在“名称”文本框中输入元件的名称“返回”，在“类型”下拉列表中选择“按钮”选项，完成后单击 确定 按钮。

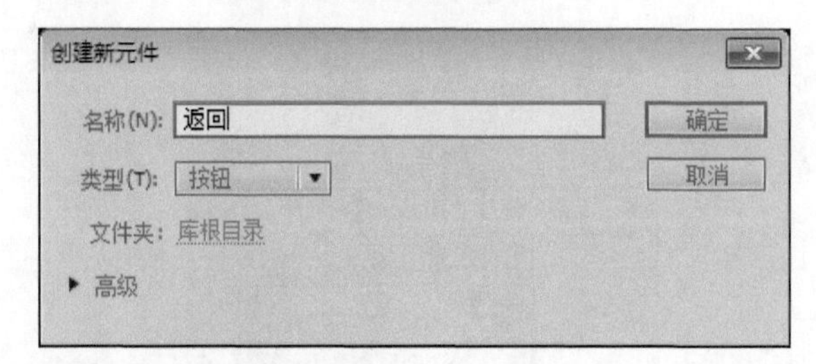

34 设置文字。选择文本工具T，在“属性”面板中设置文字的字体为“微软繁琥珀”，将字号设置为“33”，将“字母间距”设置为“2”，将字体“颜色”设置为黄色。

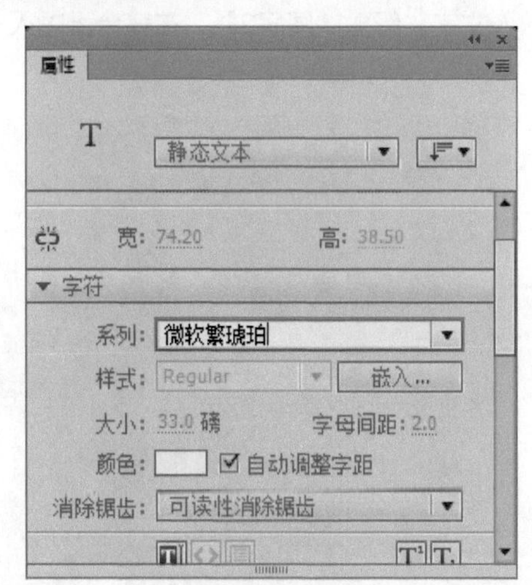

35 输入文字。在“返回”按钮元件的工作区中输入文字“返回”。

36 放大文字。分别在“指针经过”帧与“按下”帧插入关键帧。选中“指针经过”帧中的文本内容，使用任意变形工具将其放大一点。

37 拖入按钮元件。回到“场景3”，新建“图层2”，从“库”面板中将按钮元件“返回”拖入到舞台上文字的下方。

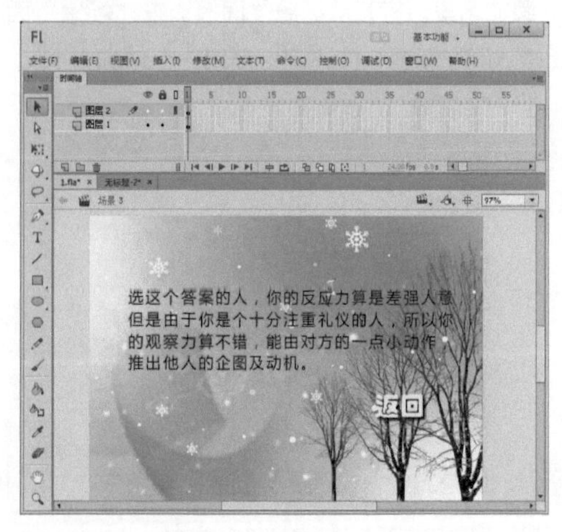

38 设置实例名。选择舞台上的“返回”按钮，在“属性”面板中将其实例名设置为“fh1”。

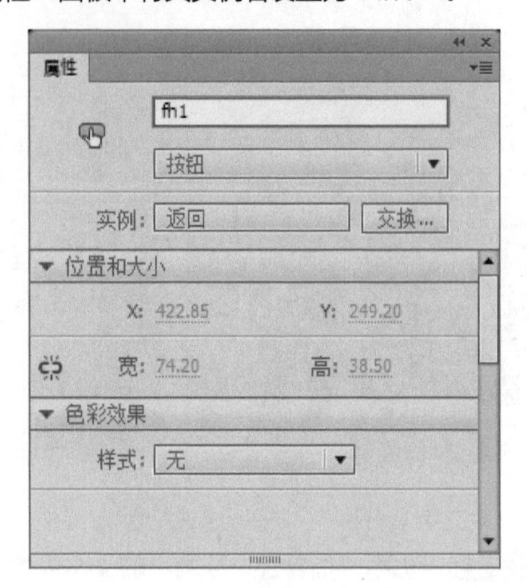

39 添加代码。新建“图层3”，选中该图层的第1帧，在“动作”面板中添加如下代码：

```
fh1.addEventListener("click", fun5);
function fun5(e):void
{
gotoAndStop(1, "场景 2");
}
```

40 添加场景。打开“场景”面板。在“场景”面板中单击“添加场景”按钮，新增一个“场景4”。

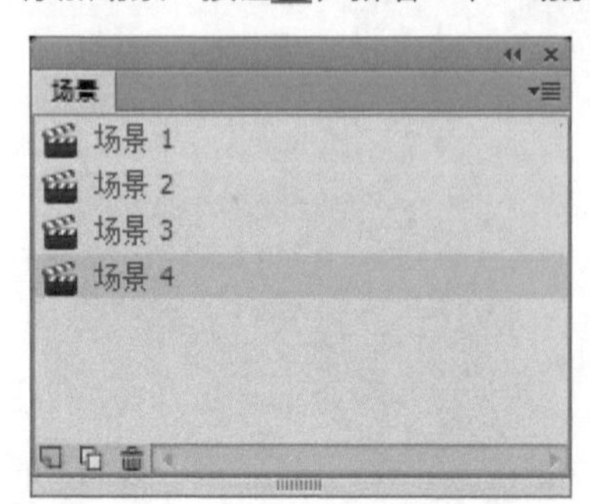

41 导入图像。导入一幅素材图像到舞台中。

42 设置文字。选择文本工具T，在“属性”面板中设置文字的字体为“微软雅黑”，将字号设置为“21”，将“字母间距”设置为“2”，将字体“颜色”设置为黑色。

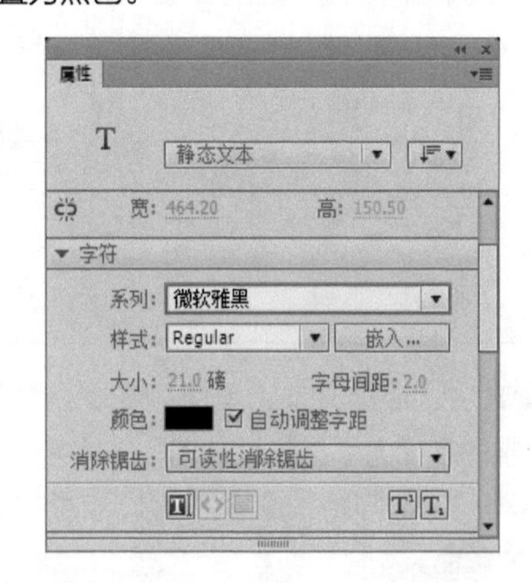

43 输入文字。新建“图层2”，在舞台上输入一段文字。

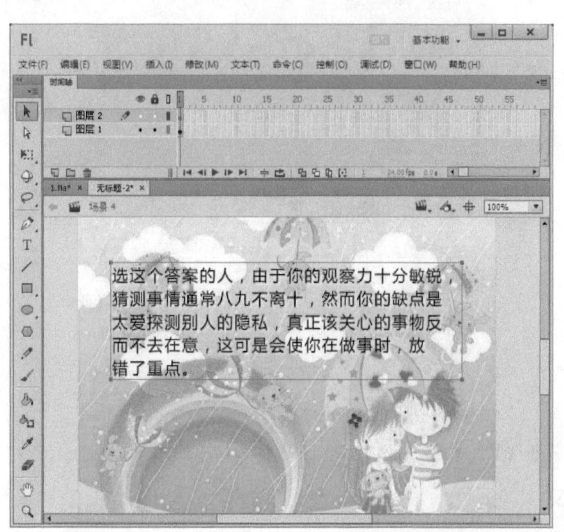

44 拖入按钮元件。从“库”面板中将按钮元件“返回”拖入到舞台上文字的下方。

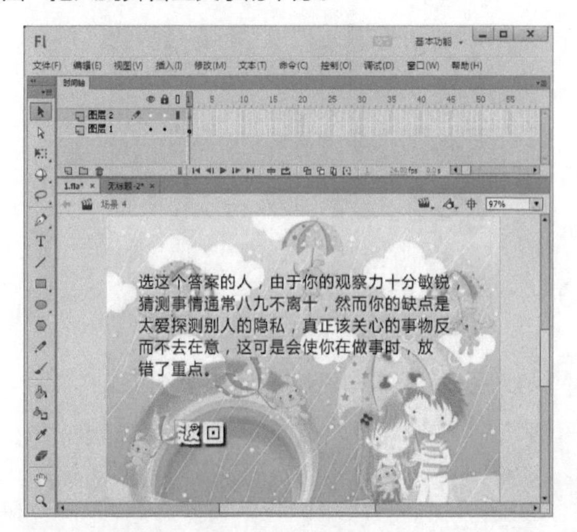

45 设置实例名。选择舞台上的“返回”按钮，在“属性”面板中将其实例名设置为“fh1”。

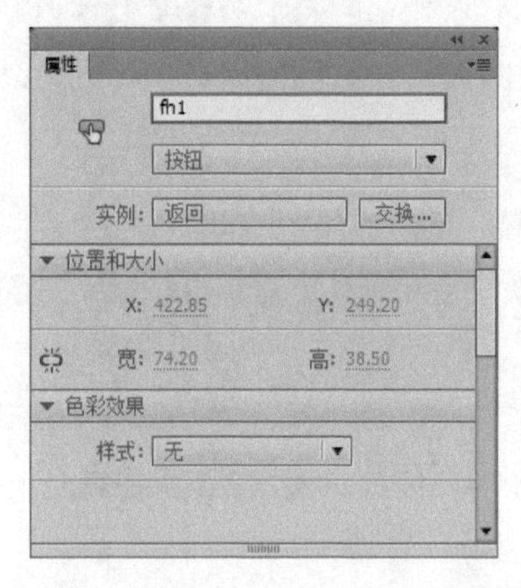

46 添加代码。新建“图层3”，选中该图层的第1帧，在“动作”面板中添加如下代码：

```
fh1.addEventListener("click",fun6);
function fun6(e):void
{
gotoAndStop(1, "场景 2");
}
```

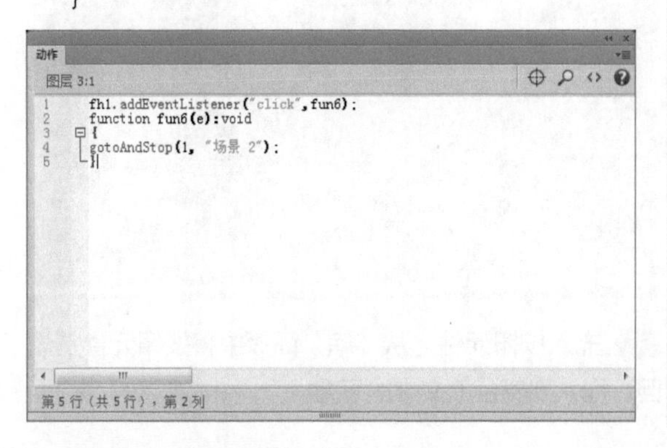

47 新建场景。打开“场景”面板。在“场景”面板中单击“添加场景”按钮，新增一个“场景5”。

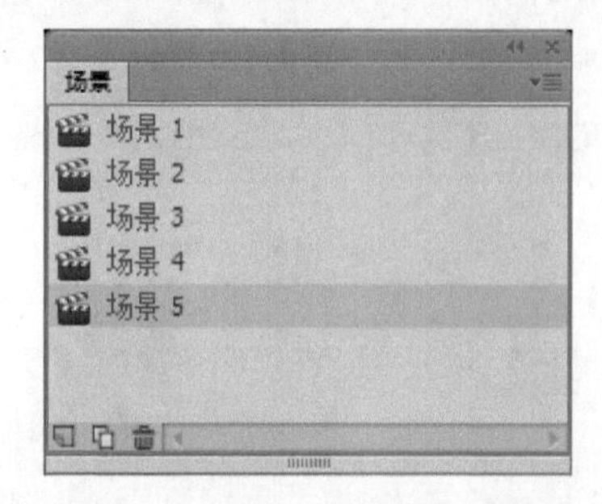

48 导入图像。导入一幅素材图像导入到舞台上。

49 输入文字。新建“图层2”，在舞台上输入文字。

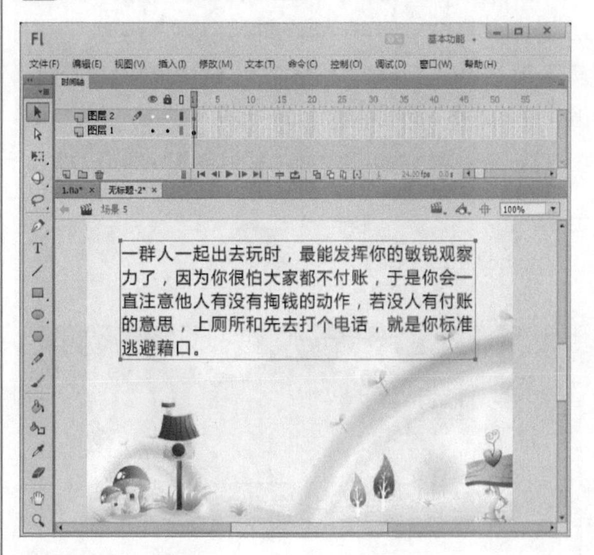

50 拖入按钮元件。从“库”面板中将按钮元件“返回”拖入到舞台上文字的下方。

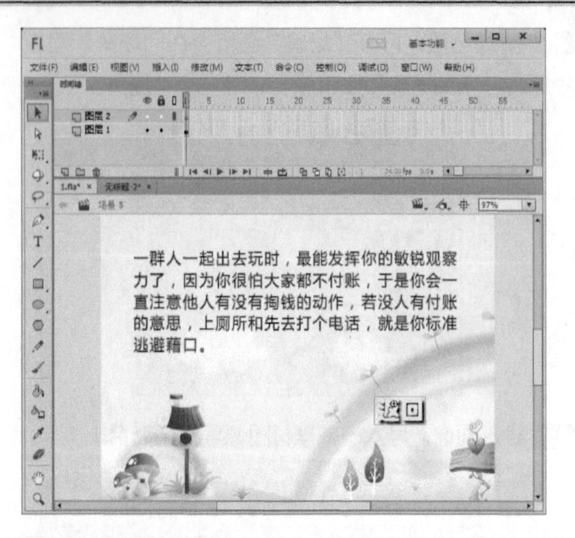

51 设置实例名。选择舞台上的“返回”按钮，在“属性”面板中将其实例名设置为“fh1”。

52 添加代码。新建“图层3”，选中该图层的第1帧，在“动作”面板中添加如下代码：

```
fh1.addEventListener("click",fun7);
function fun7(e):void
{
gotoAndStop(1, "场景 2");
}
```

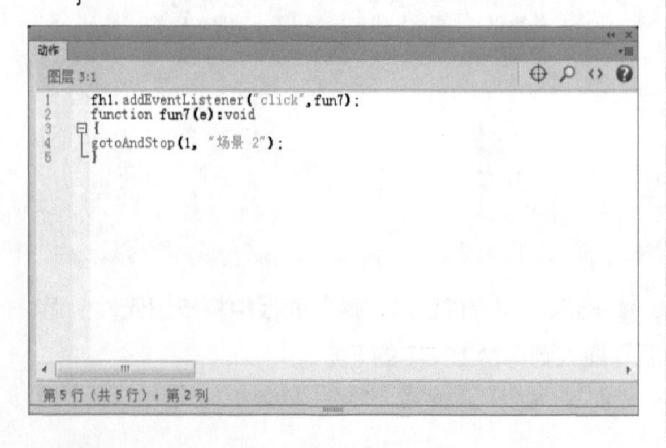

53 新建场景。打开“场景”面板。在“场景”面板中单击“添加场景”按钮，新增一个“场景6”。

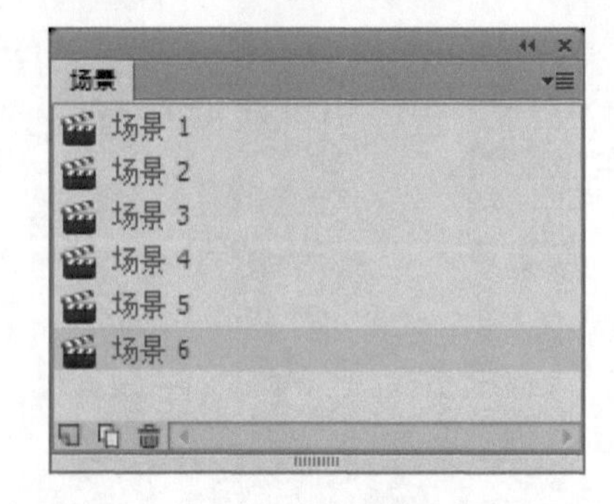

54 导入图像。导入一幅素材图像到舞台上。

55 输入文字。新建“图层2”，在舞台上输入一段文字。

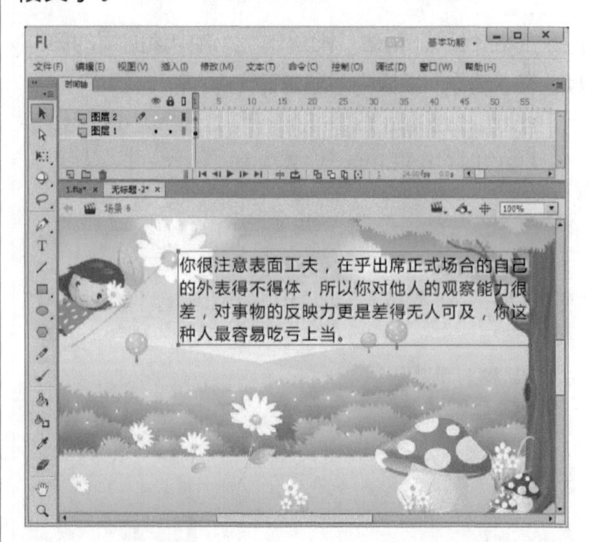

56 拖入按钮元件。从“库”面板中将按钮元件“返回”拖入到舞台上文字的下方。

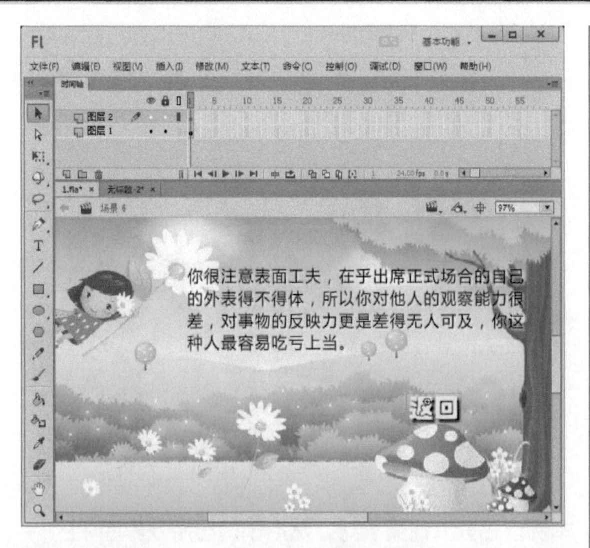

57 设置实例名。选择舞台上的“返回”按钮，在“属性”面板中将其实例名设置为“fh1”。

58 添加代码。新建“图层3”，选中该图层的第1帧，在“动作”面板中添加如下代码：

```
fh1.addEventListener("click",fun8);
function fun8(e):void
{
gotoAndStop(1, "场景 2");
}
```

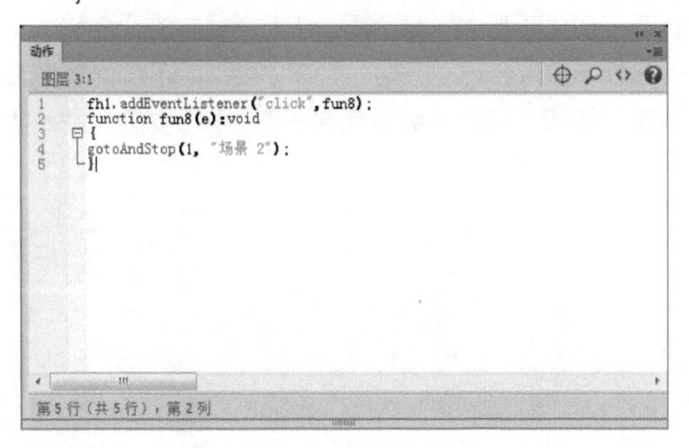

59 欣赏效果。保存文件并按下【Ctrl+Enter】组合键，欣赏最终效果。

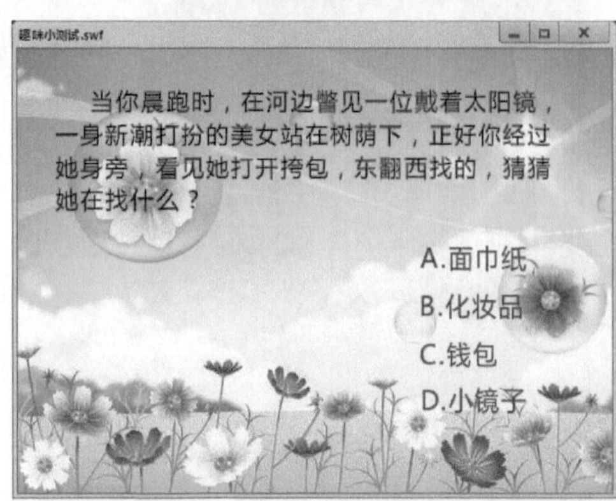

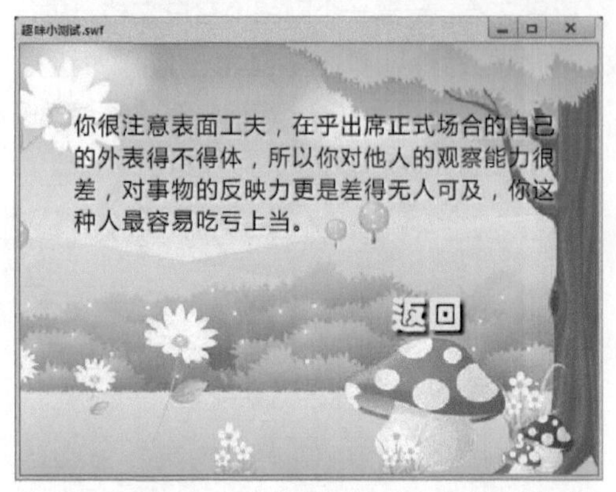

实例72 抓气球

案例说明：本例首先导入背景素材，然后创建出游戏界面中的元素，然后编写元件扩展类，最后编写主程序类，控制游戏的开始与结束过程。

光盘文件：源文件与素材\第12章\抓气球\抓气球.fla

视频文件：视频\第12章\抓气球.avi

操作步骤

1 新建文档。新建一个Flash空白文档，执行“修改→文档”命令，打开“文档设置”对话框，将“舞台大小”设置为700×520，将“帧频”设置为“30”，设置完成后单击 确定 按钮。

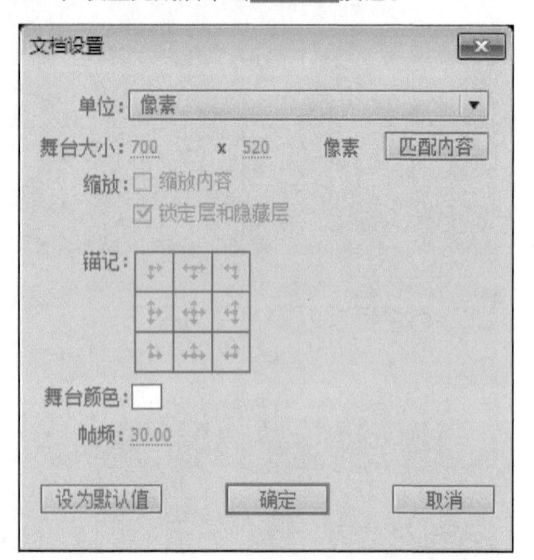

2 导入图像。执行“文件→导入→导入到舞台”命令，将一幅背景图像导入到舞台中。

3 新建按钮元件。执行“插入→新建元件”命令，打开“创建新元件”对话框。在对话框中的“名称”文本框中输入名称“开始”，在“类型”下拉列表中选择“按钮”选项。完成后单击 确定 按钮，进入按钮元件编辑区。

4 设置边角半径。在按钮元件的编辑状态下，选择矩形工具，在“属性”面板中将“边角半径”设置为“6”。

5 绘制圆角矩形。在工作区中绘制一个无边框、填充为红色（#ED3724）的圆角矩形。

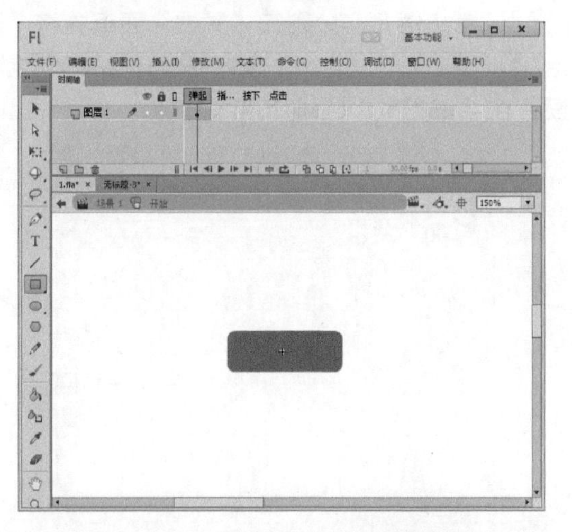

6 输入文字。选择文本工具T，在圆角矩形上输入“开始游戏”，字体选择“迷你简菱心”，字号为“18”，字体颜色为白色，“字母间距”为“2”。

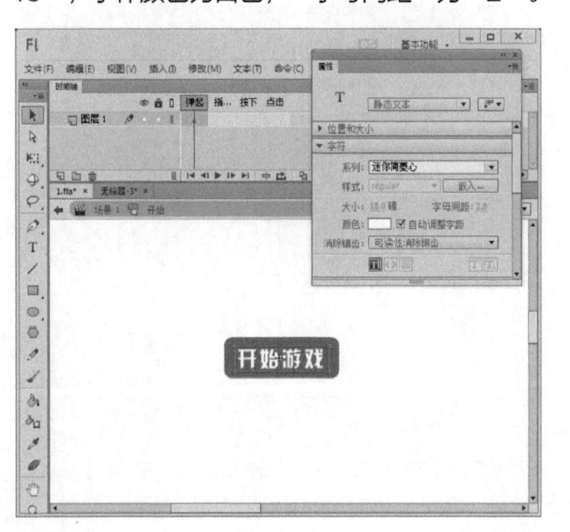

7 新建按钮元件。执行“插入→新建元件”命令，打开“创建新元件”对话框，在“名称”文本框中输入元件的名称“帮助”，在“类型”下拉列表中选择“按钮”选项，完成后单击确定按钮。

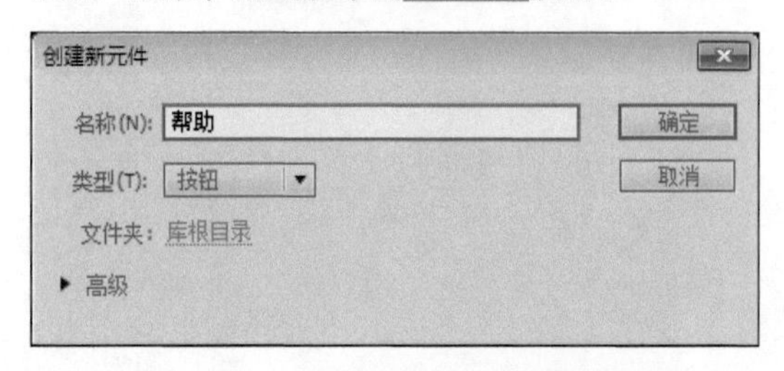

8 绘制圆角矩形。在按钮元件的编辑状态下，选择矩形工具，绘制一个边角半径设置为“6”、无边框、填充为红色的圆角矩形。

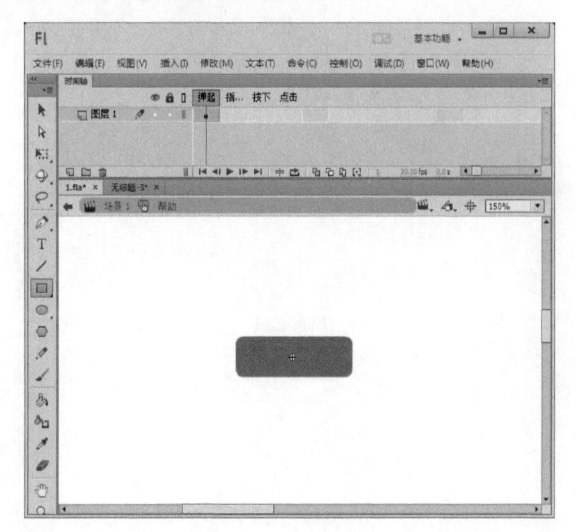

9 输入文字。选择文本工具T，在圆角矩形上输入“游戏帮助”，字体选择“迷你简菱心”，字号为同“18”，字体颜色为白色，“字母间距”为“2”。

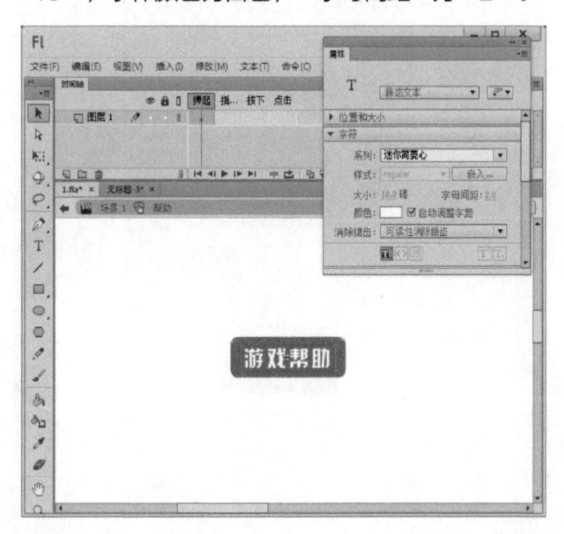

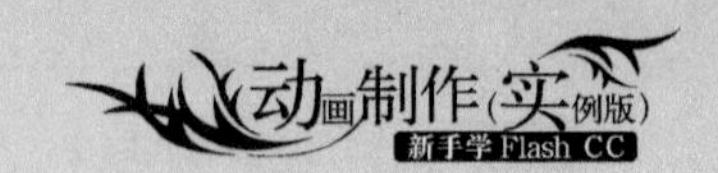

10 新建按钮元件。执行“插入→新建元件”命令，打开“创建新元件”对话框，在“名称”文本框中输入元件的名称“结束”，在“类型”下拉列表中选择“按钮”选项，完成后单击 确定 按钮。

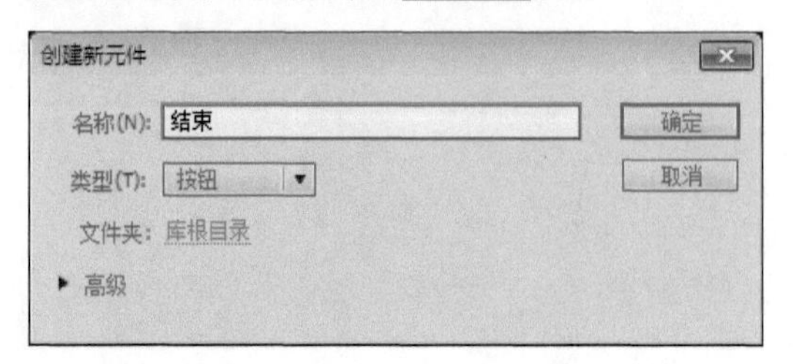

11 绘制圆角矩形。在按钮元件的编辑状态下，选择矩形工具，绘制一个边角半径设置为“6”、无边框、填充为红色的圆角矩形。

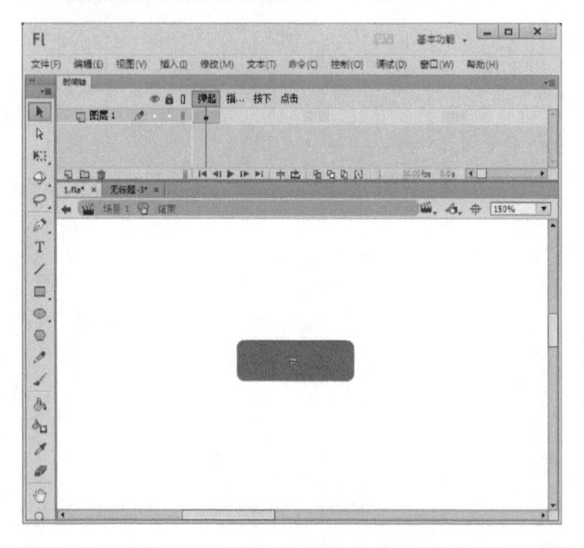

12 输入文字。选择文本工具T，在圆角矩形上输入“结束游戏”，字体选择“迷你简菱心”，字号为“18”，字体颜色为白色，“字母间距”为“2”。

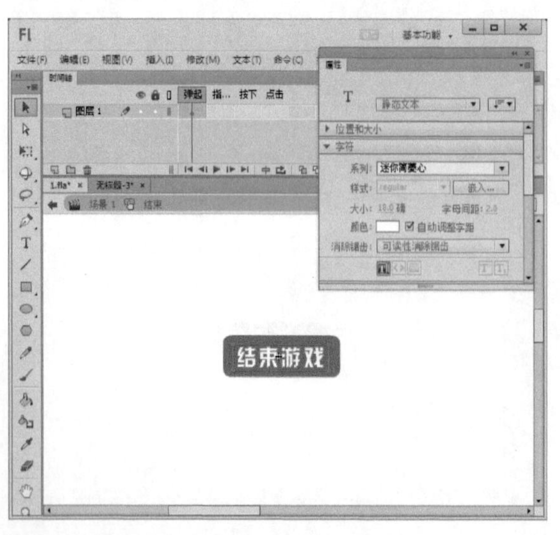

13 拖曳元件。回到主场景中，新建图层并将其重命名为“btns”，从“库”面板中将“开始”、“帮助”、“结束”按钮元件拖曳到舞台上。

14 设置实例名。分别在“属性”面板中将“开始”、“帮助”、“结束”这3个按钮元件的实例名称设置为start_btn、help_btn和out_btn。

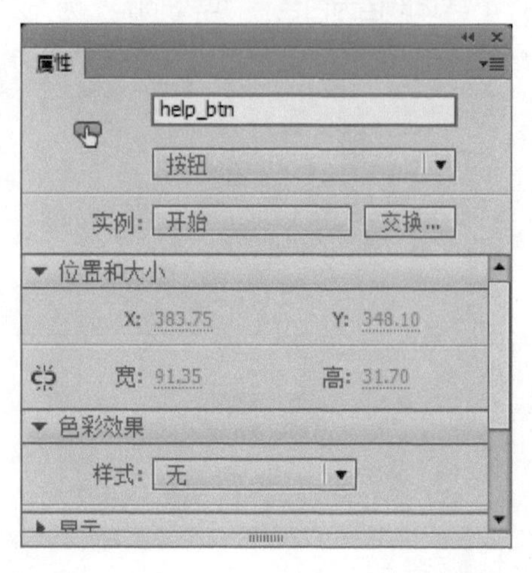

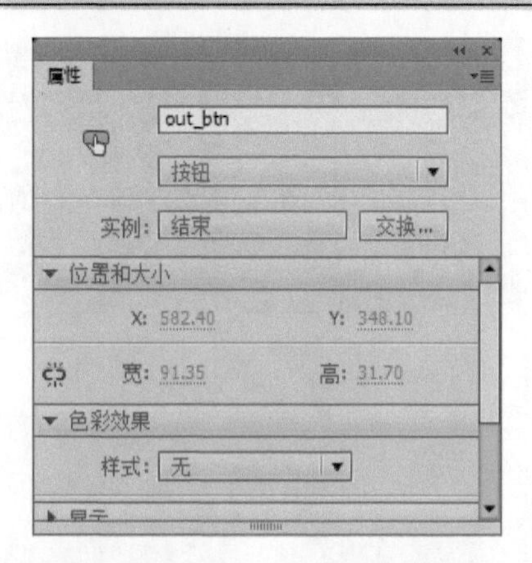

15 绘制矩形并输入文字。新建“图层3”，然后在舞台上使用矩形工具绘制一个矩形并输入文字。

16 添加动态文本框。新建“图层4”，然后在文字中间添加一个动态文本框。

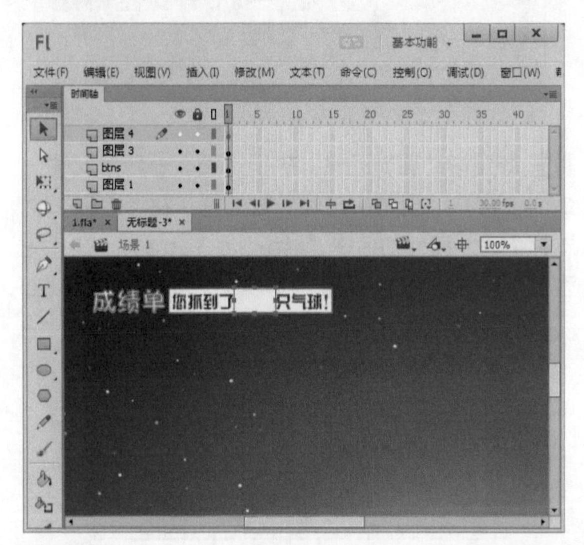

17 设置实例名。选中动态文本框，在“属性”面板中将它的实例名设置为“displayGrade_txt”。

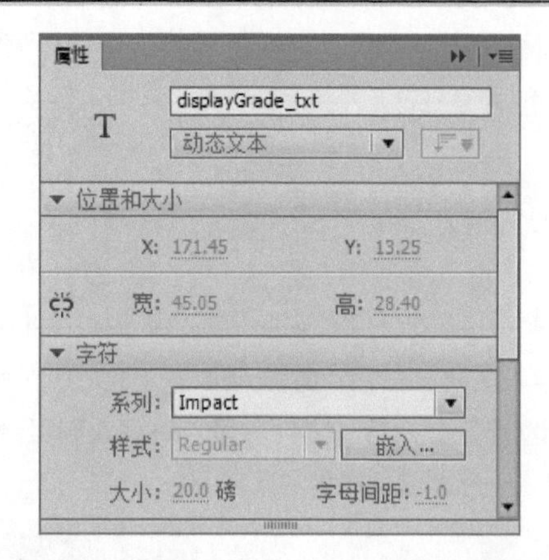

18 新建影片剪辑元件。执行“插入→新建元件”命令，打开“创建新元件”对话框，在“名称”文本框中输入元件的名称“Fly”，在“类型”下拉列表中选择“影片剪辑”选项，完成后单击 确定 按钮。

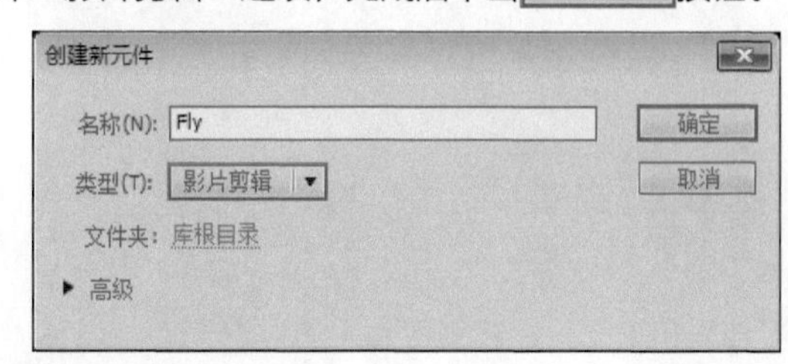

19 导入图像。在影片剪辑元件“Fly”的编辑状态下，执行“文件→导入→导入到舞台”命令，导入一幅气球图像到舞台中。

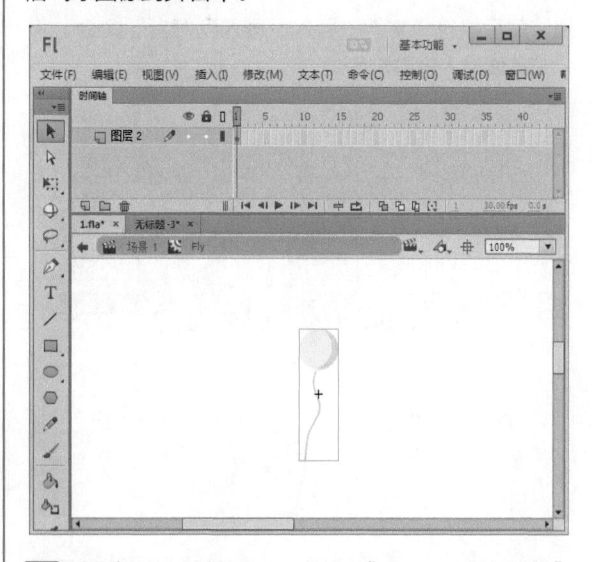

20 新建影片剪辑元件。执行“插入→新建元件”命令，打开“创建新元件”对话框，在“名称”文本框中输入元件的名称“gotgood_mc”，在“类型”下拉列表中选择“影片剪辑”选项，完成后单击 确定 按钮。

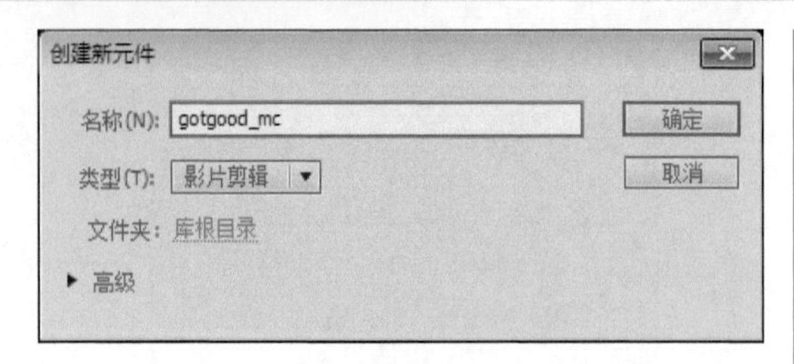

21 导入图像。在影片剪辑元件“gotgood_mc”的编辑状态下，执行“文件→导入→导入到舞台”命令，导入一幅图像到舞台中。

22 导入图像。在“图层1”的第2帧插入空白关键帧，然后执行“文件→导入→导入到舞台”命令，将一幅图像导入到舞台中。

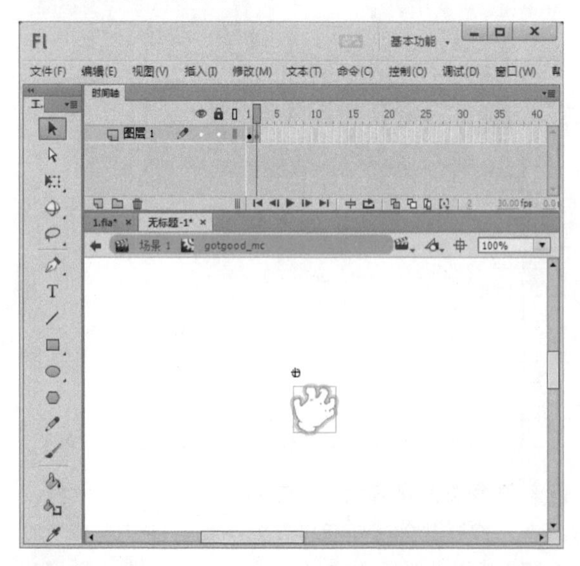

23 导入图像。在“图层1”面板的第3帧插入空白关键帧，然后执行“文件→导入→导入到舞台”命令，将一幅图像导入到舞台中。

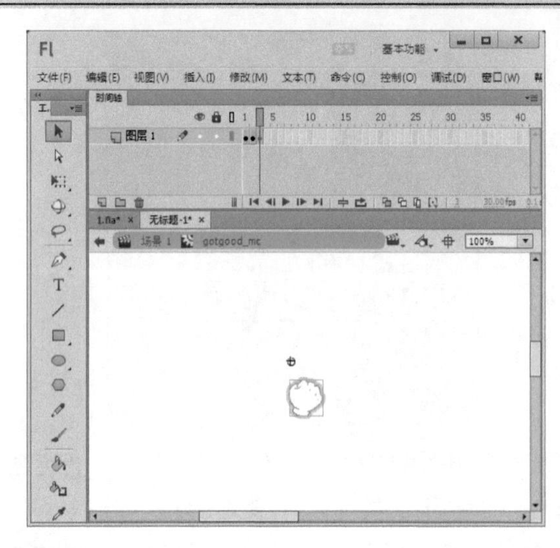

24 添加代码。新建“图层2”，选中“图层2”的第1帧，在“动作”面板中添加代码“stop();”。

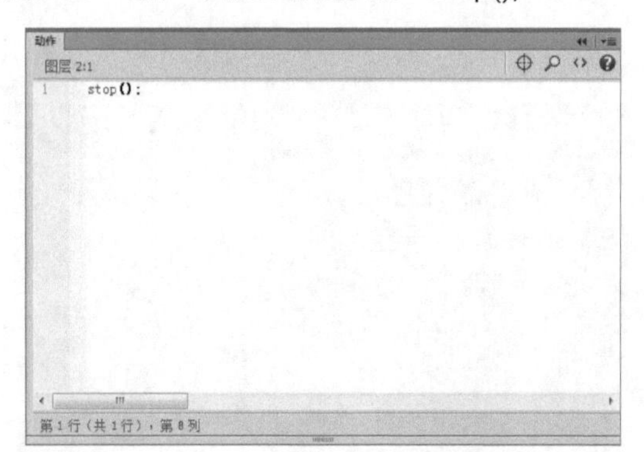

25 插入帧。分别在“图层1”与“图层2”的第12帧插入帧。

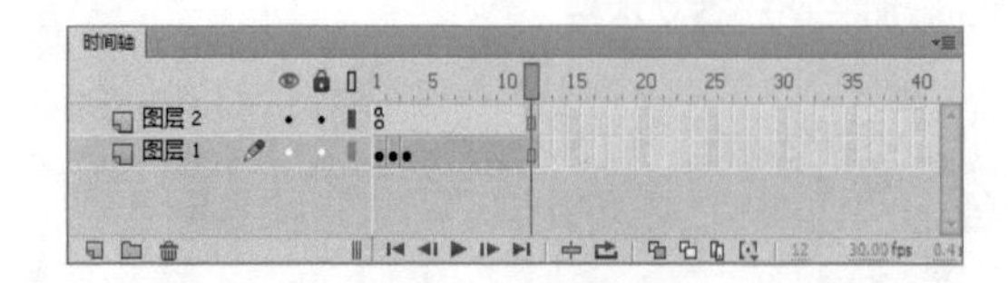

26 新建影片剪辑元件。执行“插入→新建元件”命令，打开“创建新元件”对话框，在“名称”文本框中输入元件的名称“MouseHand”，在“类型”下拉列表中选择“影片剪辑”选项，完成后单击 确定 按钮。

27 设置实例名称。在影片剪辑元件“MouseHand”的编辑状态下，从“库”面板中将影片剪辑元件

“gotgood_mc”拖到工作区中，并在“属性”面板中设置其实例名称为“gotgood_mc”。

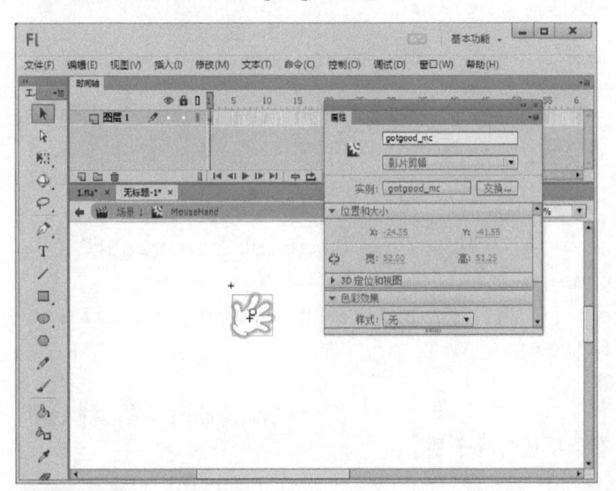

28 新建ActionScript文件。按下【Ctrl+N】组合键打开“新建文档”对话框，选择“ActionScript文件”选项，单击 确定 按钮。

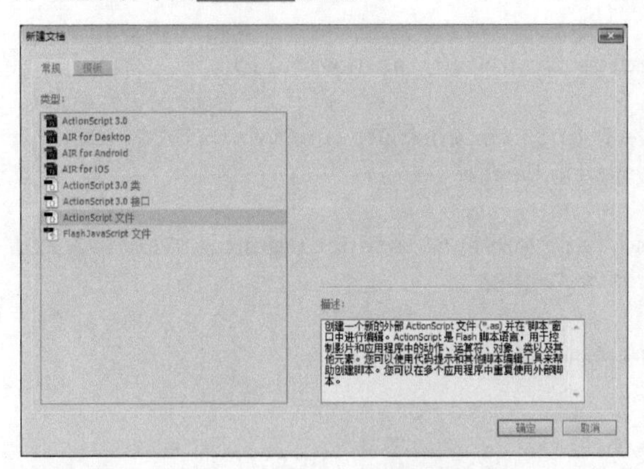

29 输入代码。按【Ctrl+S】组合键将ActionScript文件保存为Fly.as，然后在Fly.as中输入如下代码：

```
package {
    import flash.display.MovieClip;
    import flash.utils.Timer;
    import flash.events.*;

    public class Fly extends MovieClip {
        private var _speed:Number;

        public function Fly(speed) {

            _speed = Math.round(speed);
            this.addEventListener(Event.ENTER_FRAME,enterFrameHandler);
        }

        private function enterFrameHandler(event:Event):void{
            this.y -= this._speed;
        }

        public function removeTimerHandler():void {
            this.removeEventListener(Event.ENTER_FRAME,enterFrameHandler);
            trace("清除实例事件");
        }

        public function get flySpeed():Number{
            return this._speed;
        }

    }
}
```

30 输入代码。按照同样的方法新建一个ActionScript文件并保存为Main.as，然后在Main.as中输入如下代码：

```
package {
    import flash.display.*;
    import flash.events.*;
    import flash.utils.Timer;
    import flash.text.TextField;
    import flash.ui.Mouse;

    public class Main extends Sprite {

        private var _grade:Number;//得分值
        public var displayGrade_txt:TextField;//得分显示
        public var start_btn:*;
        private var stageW:Number;
        private var stageH:Number;
```

```
		private var content_mc:Sprite;
		private var hand_mc:MovieClip;

		private var _timer:Timer;

		public function Main() {

			this.stageW = stage.stageWidth;
			this.stageH = stage.stageHeight;
			this.content_mc = new Sprite();
			addChild(content_mc);

			Mouse.hide();
			this.hand_mc = new MouseHand();
			hand_mc.mouseEnabled = false;
			hand_mc.gotgood_mc.mouseEnabled = false;
			addChild(hand_mc);
			stage.addEventListener(MouseEvent.MOUSE_MOVE, stageMoveHandler);
			stage.addEventListener(MouseEvent.MOUSE_DOWN, stageDownHandler);

			init();

		}

		private function init():void{

			_grade = 0;
			displayGrade_txt.text = "0" ;

			start_btn.addEventListener(MouseEvent.CLICK,startGame);
		}

		private function startGame(event:MouseEvent):void {

			trace("开始游戏! ");
			out_btn.visible = true;
			out_btn.addEventListener(MouseEvent.CLICK,outGame);

			_timer =new Timer(500,0);

			_timer.addEventListener(TimerEvent.TIMER,copy);
			_timer.start();
			start_btn.visible =false;
		}

		private function outGame(event:MouseEvent):void{

			_timer.stop();
			start_btn.visible = true;

			out_btn.visible = false;

			//下面清除所有容器中的所有子项侦听和子项
			var num:uint = content_mc. numChildren;
			var _mc:MovieClip;
			for (var i:int = 0; i <num; i++) {
				_mc = content_mc.getChildAt(0) as MovieClip;
				_mc.removeEventListener(MouseEvent.MOUSE_DOWN, downHandler);
				_mc.removeEventListener(Event.ENTER_FRAME, removeDrop);
				content_mc.removeChild(_mc);
			}

			init();

		}

		private function stageMoveHandler(e:MouseEvent):void {

			this.hand_mc.x = stage.mouseX;
			this.hand_mc.y = stage.mouseY;
		}
		private function stageDownHandler(event:MouseEvent):void {
			//var _mc:MovieClip = event.target as MovieClip;
			hand_mc.gotgood_mc.gotoAndPlay(2);
		}
```

```
                private function copy(event:
TimerEvent) {
                        var mc = new Fly(Math.
random() * 10 + 1);
                        mc.x = Math.random()
* this.stageW;
                        mc.y = this.stageH;
                        content_mc.addChild(mc);

mc.addEventListener(MouseEvent.ROLL_OVER,
downHandler);

mc.addEventListener(Event.ENTER_FRAME,
removeDrop);
                }
                public function refreshGrade
(grade:Number = 1):void {
                        this._grade += grade;
                        displayGrade_txt.text
= this._grade.toString();
                }

                private function downHandler
(event:MouseEvent) {

                        var mc = event.target;

mc.removeTimerHandler();
                        mc.removeEventListene
r(MouseEvent.MOUSE_DOWN, downHandler);

mc.removeEventListener(Event.ENTER_FRAME,
removeDrop);
                        content_mc.removeChild(mc);

                        //refreshGrade(mc.
flySpeed);//按不同速度得分
                        refreshGrade();
                        //按数量

                }

                private function removeDrop
(event:Event) {
                        var _mc:MovieClip =
event.target as MovieClip;

                        if (_mc.y <= 0) {
                                _
mc.removeTimerHandler();
                                _mc.removeEvent
Listener(MouseEvent.MOUSE_DOWN,
downHandler);
                                _
mc.removeEventListener(Event.ENTER_FRAME,
removeDrop);
                                content_
mc.removeChild(_mc);
                        }

                }


        }
}
```

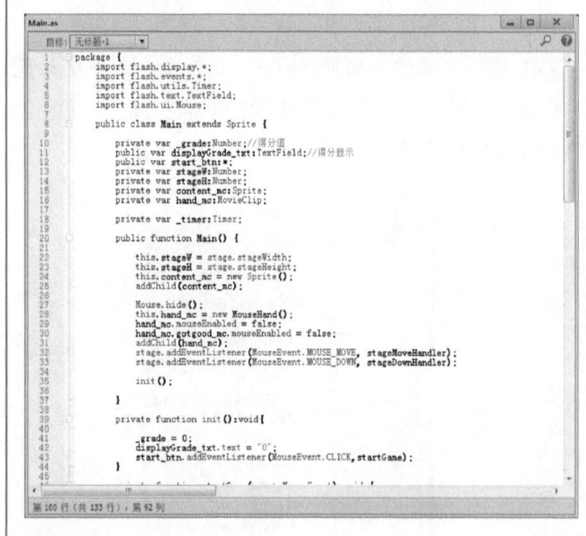

31 选择“属性”命令。打开“库”面板，在影片剪辑元件“Fly”上单击鼠标右键，在弹出的快捷菜单中选择“属性”命令。

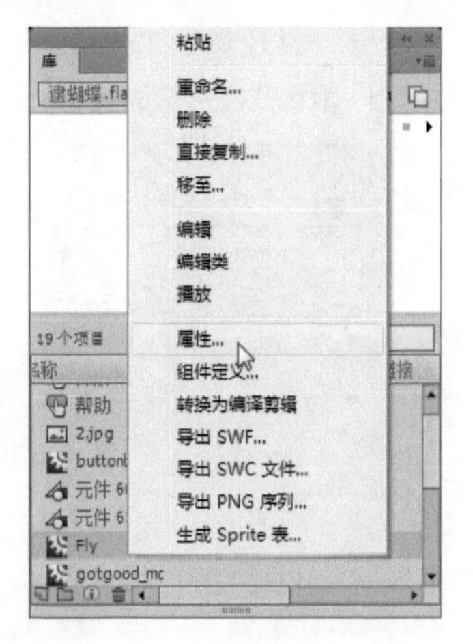

32 选择“为ActionScript导出”复选框。打开“元件属性”对话框，展开高级设置区域，选择“为ActionScript导出”复选框，完成后单击确定按钮。

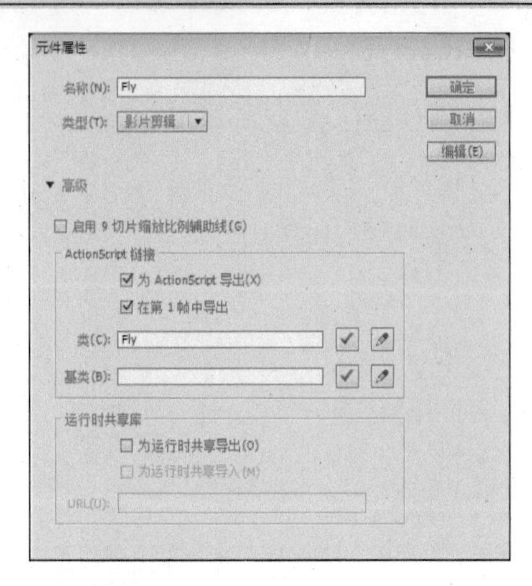

33 选择“属性”命令。打开“库”面板，在影片剪辑元件“MouseHand”上单击鼠标右键，在弹出的快捷菜单中选择“属性”命令。

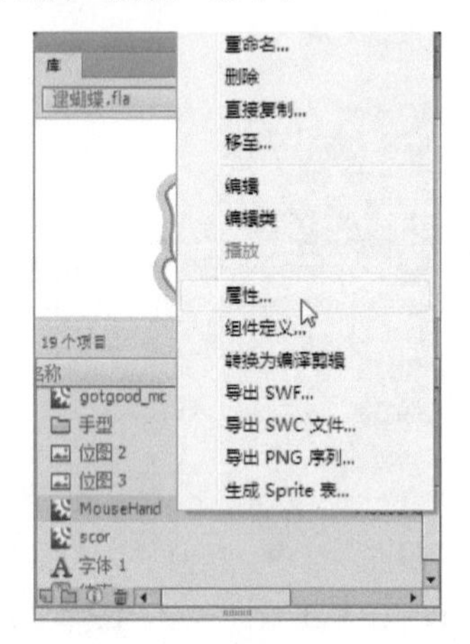

34 选择“为ActionScript导出”复选框。打开“元件属性”对话框，展开 高级 设置区域，选择“为ActionScript导出”复选框，完成后单击 确定 按钮。

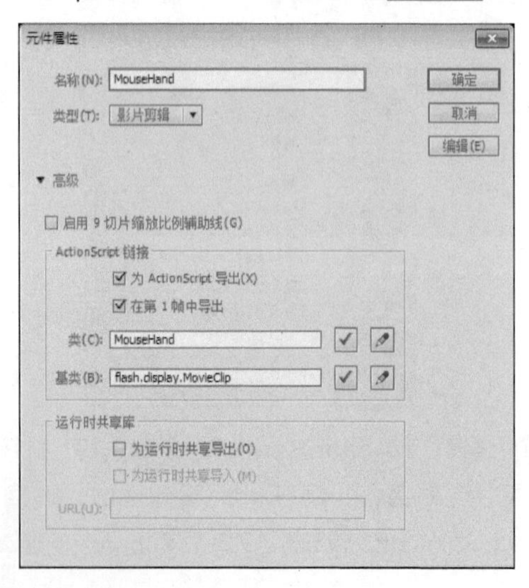

35 设置类。打开“属性”面板，在“类”文本框中输入“Main”。

36 欣赏效果。保存文件并按下【Ctrl+Enter】组合键，欣赏最终效果。

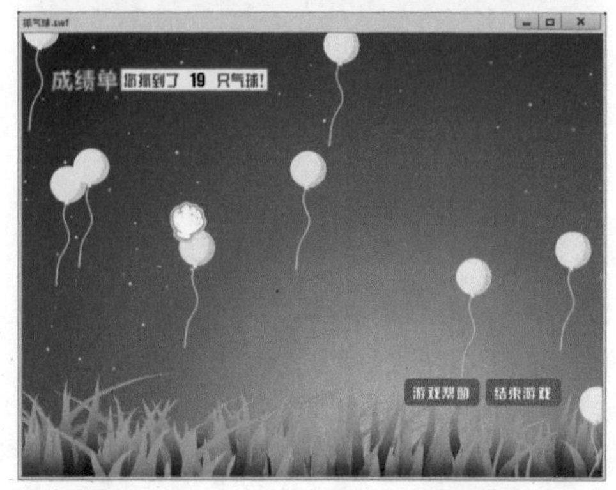